Carbon Neutrality
and Green Development
of Industrial Enterprises

工业企业碳中和与绿色发展

（上册）

基础公共篇

工业和信息化部教育与考试中心推荐教材

工业企业碳中和与绿色发展

（上册）

姚 宏 等编著

Carbon Neutrality and Green Development of Industrial Enterprises

化学工业出版社

·北京·

内容简介

《工业企业碳中和与绿色发展》从全球视角对中国碳排放相关问题进行了系统而广泛的阐述，是面向国际前沿同时结合国内现状、理论联系实际的实用图书。《工业企业碳中和与绿色发展》（上册）是本套书的基础公共篇，主要介绍了气候危机与绿色发展，碳中和管理体系，碳排放配额与交易管理，"双碳"目标下绿色金融与企业碳金融，二氧化碳捕集、利用与封存技术与生态碳汇，工业企业减污降碳协同增效机制与管理。

《工业企业碳中和与绿色发展》主要面向电力、钢铁、化工、石化、建材、建筑、有色金属、造纸和交通等高耗能行业相关管理人员以及规模以上企事业相关管理人员作为培训教材使用，还可供环境专业人员以及各行业对碳中和与绿色发展感兴趣的人士阅读参考。

图书在版编目（CIP）数据

工业企业碳中和与绿色发展. 上册/姚宏等编著. —北京：
化学工业出版社，2022.2
ISBN 978-7-122-40425-1

Ⅰ.①工… Ⅱ.①姚… Ⅲ.①二氧化碳-排污交易-研究-中国②工业企业-节能减排-研究-中国 Ⅳ.①X511②TK018

中国版本图书馆 CIP 数据核字（2021）第 254951 号

责任编辑：满悦芝　　　　　　　　　　　　　文字编辑：王　琪
责任校对：王　静　　　　　　　　　　　　　装帧设计：张　辉

出版发行：化学工业出版社（北京市东城区青年湖南街 13 号　邮政编码 100011）
印　　刷：北京京华铭诚工贸有限公司
装　　订：三河市振勇印装有限公司
787mm×1092mm　1/16　印张 16¾　字数 404 千字　2022 年 5 月北京第 1 版第 1 次印刷

购书咨询：010-64518888　　　　　　　　　售后服务：010-64518899
网　　址：http://www.cip.com.cn
凡购买本书，如有缺损质量问题，本社销售中心负责调换。

定　　价：98.00 元

《工业企业碳中和与绿色发展》（上册）编委会

主　　任：姚　宏
副 主 任：封　莉　马　军　刘　倩　林　翎　慕久竑
编　　委（按姓氏笔画为序）：
　　　　　山　丹　马　军　田　盛　史新华　刘　倩　李新洋
　　　　　杨岸明　张　亮　张立秋　张晓昕　范利茹　林　翎
　　　　　封　莉　胡旭丰　姚　宏　路　璐　慕久竑　蔡伟伟

参编单位：
　　　　　北京交通大学
　　　　　北京林业大学
　　　　　北京工业大学
　　　　　东北电力大学
　　　　　中央财经大学
　　　　　哈尔滨工业大学
　　　　　公众环境研究中心
　　　　　生态环境部环境发展中心
　　　　　北京绿色交易所有限公司
　　　　　中国铁路经济规划研究院有限公司
　　　　　中国标准化研究院资源与环境分院
　　　　　中国国检测试控股集团股份有限公司

支持单位：
　　　　　北京市绿色产业发展促进会
　　　　　北京和碳环境技术有限公司
　　　　　北京中创碳投科技有限公司
　　　　　中国石化石油化工科学研究院
　　　　　中交公路规划设计院有限公司
　　　　　北京百利时能源技术股份有限公司
　　　　　北京绿色之道节能环保技术有限公司

　　碳达峰和碳中和目标提出，是党中央、国务院统筹国际国内局势作出的重大战略决策，彰显了我国走绿色低碳发展道路的坚定决心，为世界各国携手应对全球性挑战、共同保护好地球家园贡献了中国智慧和中国方案，体现了我国主动承担应对气候变化国际责任、推动构建人类命运共同体的大国担当。我国从"十二五"时期起就将应对气候变化融入社会经济发展全局，通过采取发展非化石能源、节约资源能源、发展循环经济和增加森林碳汇等政策措施，取得了显著成效。2021 年 9 月和 10 月，《中共中央 国务院关于完整准确全面贯彻新发展理念做好碳达峰碳中和工作的意见》和《2030 年前碳达峰行动方案》的先后印发标志着我国双碳"1＋N"政策体系进入实质性落实阶段，同时也代表着我国社会经济高质量发展迈上了新台阶。

　　碳达峰碳中和是一个涉及经济、社会、环境、政策、金融、技术的集合性问题，我国碳中和目标的实现不仅是碳减排的问题，更是发展方式和发展权的问题。工业行业是我国国民经济的命脉，是实现人民对美好生活向往的基础。我国的碳排放主要来自电力、钢铁、建材、建筑、有色金属、化工、石化、造纸和交通行业，是整个经济社会实现低碳转型的重要载体和关键。在双碳目标背景下，企业为做好自身能力建设、开展碳核算，制定科学的减排目标和行动方案，在工艺、技术方面实现低碳转型和实现高质量发展，急需一批行政管理和技术人员快速成长为具备碳管理思维和能力的专业人才，形成企业碳管理与绿色发展落实的核心人才队伍。

　　《工业企业碳中和与绿色发展》系统阐述了国内外重点行业的发展和碳排放的现状，基于我国双碳目标的政策环境及低碳技术的发展趋势，从工业企业所需的碳管理、碳金融、碳交易、双碳路径实施等开展全方位的阐述和分析，不但为工业企业进行科学的碳管理、合理制定双碳目标和行动方案提供借鉴，也为我国工业企业双碳系列人才队伍建设和高质量发展提供了有力的技术支撑。

中国工程院院士　任南琪

2022 年 1 月

序言二

中国国家主席习近平在 2020 年 9 月 22 日召开的第 75 届联合国大会上指出："中国将提高国家自主贡献力度，采取更加有力的政策和措施，二氧化碳排放力争于 2030 年前达到峰值，努力争取 2060 年前实现碳中和。"双碳目标的提出，彰显着我国构建低碳经济模式的决心，标志着我国生态文明建设进入了以降碳为重点、推动减污降碳协同增效、促进经济社会发展全面绿色转型、实现生态环境质量改善由量变到质变的关键时期。

长久以来，我国单位 GDP 能耗与用水量均显著高于发达国家水平，说明我国在工业生产技术革新、优化运营管理模式等方面还存在着较大的发展空间。作为国家重要的发展战略，推动实现减污降碳协同增效，不仅能够从源头治理及总量控制层面要求减少污染物的排放，而且站在工业行业可持续发展的角度，要求各行各业在产品的生产、使用、废弃全生命周期过程中，通过开展工艺改进、技术革新以及建立完善的智慧化管理体系，提高资源与能源利用效率，降低产品单位产值能耗物耗，不断完善技术与管理体系，支撑双碳目标的实现。然而，中国实现双碳目标面临时间紧、任务重、难度大且相关专业人才短缺等一系列问题。目前，亟须对相关管理部门和工业企业技术管理人员就双碳目标实现达成共识进行宣贯，加强相关人员对国家政策规范、低碳技术、方法路径等相关知识的系统学习，快速建立一支熟悉碳资产核算、交易管理、技术开发、政策制定和路径规划等相关管理经验的专业人才队伍。

《工业企业碳中和与绿色发展》全书紧扣"减污降碳、协同增效"的工业绿色发展思路，针对目前工业企业发展存在的问题，重点从工业企业能源替代、节能节水、清洁生产、低碳技术、全生命周期与智慧管理国家政策、法律法规、技术路径、碳资产管理、绿色金融等角度，深刻解析了未来工业实现绿色低碳发展的务实路径，为工业企业技术升级改造、节能降耗绿色发展提供了可供借鉴的基础信息与技术方案，提出了构建多层次原料-能效-碳排放管理大数据平台，实现企业碳资产高效管理的新模式。此书核心价值在于从工业企业生产与运行管理实践出发，应对国家双碳人才质量提升的重大需求；它是一本面向国际前沿，结合国内现状、理论联系实际、内容翔实系统的综合性培训指导教材，可供政府相关部门、企业管理技术人员与广大碳核查、管理、交易、科研院校等相关领域从业者参考使用。

中国工程院院士　侯立安

2022 年 1 月

　　以煤、石油和天然气为主的能源消费是人类文明进步和世界经济快速发展的主要驱动力。然而，这些化石能源的利用伴随着大量的二氧化碳排放，导致了一系列生态、环境和气候问题。妥善解决经济、资源与环境三者之间的矛盾，实现绿色可持续发展，已成为人类社会面临的重大挑战。我国提出将采取更加有力的政策和措施，二氧化碳排放力争于 2030 年前达到峰值，争取在 2060 年前实现碳中和。这是中国基于推动构建人类命运共同体的责任担当和实现绿色可持续发展的内在要求作出的重大战略决策。我国碳达峰碳中和目标的实现面临着碳排放总量大、经济转型升级挑战多、能源系统转型难度大等复杂挑战。作为全球最大的发展中国家，我国在 2060 年实现碳中和的目标需要在更短时间、更广范围采取更大力度的减排行动。

　　实现碳中和是复杂的系统工程，涉及能源和产业结构调整、科学技术的重大进步、人类生产生活方式的变革等各个方面。我国电力、钢铁、建材、建筑、有色金属、化工、石油化工、造纸和交通行业的碳排放约占总排放量的 90% 以上，做好这些重点行业的碳管理与碳减排工作，是实现双碳目标的关键。系统了解和研究行业及企事业单位碳排放现状、碳市场及能源市场、碳交易机制、能源互联网、碳核查方法、碳排放管理以及碳减排技术升级和创新体系十分重要，需要各级政府、行业和企事业单位行政管理人员及技术人员对双碳目标相关的科学知识和绿色低碳发展有清晰和完整的认识。

　　《工业企业碳中和与绿色发展》聚焦国际形势和中国国情，系统阐述了我国电力、重点工业、建筑和交通领域的发展、碳排放现状和核算方法，深度剖析了各行业实现双碳目标的路径，同时综合我国资源禀赋及经济社会条件，分析了我国碳达峰碳中和的核心和关键问题，对双碳目标下的绿色发展新模式和发展趋势进行了展望。该书具有系统性、科学性和先进性，内容深入浅出，可作为相关行业领域综合培训教材以及科技工作者、企业家、管理人员和高校师生的参考书。该书出版对于推进产业低碳绿色发展，实现双碳目标具有重要的意义。

中国科学院院士　韩布兴

2022 年 1 月

前言

我国力争 2030 年前实现碳达峰、2060 年前实现碳中和，是党中央经过深思熟虑作出的重大战略决策，事关中华民族永续发展和构建人类命运共同体。碳达峰碳中和目标是我国统筹国际国内气候变化态势确定的，是深入贯彻习近平生态文明思想，推进经济结构战略性调整，实现走生态优先、绿色低碳的高质量发展道路的必然选择。2021 年 7 月 16 日，备受瞩目的全国碳排放权交易市场正式启动，首批纳入了 2225 家履约的火力发电企业，而钢铁、有色金属、石化、化工、建材、造纸和航空等行业也将逐步被纳入全国碳交易市场。因此，为深入贯彻党中央、国务院关于碳达峰碳中和的重大战略部署，加强碳排放管理已成为各级政府和企事业单位的一项重要工作。

实现碳达峰碳中和需要全社会的共同努力和持续推进，而做好碳排放管理需要一支适应新形势的专业人才队伍。为做好碳达峰碳中和工作的科技支撑和人才保障，促进碳排放管理人员系统学习与深刻理解习近平生态文明思想和关于碳达峰碳中和的重要论述，以及碳排放管理相关法律法规和政策，碳排放监测与核算体系，碳减排技术和管理体系，碳排放交易制度和碳资产管理方法，进一步提升碳排放管理能力和碳中和支撑技术辨识能力，工业和信息化部教育与考试中心委托北京交通大学和北京市绿色产业发展促进会牵头，联合北京林业大学、北京工业大学、中央财经大学、哈尔滨工业大学、东北电力大学及中国标准化研究院、中国铁路经济规划研究院有限公司、中国石化石油化工科学研究院、公众环境研究中心、北京绿色交易所有限公司等单位编著了支撑双碳系列人才培养的综合培训教材《工业企业碳中和与绿色发展》。

本套教材分为上册基础公共篇和下册重点行业篇。上册基础公共篇主要包括气候危机与绿色发展，碳中和管理体系，碳排放配额与交易管理，"双碳"目标下绿色金融与企业碳金融，二氧化碳捕集、利用与封存技术与生态碳汇，工业企业减污降碳协同增效机制与管理六个章节。下册重点行业篇主要包括电力、钢铁、化工、石化、建材、建筑、有色金属、造纸和交通九个领域碳中和与绿色发展章节。本套教材的突出特色是从全球视角对中国碳排放相关问题进行了系统梳理，涵盖了重点碳排放领域的核心技术及管理内容，是一套面向国际科技前沿、结合国家战略需求、理论与实际相结合的专业培训指导教材。

本套教材不仅是专业培训类教材，同时在碳减排管理和技术创新领域也具有一定的学术价值和应用价值。首先，本套教材为有志从事企事业单位碳排放现状监测，统计核算碳排放数据，核查碳排放情况，购买、出售、抵押碳排放权，提供碳排放咨询服务等工作的专业人才提供了全面而系统的知识架构。其次，在双碳目标背景下，各级政府、行业和企事业单位都在积极探索和寻求低碳绿色发展的路径，本套教材在总览各行业碳排放格局和进行案例分析的基础上，从碳中和管理体系、碳排放配额和碳交易、绿色金融与企业碳资产管理和工业企业全生命周期管理与绿色发展模式等多层次、多角度阐述了重点行业及工业企业减污降碳协同增效的路径及绿色低碳发展的方向，从而为各级政府科学制定碳减排行动方案和碳中和规划，以及工业企业确定未来发展方向和产业布局提供了理论及实践依据，同时也对碳排放核查第三方机构在把握市场需求方面具有重要的借鉴意义。最后，实现双碳目标的关键在于科技的原始创新和有力的人才保障，在碳中和管理体系构建，碳排放交易机制革新，能源智慧转型，新能源开发与有效利用，新型储能技术及碳捕集、利用与封存技术研发，绿色产品开发和产业链完善，智慧化碳管理大数据平台构建和工业企业全生命周期管理等领域都亟须开展大量系统深入的应用基础研究和系列人才梯队建设，因此本套教材为相关科研工作者深刻理解双碳目标涉及的有关国家科技发展战略规划、布局研究方向，进而凝练科学问题和构建系统研究体系提供了重要的参考依据。

在本套教材的编著过程中参阅了大量国内外专家学者的经验和文献资料，因资料众多和篇幅限制，恕不一一列出。本套教材也得到了北京高校卓越青年科学家计划项目（BJJWZYJH0121910004016）的支持，在此对全体编写组成员、硕博士生、企业管理与技术人员为教材撰写整理和提供大量材料的辛苦付出表示衷心感谢。

虽然我们为本套教材的编著做出很大的努力，但由于涉及的内容非常庞杂，各行业信息更新很快，且能力和时间有限，书中难免会存在不妥和疏漏之处，敬请读者批评指正，以便我们在后续的工作中持续改进。

编著者
2022 年 2 月

目 录

第1章
气候危机与绿色发展

1.1 全球气候变化与碳排放

1.1.1 全球气候现状与气候危机

气候变化是指在类似时期内除气候的自然变化之外，由于人类活动排放温室气体（GHG）改变地球大气组成而造成的气候改变。近年来，地球正在经历以变暖为主要特征的气候变化，而这种变化是广泛、迅速且逐步加剧的，其影响危及全球的各个区域（图 1-1）。

（1）人类活动使大气、海洋和陆地变暖，大气、海洋及生物圈发生了广泛而迅速的变化

自 2011 年以来，温室气体在大气中的浓度不断上升，到 2019 年，二氧化碳（CO_2）平均浓度达到 $410\mu L/(L \cdot a)$；自 1950 年以来，全球陆地平均降水量不断增加，全球上层海洋已经变暖，平均海平面已上升 0.20m。

（2）整个气候系统近期变化的规模以及气候系统各个方面的现状在过去几个世纪甚至几千年来都是前所未有的

近 50 年来，大气中 CO_2 浓度、全球地表温度以及全球平均海平面的上升速度远超以往 2000 年内任何一个世纪。此外，世界范围内所有的冰川几乎都在同时退化，这种退化是前所未有的。

（3）人类活动已对全球各个地区的气候状况产生影响，引发了各类极端气候事件

由联合国政府间气候变化专门委员会（IPCC）第五次评估报告可知，观测到的极端天气变化，如热浪、强降水、干旱和热带气旋等有所增多，将其归因于人类影响的证据有所加强。

（4）基于对过往数据以及对温室气体认知的提升，最佳全球气候敏感性的估算结果表明，全球平均温升将为 3℃/a，置信区间为 2.5～4℃

也就是说，在全球 CO_2 排放水平较工业化前水平翻倍的情况下，大气中 CO_2 浓度当量增加将大概率导致全球平均地表温度年均值升高 2.5～4℃，且极有可能为 3℃。

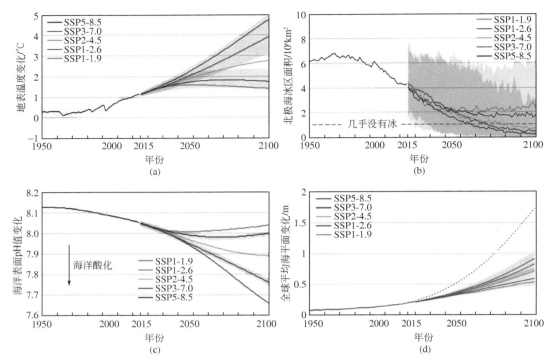

图 1-1　五种情景下的全球气候变化指标

（SSP3-7.0 和 SSP5-8.5 表示温室气体排放量高和极高的情景，二氧化碳排放量分别在 2100 年和 2050 年比当前水平翻一番的情景；SSP2-4.5 表示中等温室气体排放量的情景，二氧化碳排放量在 21 世纪中叶保持在当前水平附近的情景；SSP1-1.9 和 SSP1-2.6 表示在 2050 年前后，温室气体排放量低和极低的情景，二氧化碳排放量降至净零，随后出现不同水平的净负二氧化碳排放量）

图 1-1 彩图

　　近日，IPCC 正式发布《气候变化 2021：自然科学基础》报告（图 1-2），该报告首次以"红色警告"来评估气候危机，称地球环境短短几百年内已经被人类大幅度改变。此外，IPCC 指出，全球变暖幅度在 21 世纪可能将超过 1.5℃，甚至 2℃。一些史无前例的极端事件也会越来越频繁地发生，气候变化在几百年甚至几千年的时间范围内都是不可逆转的。由此看来，全球很可能已经形成严重的气候危机，人类必须要采取更加有效的措施加以应对。

联合国政府间气候变化专门委员会(IPCC)气候变化评估报告

1990年	1995年	2001年	2007年	2014年	2021年
第一次报告	第二次报告	第三次报告	第四次报告	第五次报告	第六次第一工作组报告

| "人类活动导致的温室气体排放增加了大气中温室气体浓度，并增强了温室效应使平均温度上升" | "自19世纪末以来，全球平均地面温度上升了0.3～0.6℃，这一变化不可能完全是自然产生的，各种证据的对比分析表明了人类对全球气候有可辨别的影响" | "最近50年观测到的大部分变暖可能(66%)是由于温室气体浓度的增加，人类活动造成的温室气体和气溶胶排放继续以预期影响气候的方式改变着大气" | "观测到的20世纪中叶以来大部分的全球平均温度的升高很可能(90%)是由于人为温室气体浓度增加所导致的" | "人类对气候系统的影响是明确的，极有可能(95%)是，观测到的1951—2010年全球平均地表温度升高的一半以上是由温室气体浓度的人为增加和其他人为强迫共同导致的" | "目前全球地表平均温度较工业化前高出约1℃。除非未来几十年内大幅度减少二氧化碳和其他温室气体排放，否则全球变暖幅度在21世纪将超过1.5℃，甚至2℃；人类活动正在引发气候变化，其引发的极端天气事件的频率与强度正在不断增加，必须及时控制" |

图 1-2　IPCC 1990—2021 年六次气候评估报告主要内容

而 IPCC 第六次报告中提出（图 1-3），全球变暖趋势与大气中 CO_2 等温室气体浓度变化密切相关，过度排放温室气体已经造成地球气候的急剧变化。IPCC 第五次报告表明，为了实现成本最优排放路径，从而极大可能（90%）地完成 2℃ 温控目标，则要求首先全球温室气体排放应控制在低于 500 亿吨 CO_2 当量的水平（到 2030 年）；然后减少至 2010 年水平的 40%～70%（到 21 世纪中叶），最后减至近零（到 21 世纪末）。因此，为了稳定变暖的速度，温室气体的排放必须达到净零，且达到这个点的速度决定了地球变暖的程度。

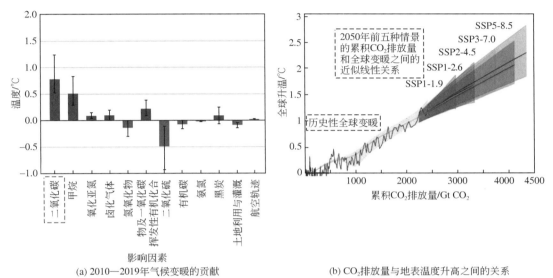

(a) 2010—2019 年气候变暖的贡献   (b) CO_2 排放量与地表温度升高之间的关系

图 1-3   2010—2019 年气候变暖的贡献以及 CO_2 排放量与地表温度升高之间的关系

1.1.2   全球碳排放格局及"双碳"理念

（1）全球各国的碳排放现状

地球上的 CO_2 净排放主要来源于化石能源燃料燃烧和工业生产过程。由于世界各国经济发展阶段、经济发展模式、能源结构、能源技术、人口规模与结构等众多因素的不同，世界各国的碳排放也有很大差异。首先，全球碳排放总体上体量庞大，且还在持续增长中。发达经济体碳排放量近三十年来基本保持不变，近十年有下降趋势，其碳排放量大致占全球总排放量的 1/3～1/2；而其他经济体近三十年碳排放量迅速增加，造成了全球碳排放总量的飞速增长（图 1-4）。

而造成全球碳排放总量增长的因素很多，其中人口的增长和 GDP 的提高是很重要的因素。因此，人均碳排放量和单位 GDP 二氧化碳排放量也是评估国际碳排放格局的有力参考值。数据显示，近二十年来世界人均碳排放量在 4t 左右，呈小幅度缓慢增加的局势，说明世界碳排放增长的趋势还没有得到有效遏制；而近二十年单位 GDP 二氧化碳排放量呈现出持续缓慢下降的局势（图 1-5），说明世界经济发展总体上已经在向绿色低碳发展转变。

按照人均二氧化碳排放量计，美国排放量达到了中国的 2.0 倍（2019 年），高于全球平均水平 2 倍多（图 1-6）。此外，俄罗斯、日本、欧盟等人均碳排放量分别为 11.5t、8.5t、6.0t，远多于世界平均水平（4.4t）及其他国家。因此，要控制全球碳排放，实现在 21 世

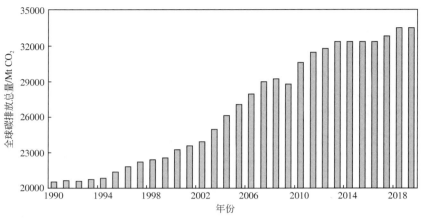

图 1-4　1990—2019 年全球碳排放总量

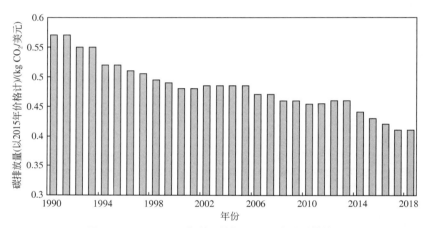

图 1-5　1990—2019 年世界单位 GDP 二氧化碳排放量

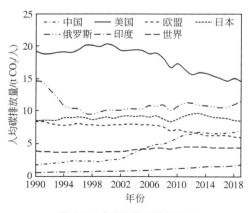

图 1-6　全球人均碳排放情况

纪末把全球平均气温较前工业化时期上升幅度控制在 2℃ 之内的目标，不能全靠发展中国家，发达国家更应当发挥积极作用，带领并帮助世界实现"碳中和"的总目标，解决气候危机。

（2）碳中和、碳达峰理念的提出

① 第一个里程碑文件。1992 年 5 月，《联合国气候变化框架公约》由联合国大会通过，并于 1994 年 3 月生效。该公约是世界上首个为了控制 CO_2 等温室气体排放、解决全球变暖对人类经济和社会不利影响而制定的国际公约，也是各国处理全球气候变化问题而采取国际合作的基本框架。该公约区分阐述了发达国家和发展中国家在应对气候变化中规定的义务以及履行义务的程序。

② 第一个限制温室气体排放的全球性制度安排。1997 年 12 月，《京都议定书》在日本京都通过。2005 年 2 月，《京都议定书》正式生效，第一次以法规的形式限制温室气体排放。明确了温室气体的六大种类及产生温室气体的四大类行业。确定了二氧化碳、甲烷

（CH$_4$）、氧化亚氮（N$_2$O）、氢氟烃（HFCs）、全氟碳化合物（PFCs）和六氟化硫（SF$_6$）六种温室气体（表 1-1）。并首次明确了"附件一缔约方"量化的限制和减少排放的承诺以及三种灵活合作减排机制。

表 1-1　主要温室气体的增温潜势

种类	增温效应/%	生命周期/年	100 年全球增温潜势（GWP）[①]
二氧化碳	63	50～200	1
甲烷	15	12～17	21～23
氧化亚氮	4	114～120	296～310
氢氟烃	11	260	140～11700
全氟碳化合物		50000	6500～9200
六氟化硫	7	3200	23900

① 又称全球变暖潜能值（Global Warming Potential），指排放到大气中的 1t 温室气体与同期 1t 二氧化碳所产生的辐射强迫之比。利用该 GWP 值可将 CH$_4$ 和 N$_2$O 等温室气体转化为等当量的 CO$_2$。按照惯例，以二氧化碳的 GWP 值为 1，其余气体与二氧化碳的比值作为该气体的 GWP 值。

③ 第三个里程碑式的国际法律文本。2015 年，第 21 届联合国气候变化大会通过了《巴黎协定》，协定以将全球平均气温较工业化前水平升高控制在 2℃ 以内，并努力限制在 1.5℃ 以内作为共同目标。该协定是人类历史上应对气候变化的第三个里程碑式的国际法律文本，形成 2020 年后的全球气候治理格局。

④ "气候中和""碳中和"等概念的第一次明确定义。2018 年 10 月，IPCC 第 48 次全会发布的《全球 1.5℃ 增暖特别报告》中，对"碳中和""气候中和""净零碳排放"和"净零排放"等概念进行了明确定义，并提出了为达到 1.5℃ 或 2.0℃ 温控目标应实现 CO$_2$ 的净零排放的时间点（图 1-7）。

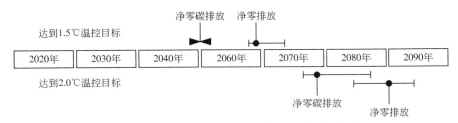

图 1-7　《全球 1.5℃ 增暖特别报告》的温控目标时间点

⑤ "碳达峰""碳中和"概念。"碳达峰"是指某个地区或行业年度 CO$_2$ 排放量达到历史最高值，然后经历平台期进入可持续下降通道的过程（图 1-8），是 CO$_2$ 排放量由增转降的历史拐点，标志着碳排放与经济发展实现脱钩，实现 CO$_2$ 排放达峰，需要满足单位 GDP 碳强度下降的速度高于 GDP 的年均增长速度。

"碳中和"的概念在研究中较清晰，但在政策实践中较为模糊。国内较为认可的"碳中和"概念是指企业、团体或个人测算在一定时间内，直接或间接产生的温室气体排放总量，通过植树造林、节能减排等形式，抵消自身产生的 CO$_2$ 排放量，实现 CO$_2$ "零排放"。国际

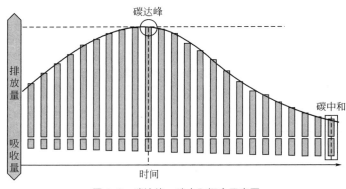

图 1-8　碳达峰、碳中和概念示意图

上"碳中和"目标表述主要集中在"碳中和""气候中和""净零排放"和"净零碳排放"。各国对概念的理解不尽相同，虽然大部分国家表述了不同的目标，但其实质都是指温室气体的净零排放而非特指 CO_2。

1.1.3　全球"双碳"目标的趋势和进展

2020 年是各缔约国约定更新国家自主贡献方案并通报 2050 年温室气体低排放发展战略的关键之年。欧盟是首个承诺到 2050 年实现净零碳排放这一政治意愿并以法定形式确定执行的地区。

（1）全球"双碳"目标汇总

全球现有 54 个国家已经完成了碳达峰，这些国家的碳排放量占全球排放总量的 40%。它们在不同的背景及环境下通过各自的方式实现了从"相对减排"（碳强度的减排）到"绝对减排"（碳总量的减排）的跨越。2020 年，碳排放量前 15 位的国家中，2/3 已完成碳达峰。而我国及其他 3 个国家承诺在 2030 年前实现达峰。届时全球 58 个完成碳达峰国家的碳排放量将占据全球排放总量的 60%。世界主要国家碳排放达峰时间及峰值如图 1-9 所示。

为了应对气候影响，全球温室气体排放必须在未来 10 年减少一半并在 21 世纪下半叶早期达到净零排放。鉴于这一需要，越来越多的《巴黎协定》缔约方正在履行净零排放目标。表 1-2 统计了截至 2021 年 4 月已实现、设立国内法律、已纳入政策或高层政治承诺或战略、正在讨论四类碳中和目标情况的国家和国际组织。

表 1-2　国家和国际组织自助贡献目标承诺分类

进展情况	国家和地区（承诺年）
已实现	苏丹南、不丹
已立法	瑞典（2045 年）、匈牙利（2050 年）、新西兰（2050 年）、丹麦（2050 年）、法国（2050 年）、英国（2050 年）
立法中	欧盟（2050 年）、斐济（2050 年）、智利（2050 年）、韩国（2050 年）、西班牙（2050 年）、加拿大（2050 年）
政策宣示	芬兰（2035 年）、冰岛（2040 年）、奥地利（2040 年）、梵蒂冈（2050 年）、哈萨克斯坦（2050 年）、美国（2050 年）、挪威（2050 年）、斯洛文尼亚（2050 年）、日本（2050 年）、哥斯达黎加（2050 年）、南非（2050 年）、巴西（2050 年）、瑞士（2050 年）、安道尔（2050 年）、爱尔兰（2050 年）、巴拿马（2050 年）、马绍尔群岛（2050 年）、德国（2050 年）、葡萄牙（2050 年）、中国（2060 年）

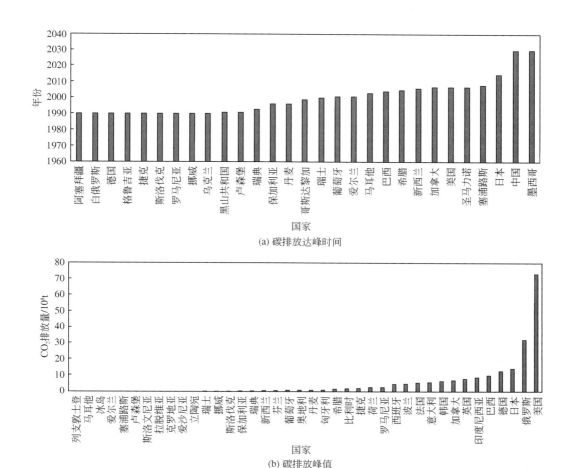

图 1-9　世界主要国家碳排放达峰时间及峰值

已承诺强化气候目标和行动的国家和地区主要是小岛屿发展中国家、部分拉美国家及大部分非洲国家，约为全球碳排放量的 15%。小岛屿国家联盟表示在 2020 年内更新其国家自主贡献，通过扩展与国际可再生能源机构达成的"灯塔协议"等方式逐步提高清洁能源的比例，利用财政工具和创新融资方式，全方位增强气候弹性，以提高自身气候适应能力。澳大利亚明确表示不会考虑在 2025 年前更新具有更高目标的 NDC（国家自助贡献）方案。美国于拜登上任后重新签署《巴黎协定》，并与欧盟发表联合声明：预期净零排放于 2050 年前完成。

（2）世界碳排放发展的情景分析

《巴黎协定》建立了 2020 年后全球气候治理的新机制，根据所有缔约方自下而上的 NDC 目标和行动计划，促进全球合作进程。但目前各国的目标承诺与升温控制低于 2℃的目标差距还较大，应当敦促各国继续加强其削减碳排放的雄心和力度。联合国环境规划署发布的《排放差距报告 2020》发布了到 2030 年全球变暖控制在 2℃ 和 1.5℃ 以下的最低成本路径下的温室气体排放的估算方法。该方法根据 IPCC《全球 1.5℃ 增暖特别报告》（简称 IPCC SR15）的情景计算得出，采用了 2018 年以后的最大二氧化碳累积排放量来划分情景类别，即根据情景的最高温度结果来划分。

① 低于 2.0℃ 情景。该情景将从 2018 年至达到净零排放年份的最大累积 CO_2 排放量限

制在 $900 \sim 1300Gt$ 之间，并将 2018—2100 年的累积 CO_2 排放量限制在 1200Gt 以下，这与将全球变暖限制在 2.0℃ 以下的可能性约为 66% 是一致的。在该情景下，预估到 2030 年的温室气体排放量中位数为 $41Gt$ CO_2，属于 IPCC SR15 低 2℃ 情景类别下 $36 \sim 45Gt$ CO_2 范围。2050 年，一次能源消费需降低到 52 亿吨标准煤当量，而煤炭的占比降低到 10%，非化石能源占比不低于 70%，2030 年，一次能源用于发电比例超 50%，2050 年约达 75%，CO_2 减排 80%，全部温室气体减排 70%。

② 低于 1.5℃ 情景。该情景将从 2018 年到实现净零 CO_2 排放量的最大累积量限制为 600Gt，并将 2018—2100 年的累积 CO_2 排放量限制为最多 380Gt，包括 21 世纪后半叶的净负 CO_2 碳排放量。这类情景与 IPCC SR15 中的情景一致，2030 年 $25Gt$ CO_2 排放量的中位数估计值在 IPCC SR15 情景下的 $22 \sim 28Gt$ CO_2 范围内，没有或有限超量。2050 年，一次能源消费比重下降到约 50 亿吨标准煤当量，煤炭占比减少到 5% 以下，非化石能源占比不低于 85%，CO_2 基本实现净零排放，全部温室气体减排 90%。

全球应对气候变化的目标和进程以及大国之间的博弈，将对世界经济在疫情后复苏和发展以及国际治理秩序的重建产生深远影响。全球各国家已经将实现"绿色经济复苏"作为共识，向低碳经济转型将成为大国竞争与合作的重要领域，也将是多数国家经济复苏和发展的政策导向。对于各缔约方，尤其是对新兴发展中国家，如何加强并更新 2030 年 NDC 目标和 2050 年深度脱碳目标已成为国际社会关注的焦点。

1.2 我国"双碳"目标与绿色发展

1.2.1 我国"双碳"目标下的政策规划

作为最大的发展中国家，我国在宣布"双碳"目标后将面临国际、国内双重压力和问题。从国际视角看，我国在《巴黎协定》错综复杂的谈判局面中提出可操作的方案是必须面对的现实需求；从国内视角看，我国虽然制定了低碳发展战略方案规划，但亟须出台妥善的解决方案和低碳路径实施细则。

(1) 国家领导多次强调碳达峰、碳中和

从 2020 年第 75 届联合国大会一般性辩论到 2021 年两会，国家领导人在国内外多个场合强调从"内促高质量发展、外树负责任形象"的战略高度应对气候变化的重要性，并提出我国更新自主贡献和长期低碳发展的战略目标，中国向全世界承诺，将采取更严格的政策和措施来减排 CO_2，努力争取在 2030 年实现碳达峰，2060 年前完成碳中和。

(2) 碳达峰、碳中和相关政策解读

① 国务院。2021 年 10 月，国务院印发了《关于完整准确全面贯彻新发展理念做好碳达峰碳中和工作的意见》(以下简称《意见》) 以及关于《2030 年前碳达峰行动方案》的通知 (以下简称《方案》)。

《意见》是"双碳"工作的总体部署和顶层设计，属于"1＋N"政策中的"1"，提出了"3060"的主要目标和重点任务。《方案》聚焦"十四五"和"十五五"两个碳达峰关键期，重点提出了"碳达峰十大行动"。《方案》是贯彻落实《意见》的要求而制定的。《意见》覆盖碳达峰、碳中和两个阶段，《方案》是碳达峰阶段的总体部署，在与《意见》保持有机衔接的同时，更加聚焦 2030 年前碳达峰目标。同时，《方案》也是"N"中为首的政策文件，也是各有关部门、单位和地区制定碳达峰方案的根本依据。

② 生态环境部。碳达峰行动纳入环保督察，应对气候变化与生态系统保护协同增效。

a. 2020 年 9 月，积极应对气候变化政策吹风会在北京召开，提出尽快出台《二氧化碳排放达峰行动计划》。从此次吹风会可以看出，生态环境部党组高度重视并要求将中央政府提出的目标转化为具体行动，坚决执行积极应对气候变化的国家战略。

b. 2021 年 1 月，全国生态环境保护工作会议在北京召开。会议确定，2021 年编制并实施 2030 年前碳排放达峰行动方案。加快支持国家自主贡献的项目数据库以及国内碳排放交易市场的建立，支持省、市低碳试点，强化地方应对气候变化的能力，编制《国家适应气候变化战略 2035》。

c. 2021 年 7 月，推出关于开展重点行业建设项目碳排放环境影响评价试点的通知。该通知确定了河北省等 7 地开展试点工作，并确定试点行业。主要针对建设项目的 CO_2 排放环境影响评价。提出 2022 年 6 月底前，基本摸清重点行业的碳排水平及减排潜力。

③ 工业和信息化部（以下简称工信部）。制定重点行业碳达峰行动方案和路线图，全力做好工业领域低碳减排。围绕"双碳"目标节点，实施工业低碳行动和绿色制造工程，坚决压缩粗钢产量，加快发展先进制造业，提高新能源汽车产业集中度。

某些产业结构不尽合理、绿色技术创新能力有待进一步加强、高端绿色产品供给有待加强、某些区域产业生态发展不平衡仍是我国目前存在的问题。"十四五"期间，基于"双碳"目标节点，低碳产业措施和绿色制造项目的实施是必然的。我国应尽快实施顶层设计，推进零碳产业能耗转型，将可再生能源富集和低成本区域作为产业空间布局规划中的重点，对零碳生产技术及其产业化展开重点研究，尽快建立新的零碳工业体系，抓住全球碳中和浪潮的顶峰，把挑战变成机遇。

④ 国家发展改革委。将从能源结构、产业结构、能源利用效率、低碳技术研发、低碳发展体制机制、生态碳汇六大方面推动实现"双碳"目标。

在中央财经委员会第九次会议中，"双碳"目标被特别强调纳入生态文明建设整体布局，凸显了中央对于"双碳"工作的高度重视。在重点工作中包括了工业、建筑、碳汇、消费等，与每一个人都密不可分。碳达峰工作中有巨大的市场机遇，政府做好整体规划设计，剩下的交给市场，让市场实现资源的最优配置。

⑤ 中国人民银行。以促进实现"双碳"为目标，落实"双碳"重大决策部署，完善绿色金融政策框架和激励机制。优化政策设计和规划，引导金融资源走向绿色发展，提高金融体系应对气候变化风险的能力，推进碳排放交易市场建设并对碳排放进行合理定价。

近年来，我国不断充实绿色金融政策框架，并且成效显著，有力地支持了我国的低碳发展。对绿色金融监管文件和政策进行梳理并规范化企业和金融机构，为绿色金融产品和服务创新提供了前瞻性指导。修订绿色产业及绿色信贷标准，确立绿色保险及绿色基金的界定标准，完成了绿色金融标准的统一和有效衔接。

（3）"双碳"目标对各行业领域的影响

碳达峰、碳中和几乎与每一个行业都有关系，由此带来系统性的变革，也就是说只要有碳排放的地方，就或多或少要涉及碳达峰和碳中和。在重点工作中包括了工业建筑、碳汇消费等，覆盖全社会各个行业和领域。

① 对电力部门而言，"十四五"是我国开启全面建设社会主义现代化国家新征程的第一个五年，必须要迈出关键的第一步。要保障电力安全，查缺并弥补电力系统的不足，优化煤炭能源的功能，开启一系列具有缩减碳排放的大型水电、核电项目，促进商业储能发展，完善节能减排政策体系，搞好能源、建筑、交通等碳相关产业的衔接。

② 针对工业部门，将努力争取完成 80%～85% 的碳减排（1.5℃情景），其中提高工业设备效率将对脱碳进程的发展起到有效的促进作用。实现 1.5℃ 减排目标的关键是技术创新。从根本上实现供热部门及工业发电的碳减排，则需推动清洁能源发电、热电联产、碳捕获及储存技术的大规模应用。

③ 针对交通部门，因出行需求及汽车保有量的不断增加，2050 年交通部门的碳排放量将增加约 30%（基准情景），较减排约 70% 的目标（1.5℃情景）仍有较大差距。最为本质、贡献最大的碳减排举措是交通运载工具的电动化转型，而转型与政府的支持、基建的扩张及技术的升级密不可分。此外，还需加强推进航空燃料去碳化。

④ 针对建筑部门，随着城镇化的发展以及人民生活质量的不断提升，2050 年建筑部门的碳排放量将增加 10%～15%（基准情景），而在 1.5℃ 情景下则须实现零排放。建筑节能改造和取暖的去碳化是加快建筑部门减排最为立竿见影的举措，目前在我国已经开始推行，但仍需要强化执行的广度及力度，并加强规划单位及相关企业的清洁取暖、节能改造、顶层设计的硬实力。技术升级及拓展公众认知边界对于实现建筑部门的零排放至关重要。

⑤ 针对金融行业，"双碳"目标的提出对金融业有很多要求。明晰的低碳化路径确定后，可以清楚地计算出支持低碳化项目的资金数，而金融业则需对项目融资进行规划。环保因素对整个产业结构、技术升级的影响，应当引起金融机构的重视，应将其纳入金融机构投资决策机制中。除了传统的债券及信贷支持外，碳交易市场在此过程中有望长足发展。

1.2.2　我国碳排放现状及工业低碳节能

（1）我国的碳排放现状

总体来看，我国的碳排放总量仍然是较大的，但是我国的碳排放增长速度已经开始降低。我国的碳排放在行业上存在重大差异，目前碳排放的主要来源在于发电、供热、交通和建设，合计达到总排放量的 80% 以上。此外，我国的碳排放在物理空间上存在分布不均的问题。

① 碳排放增速不断下降。党的十八大以来，随着供给侧结构性改革与经济高质量发展战略的逐步实施，我国的碳排放增速逐渐得到控制。追溯历史可知，我国单位 GDP 碳排放量呈现长期显著下降的趋势。我国 2019 年的单位 GDP 碳排放较 2005 年降低了约 48.1%，已超过了我国向国际承诺的目标（到 2020 年下降 40%～45%），基本改变了温室气体排放快速增长的局面（图 1-10）。

② 高耗能行业是我国的主要碳源。依据国际能源署的统计，交通运输、制造与建筑、发电与供热三大领域的碳排放量达到我国排放总量的 89%，三者分别占比 10%、28% 及51%。从细分行业看，排放前五的行业分别为电力、黑色金属、非金属矿产、运输仓储与化工。具体来看，生产和供应电力、蒸汽和热水行业占碳排放的 44.4%，位居第一；黑色金属冶炼及压延加工占 18.0%，次之；非金属矿产运输、仓储、邮电服务分别占 12.5% 与7.8%，分居三、四位；化学原料和化学制品占 2.6%，位列第五，这五大行业占据了85.2% 的碳排放量（图 1-11）。

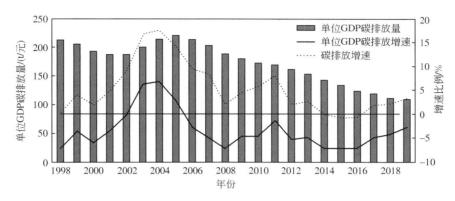

图 1-10　1998—2019 年我国的单位 GDP 碳排放降幅情况

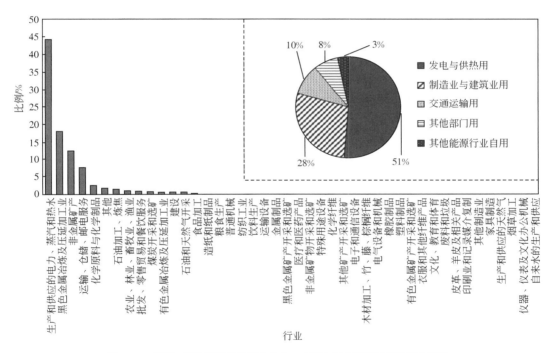

图 1-11　我国二氧化碳排放的行业分布：主要大行业情况及细分行业情况

③ 碳排放区域和省份分布不均衡。由于经济发展的不平衡以及能源禀赋结构的差异，我国不同区域之间的二氧化碳排放量也存在较大差异。从各地的碳排放增长速度来看，中国各区域的碳排放总量均快速增长，其中年均复合增长率最高的区域为西北区域（8.3%），其次是华南区域（7.0%），最低的区域为东北地区（4.1%）。分省来看，中国各省份的碳排放总量也都快速增长，其中复合增长率最高的省份为内蒙古（9.9%），其次为新疆（9.7%），20 世纪 90 年代以来，随着石油、煤炭资源的大规模开发，上述两省份的碳排放量也出现了较大增长；复合增长率最低的省份为辽宁（4.4%），由于资源开采速度及经济活动增速相对不足，其碳排放量增速相对较慢。从各区域的碳排放总量比较来看，华东、华北、华中为最大的碳排放量来源地（图 1-12）。

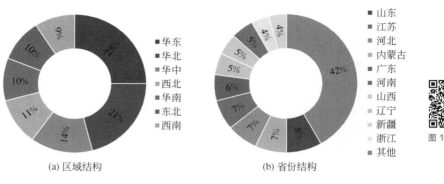

（a）区域结构　　　　　　　　（b）省份结构

图 1-12　中国碳排放量区域结构及省份结构示意图

图 1-12 彩图

④ 三次产业之间的碳排放占比差异较大。2000—2020 年间三次产业均呈现稳步增长的特征，2020 年三次产业的碳排放较 2000 年的复合增长率分别为 5.3%、5.5% 及 5.4%。其中，第二产业长期占据排放主流，2000—2020 年间第二产业碳排放量占排放总量的比重长期维持在 85% 左右，第三产业则占 14% 左右，而第一产业仅为 1%。这在某种程度上也为我国实现"双碳"目标提供了现实基础，随着我国逐渐进入后工业化时代，第二产业在国民经济中的占比必将进一步降低，而第三产业的占比则将进一步上升（图 1-13）。

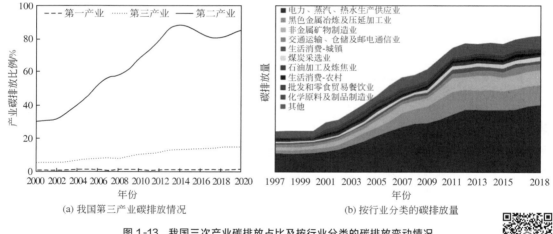

（a）我国第三产业碳排放情况　　　　　　　（b）按行业分类的碳排放量

图 1-13　我国三次产业碳排放占比及按行业分类的碳排放变动情况

图 1-13 彩图

（2）工业低碳节能的推行现状

数据显示，工业是我国 CO_2 排放及能源消耗的最主要领域（图 1-14）。2019 年，我国 60% 的能源消费量及 70% 的 CO_2 排放量均源于工业领域。工业作为我国经济社会发展的支柱，既是"用能大户"，也是"碳排放大户"，其低碳转型影响着中国"双碳"工作全局。因此，工业是碳排放的重要领域，能否率先达峰，特别是重点行业能否实现脱碳，对实现"双碳"目标至关重要。

"十四五"是工业各重点行业发展新阶段、关键期、窗口期，"双碳"战略对重点行业的减碳目标、路径、方式、政策等带来重大影响，国家出台相关政策均围绕实现这一目标，构建低碳节能的发展体系（图 1-15）。

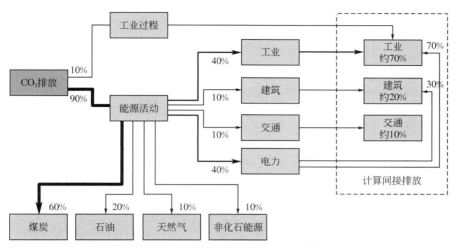

图 1-14　我国二氧化碳排放的主要贡献源

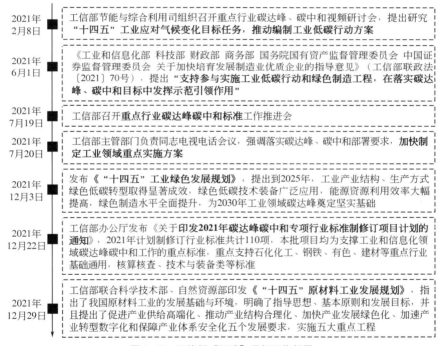

图 1-15　工信部"双碳"目标工作部署

　　《"十四五"工业绿色发展规划》基于目标导向、效率优先、创新驱动、市场主导、系统推进的六大基本原则，提出了主要目标及九个方面的重点任务：聚焦一个行动、构建两大体系、推动六个转型，并配套实施八个重大工程，提出加强规划组织实施、健全法律法规政策、加大财税金融支持、深化绿色国际合作的四大保障措施。从产业结构、能源消费、生产过程、资源利用、产品供给等方面，推动工业及其高耗能产业绿色低碳转型，强化绿色制造体系支撑作用，从源头加大减排减碳的力度（图 1-16）。

　　为了激励工业企业参与节能工作，引导其转变行为方式，促进环境改善以及能源的可持续发展，国家推出了一系列低碳节能优惠补贴政策，见表 1-3。

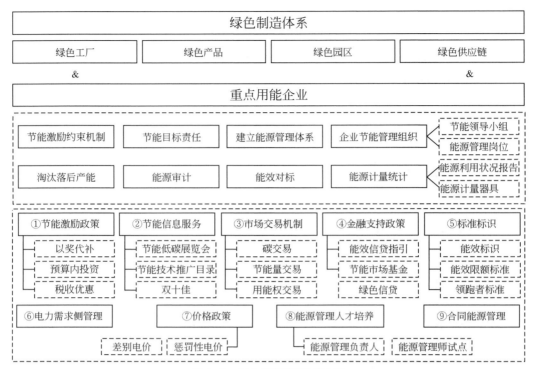

图 1-16   工业低碳节能政策体系

表 1-3   国家低碳节能优惠补贴相关政策

政策文件	发布单位	发布时间	具体措施
国家发展改革委等部门发布《高耗能行业重点领域能效标杆水平和基准水平（2021年版）》的通知	国家发改委	2021 年 11 月	推动金融机构在风险可控、商业可持续的前提下，向节能减排效应显著的重点项目提供高质量金融服务，落实节能专用装备、技术改造、资源综合利用等税收优惠政策，加快企业改造升级步伐，提升行业整体能效水平
中央预算公共平台发布《财政部关于提前下达 2022 年可再生能源电价附加补助地方资金预算的通知》	中央预算公共平台	2021 年 11 月	本次下达总计新能源补贴资金 38.7 亿元。其中，风电 15.5 亿元、光伏 22.8 亿元、生物质 3824 万元
国家发展改革委关于印发《污染治理和节能减碳中央预算内投资专项管理办法》的通知	国家发改委	2021 年 5 月	标准节能减碳项目按不超过项目总投资的 15% 控制。中央和国家机关有关项目原则上全额补助

续表

政策文件	发布单位	发布时间	具体措施
四部委《关于进一步完善新能源汽车推广应用财政补贴政策的通知》	财政部、工信部、科技部、发改委	2020 年 12 月	2021 年,新能源汽车补贴标准在 2020 年基础上退坡 20%;为推动公共交通等领域车辆电动化,城市公交、道路客运、出租、环卫、城市物流配送、邮政快递、民航机场以及党政机关公务领域符合要求的车辆,补贴标准在 2020 年基础上退坡 10%
《中华人民共和国节约能源法》	生态环境部	2018 年 11 月	国家对生产、使用列入本法第五十八条规定的推广目录的需要支持的节能技术、节能产品,实行税收优惠等扶持政策
《工业和信息化部办公厅关于开展绿色制造体系建设的通知》	工信部	2016 年 9 月	按《通知》明确的推荐程序,各地组织国家级、省级绿色工厂、绿色设计产品、绿色园区、绿色供应链管理企业等申报及评审。工信部目前没有出台相关补贴政策,各省市根据自身情况分别对国家级、省级、市级的绿色制造体系名单出台了相应的鼓励与补贴政策,这些政策可能是动态变化的。截至目前,补贴最高的是江西省,绿色制造体系建设试点项目计划分 2 年安排 1000 万元
《关于切实做好全国碳排放权交易市场启动重点工作的通知》	国家发改委	2016 年 1 月	请各地方落实建立碳排放权交易市场所需的工作经费,争取安排专项资金,专门支持碳排放权交易相关工作;此外,也应积极开展对外合作,利用合作资金支持能力建设等基础工作;各央企集团应为本集团内企业加强碳排放管理工作安排经费支持,支持开展能力建设、数据报送等相关工作
《节能减排补助资金管理暂行办法》	财政部	2015 年 5 月	节能减排补助资金重点支持范围:节能减排体制机制创新;节能减排基础能力及公共平台建设;节能减排财政政策综合示范;重点领域、重点行业、重点地区节能减排;重点关键节能减排技术示范推广和改造升级;其他经国务院批准的有关事项
《合同能源管理项目财政奖励资金管理暂行办法》	财政部	2010 年 6 月	支持对象:财政奖励资金支持的对象是实施节能效益分享型合同能源管理项目的节能服务公司。支持范围:财政奖励资金用于支持采用合同能源管理方式实施的工业、建筑、交通等领域以及公共机构节能改造项目。已享受国家其他相关补助政策的合同能源管理项目,不纳入本办法支持范围

以清洁、低碳和可持续发展为导向，在能源互联网基础上实施"两个替代方案"，推进能源生产清洁、能源使用电能主导的"双主导"及能源发展、经济发展与碳排放脱钩的"双脱钩"，到2030年，完成碳达峰及能源消费量达峰，建立清洁高效的现代能源体系，发展绿色低碳循环经济体系，是实现碳中和的坚实基础（图1-17）。

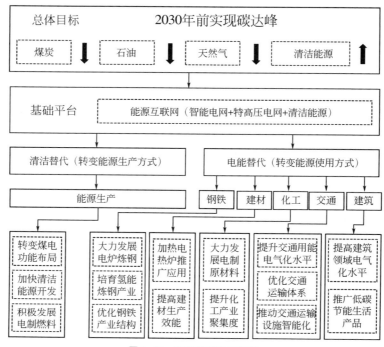

图 1-17　工业低碳发展路径

近几年，由于不断完善的顶层设计，以及对不同重点领域开发的全覆盖、多维度的工业低碳发展体系，我国工业节能减碳取得显著成效。推动实现工业绿色发展，是兑现碳达峰、碳中和承诺的积极有效举措。"双碳"目标引领下，不少高耗能产业纷纷开始探索绿色转型之路。

1.2.3　践行绿色低碳发展

（1）国际低碳绿色发展经验

欧盟委员会发布《欧洲绿色协议》，欧委会主席冯德莱恩表示：欧盟将快速行动，成为绿色经济领域的引领者，和世界其他国家一同推进完成全球经济可持续发展（图1-18）。

图 1-18　欧盟经济向绿色转型政策框架

① 美国。美国总统拜登提出"清洁能源革命和环境计划"，将采取措施严格控制所有的石油和天然气业务的甲烷污染，同时将制定更为严格的燃油经济性新标准。此外，进行立法来要求污染者承担碳污染的全部成本，确保到 2050 年实现净零排放。促进清洁技术在美国经济中的应用，将在清洁能源和创新领域投资 4000 亿美元（10 年内）。提出到 2035 年建筑库存的碳足迹减少 50%；到 2030 年底，将部署超过 50 万个新的公共充电站，这将确保美国成为世界上第一个实现农业部门净零排放的国家。此外，要求上市公司在其供应链及业务中公布与气候或温室气体排放有关的金融风险。

② 日本。政府推出绿色增长战略。将在住宅建筑、电动车、航空业、航运业、氢能源、海上风力发电等 14 个重点领域推动减排。到 2030 年中，停止对纯燃油乘用车的销售，推进下一代蓄电池的实用化。到 2040 年，完成 4500 万千瓦的海上风力发电量。到 2050 年，清洁能源的发电量达到总发电量的 50%～60%，并且将氢能源的用量增加到 2000 万吨，在电力及交通等行业实现氢能源的推广应用。

③ 德国。2019 年 12 月 18 日通过《联邦气候变化法》政府规划——《气候行动计划2050：德国政府气候政策的原则和目标》《气候行动规划 2030》。公布包括行业内的碳排放数据，并从 2025 年开始，确定 2030 年后的排放上限信息。如未能达到排放上限，需采取相关措施。基于信息的收集和共享，对个人的罚款可高达 5 万欧元。此外，对碳排放进行定期预测，并成立独立的气候变化专家委员会。将在投资和采购中优先选择有利于减排的选项。

④ 英国。2020 年 11 月，英国首相鲍里斯·约翰逊引领的政府公布绿色工业革命 10 项计划。内容包括海上风能、核能、氢能、公共交通、电动汽车、Jet Zero（喷气飞机零排放）理事会和绿色航运、骑行和步行、住宅和公共建筑、碳捕获、自然、创新和金融。新的汽油和柴油汽车、卡车到 2030 年停止销售（比早期计划提前 10 年），并于 2035 年停止售卖混合动力汽车。此外，政府将花费 120 多亿英镑的资金促进三倍以上的私营部门投资，以建立适合英国和世界的未来绿色产业。

目前，日本、韩国、英国、欧盟等相继提出"绿色新政"，且更多发展中国家明确低碳转型目标，更多国家将气候变化置于政策优先位置。

（2）我国绿色发展理念的践行

党的十八大以来，习近平总书记多次就生态文明建设、绿色发展发表重要讲话，为我国的绿色发展和生态文明建设提供了指南。绿色发展理念是新发展理念的重要内容，推动经济高质量发展必然要选择绿色发展。

① 绿色发展策略。工业和信息化部印发了《工业绿色发展规划（2016—2020 年）》，文件要求，工业全领域全过程必须围绕绿色发展理念，要基本形成工业绿色发展推进机制，绿色制造产业成为经济增长的新引擎和国际竞争新优势，工业绿色发展整体水平明显提升。同时，《"十四五"工业绿色发展规划》指出统筹发展与绿色低碳转型，深入实施绿色制造，构建工业绿色低碳转型与工业赋能绿色发展相互促进、深度融合的现代化产业格局。

a. 国务院。2016 年 3 月，国务院发布的《中华人民共和国国民经济和社会发展第十三个五年规划纲要》（以下简称《"十三五"规划纲要》），明确了创新、协调、绿色、开放和共享的发展理念。《"十三五"规划纲要》的第五篇第二十二章为"实施制造强国战略"，明确提出实施绿色制造工程，推动产品全生命周期绿色管理，构建绿色制造体系。此外，十三届全国人大会议中《中华人民共和国国民经济和社会发展第十四个五年规划和 2035 年远景目标纲要》提出，在建设现代化基础设施体系、深入实施制造强国战略等多个方面提出绿色发展，且第十一篇第三十九章为"加快发展方式绿色转型"，明确提出坚持生态优先、绿色发展。

b. 党中央。党的十九大报告勾勒了我国全面实现现代化的清晰蓝图。全文（共十三个部分）有三个部分论述了"绿色发展"有关内容。报告对绿色发展的时代背景、现状、理念、建设重点和目标等展开了全面的论述，成为我国未来一段时期绿色发展的行动指南。2020年10月，中国共产党第十九届中央委员会第五次全体会议举办，全会提出，推动绿色发展，促进人与自然和谐共生；加快推动绿色低碳发展，持续改善环境质量，提升生态系统质量和稳定性，全面提高资源利用效率。

c. 工信部。工业绿色发展是我国建设制造强国的内在要求，也是工业领域建设生态文明的必由之路。2015年5月，国务院颁布《中国制造2025》，将绿色发展作为制造业今后发展的五大方针之一。具体发展历程如图1-19所示。

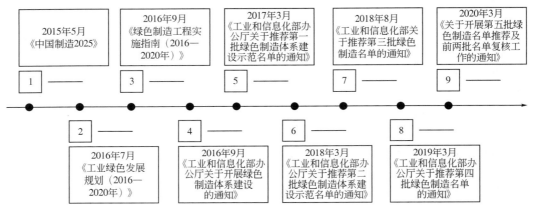

图1-19　绿色制造的政策发展历程

② 绿色制造体系。2016年9月20日，工信部发布《工业和信息化部办公厅关于开展绿色制造体系建设的通知》（工信厅节函〔2016〕586号），文件指出绿色工厂、绿色产品、绿色园区、绿色供应链为绿色制造体系的主要内容（图1-20）。

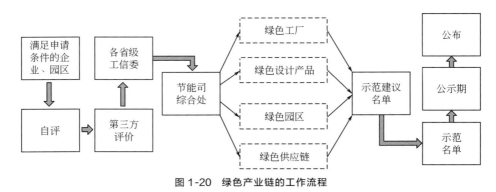

图1-20　绿色产业链的工作流程

北京市关于征集2021年度绿色制造名单的通知中，确定了绿色制造体系总体申报要求。
a. 申报方向。绿色工厂、绿色设计产品、绿色工业园区、绿色供应链管理企业。

　　b. 申报时间。工信部 2021 年 7 月 30 日，北京市 7 月 16 日。

　　c. 申报对象。本市工商管理部门登记注册、从事生产经营并具有独立法人资格的企业；单位近三年内经营状况良好，在工商、税务、银行、海关等部门无不良行为记录。申报单位积极落实绿色发展理念，具有一定的绿色制造基础，行业代表性强，在业内有较强的影响力，经营实力雄厚。

　　d. 负面清单。近三年有下列情况的，不得申报绿色制造名单：未正常经营生产的；发生较大及以上生产安全和质量事故、Ⅲ级（较大）及以上突发环境污染事件的；被动态调整出绿色制造名单的；在国务院及有关部门相关督查工作中被发现存在严重问题的、被列入工业节能监察整改名单且未按要求完成整改的、失信被执行人等。

　　③ 建立绿色低碳经济体系。在建设社会主义现代化国家新进程中，中国应以"双碳"为目标，优化协调经济发展，尽可能避免发达国家的"先发展后减碳，先高碳再低碳"的错误重演，走出一条新的现代低碳国家的发展道路。2021 年 2 月 22 日，国务院发布了《关于加快建立健全绿色低碳循环发展经济体系的指导意见》（国发〔2021〕4 号）。

　　a. 主要目标。到 2025 年，大幅度优化能源结构、产业结构及运输结构，同时大力提高绿色产业比重，不断提升基础设施绿化水平及清洁生产水平，生产生活方式绿色转型成效显著，能源配置更加合理、利用效率更高。主要污染物排放总量持续减少，碳排放强度显著下降，生态环境不断改善，以市场为导向的绿色技术创新体系不断完善，法律法规体系更加有效。完善低碳绿色循环发展的生产体系、流通体系、消费体系初步形成。到 2035 年，绿色发展的内部生产力大幅度增强，绿色产业规模达到新水平，重点工业和产品的能源效率达到国际先进水平，广泛形成绿色生产和生活方式，碳排放量达到最高值并持续减少，生态环境根本改善，建设美丽中国的目标基本实现。

　　b. 推进工业绿色升级。加快实施钢铁、石化、化工、有色金属、建材、纺织、造纸、皮革等行业绿色化改造；推行产品绿色设计，建设绿色制造体系；大力发展再制造产业，加强再制造产品认证与推广应用；建设资源综合利用基地，促进工业固体废物综合利用；全面推行清洁生产，依法在"双超双有高耗能"行业实施强制性清洁生产审核；完善"散乱污"企业认定办法，分类实施关停取缔、整合搬迁、整改提升等措施；加快实施排污许可制度；加强工业生产过程中危险废物管理。

　　c. 构建绿色供应链。鼓励企业开展绿色设计、选择绿色材料、实施绿色采购、打造绿色制造工艺、推行绿色包装、开展绿色运输、做好废弃产品回收处理，实现产品全周期的绿色环保。选择 100 家左右积极性高、社会影响大、带动作用强的企业开展绿色供应链试点，探索建立绿色供应链制度体系。鼓励行业协会通过制定规范、咨询服务、行业自律等方式提高行业供应链绿色化水平。

　　建立健全绿色低碳循环发展的经济体系是党中央、国务院做出的重大战略决策，是促进生态文明建设、构建现代化经济体系和实现高质量发展的必由之路。建立健全绿色低碳循环发展经济体系是推动高质量发展、建设现代化强国的必然选择。建立健全绿色低碳循环发展经济体系是顺应国际绿色发展潮流、积极应对气候变化、构建人类命运共同体的必然选择。建立健全绿色低碳循环发展经济体系将为我国经济发展提供不竭的绿色新动能。

1.3 我国"双碳"目标中的挑战和机遇

1.3.1 "双碳"目标实现的挑战

碳达峰和碳中和是政府为了我国经济能够长远持续的发展而定下的目标，尽管从"十一五"以来我国不断推进节能减排，但在实现"双碳"的进程中仍会面临较大的挑战。作为世界上最大的发展中国家，我国在保证发展的同时完成快速减排，任务十分艰巨。

（1）能源结构高碳

我国的能源结构以高碳的化石能源为核心，其比重高达85%。火力发电仍然是电力结构的主体，且主要是煤炭发电，天然气发电占比很小，风电和光伏发电量也仅为总电量的9%，虽然其有超过24%的装机量，整体贡献仍比较小。另外，水电及核电分别以17%和2%的装机量贡献了18%和5%的发电量。据2020年统计，我国煤炭在一次能源消费量中占比有所下降，但比重仍超过了50%（图1-21），单位能源消费的碳排放强度比世界平均水平高（图1-22），亟待加快调整能源结构。

图1-21 2020年我国一次能源消费结构及电力结构

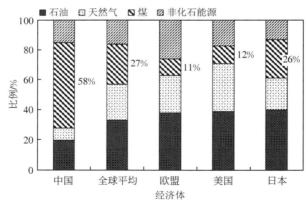

图1-22 我国一次能源消费结构与其他经济体对比

（2）待削减的碳排放总量大

相较于其他经济体，实现碳中和目标需要减少巨大的碳排放量，我国的任务非常艰巨，需要付出艰苦卓绝的努力，同时需要大力发展减排技术。近年来我国碳排放强度迅速下降，但仍显著高于大部分发达国家，在二十国集团中仅次于南非。最大碳排放污染的来源就是能源行业燃料的使用，其二氧化碳排放占总额的 51%。能源行业中煤炭燃烧碳排放占了 96%（图 1-23）。

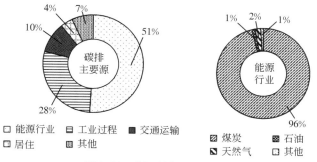

图 1-23　我国碳排放主要来源

（3）经济发展不充分

欧美主要国家已完成工业化，经济增长与碳排放脱钩；我国仍处于工业化时期，对能源电力仍有较大需求，碳排放与经济发展存在强耦合关系，必须探索一条路径，既能确保能源电力安全可靠供应，又能完成碳减排，并保障经济稳定增长。

（4）碳中和时间短

中国承诺实现从碳达峰到碳中和的时间，远远短于发达国家所用时间。从 2030 年到 2060 年仅仅 30 年时间，而美国、欧盟从达峰到中和分别有 43 年、71 年的时间，我国必须要付出艰苦努力才能在如此短的时间内完成。

1.3.2　实现"双碳"目标的路径

立足国情，实现"双碳"目标，需要围绕绿色发展新理念，紧抓能源，快速推动"两个替代"，打造清洁低碳、安全高效的现代能源体系，以特高压电网引领中国能源互联网建设，通过能源零碳革命引领全社会加速脱碳，实现"双脱钩"，开辟一条速度快、成本低、效益高的中国碳中和之路。

（1）实现步骤及总体路径

根据"3060"目标，碳中和需要经历四个 10 年，共八个五年计划。基于减排工作部署，则可将其划分为四个时期，依次包括转型过渡蓄势期、能源结构切换期、近零排放发力期及全面中和决胜期（图 1-24）。

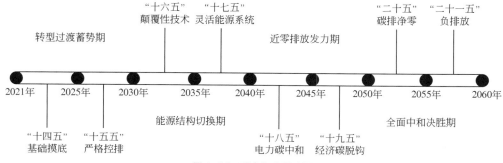

图 1-24　碳中和实现步骤

面向 2030 年碳达峰目标的关键 10 年，首先要对消费侧和生产侧可提升能效的潜力进行不断挖掘，同时实施对煤炭消费的控制，对清洁能源的大规模发展，以及对低碳生活方式、低碳消费行为的引导。在实现达峰目标后的 15～20 年，则需要围绕以可再生能源为核心的低碳能源系统，进一步保证碳排放"稳中有降"且进入加速减排期，大力推广负碳技术。在即将迎来碳中和目标的 10～15 年，首要任务是完成深度脱碳，以负排放技术和碳汇的应用实现能源系统的灵活性，从而完成碳中和目标。整体来说，我国将通过产业结构调整升级与能源体系转型，实现碳排放达峰，辅以"负碳"技术及碳汇手段最终完成碳中和（图 1-25）。

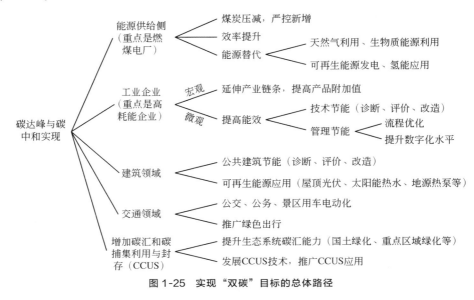

图 1-25　实现"双碳"目标的总体路径

（2）工业企业实现"碳中和"综合路径

① 优化产业结构和布局。

a.淘汰落后的工艺和产能，推动与城市末端废弃物协同处置。按照国家和地方淘汰落后产能的政策要求和工作部署，采取积极有效的措施，调整产能过剩的产业结构，积极开展"散乱污"企业的治理工作，提高工艺技术水平，提高工业产品的绿色化和高经济附加值，推进产业结构低碳价值链的发展，促进节能减排政策措施的实施。在碳中和目标下，调整国家能源结构，从而倒逼能源消费结构变革，将推动协同处置废弃物的规模化发展，增加替代燃料占比，减少化石燃料燃烧排放，从而实现协同减排，推动绿色低碳发展。

b.调整产品及产业结构，发展低碳产品，延伸产业链，技术创新。基于行业低碳发展的大背景，企业作为减排主体，不仅需要基于能效管理、节能监控优化、余热回收发电、生物质燃料替代、废物协同处置等技术手段实施减排，还可通过调整产品及产业结构，发展低碳制品，延伸产业链，推进新工艺及技术创新，从全产业链角度实现碳中和（图 1-26）。

② 推动能源消费结构转型。

a.提高能源利用效率。对于化石能源使用量较大的重点碳排放企业：提高化石能源的用能效率＋逐步使用清洁能源替代化石能源＋合理地逐步梯次化调整能源利用体系。重点用能单位应严格执行地方分配的能耗限额指标，通过热回收、照明改造及更换低效设备等技术节

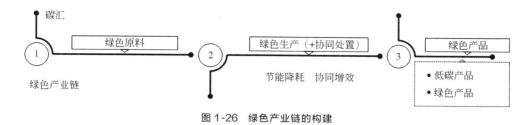

图 1-26   绿色产业链的构建

能的手段来实现能效提升。对重点耗能设备开展能效评价，企业内部应建立节能奖惩制度，落实节能目标到相应层级和岗位，并定期组织考核。同时，努力展开能源审计的工作，积极推进企业节能降耗工作的开展。此外，完善能源管理体系，鼓励企业自主进行能源管理体系认证等工作。

b. 大力推广清洁能源。构建以电力为核心，辅助太阳能、天然气等绿色低碳能源体系，有效提升能源利用水平。

c. 引进智慧能源管理平台。助力企业掌握自身内部的能效水平和节能潜力，实现动态化、精细化管理企业能源消耗，从整体上强化能源管理水平，降低企业能源支出成本。引入能源管理平台还可以及时进行用能诊断，协调控制各车间能源消费量、厂区总体能源消费结构等，进而有效控制碳排放量，帮助企业管理者通过平台实现能源信息化管理。

d. 实行合同能源管理。合同能源管理的实施，可显著降低企业节能改造的资金和技术风险，高效调动企业节能改造的积极性，基于市场机制推动节能减排、减缓温室气体排放。符合条件的能源管理项目，可获减免税等政策支持。企业依据能源管理合同而支付给节能服务公司的合理支出，均可以在计算当期应纳税所得额时扣除，不再区分服务费用和资产价款进行税务处理。

③ 编制企业低碳发展相关规划。"十四五"开局之年，也是碳达峰、碳中和提到新高度的一年，应明确方向、明确行动路线。企业低碳发展相关规划，用规划指导行动，明确企业中长期行动。

④ 建立企业碳排放管理体系。将实现"碳达峰""碳中和"作为远景目标，将碳排放管理和能源管理、安全管理、环境管理体系建设处于同等重要的水平，融入企业长期发展战略，并从现在开始行动，从战略制定、组织优化、生产运营、科技创新、信息化建设等多个层面设计，从资金投入、人才培养、风险管理等职能予以支持，将碳达峰、碳中和目标内化在管理提升的进程中。

a. 设立碳排放管理机构。建立碳排放管理体系，明晰企业碳排放边界，制定企业内部管理规范，设计管理工作流程，开展内部培训提升碳排放管理能力，加强碳排放相关数据管理。定期检查碳排放程度。制订碳排放监测计划，确立碳减排目标，编写和发布碳排放报告等。

b. 做好企业碳盘查，摸清家底，做好各项碳核算与评价分析。企业层面碳排放核算：企业碳交易、碳减排量核证。对于产品碳足迹的核算，包括产品全生命周期过程的碳排放。而企业碳足迹的核算，则为一家企业及其全部供应链的年度排放总量，用于企业碳达峰和碳中和的核算。

c. 制定目标、发布碳减排报告，促进全供应链协同减排，为实现碳中和提供市场动力。标杆企业开展全生命周期碳减排工作，并对产品碳足迹结果进行公布，这些结果作为其开展碳减排、碳达峰、碳中和工作的基本依据之一。基于碳排放数据，针对性地改进进而推动碳减排。主要减排措施：直接减排。如绿色采购、绿色供应链，或实施描述改进，推动产品与技术创新。

d. 推动建立全供应链、全生命周期的碳中和管理体系。京东方 A 基于自身的电子产品物料管理系统，加入碳足迹功能模块，要求供应商将两项工作同时完成，形成供应链集成管理体系。

e. 制定产品、供应链的碳足迹核算标准。确定产品、供应链的碳足迹，企业必须能准确并反复地进行数据收集和跟踪，并确保数据的可靠度和可信度。

⑤ 能源审计与节能诊断。"十四五"规划中对单位 GDP 能耗及单位 GDP 二氧化碳排放提出了约束性目标：分别保证降低 13.5％和 18％。目前企业可做的重点工作——能源审计：准确掌握"十三五"能源消耗数据，同时掌握 CO_2 排放数据；节能诊断：深挖节能潜力，宜采用全面节能诊断；"十四五"节能规划：把握能源消耗预期值、采取措施，可预见 CO_2 排放数据。

⑥ 参与碳交易。碳交易是企业实现碳达峰、碳中和的一种途径。碳交易市场具有约束机制和激励机制这两个主要功能。约束抑制化石能源产业，而激励非化石能源产业或新能源产业，从而以最低成本节能，促进"双碳"目标实现。随着交易价格的变化，企业需平衡自主减排还是购买指标更合适；碳市场的价格变化幅度，远高于实施节能减碳项目的投资变化幅度。碳中和目标的实现，与资金投入密不可分，碳交易是促进企业本身减少碳排放的手段，生产过程减排是核心。

（3）技术路径

能源供给端的技术变革是主线。能源技术是碳中和的基础，碳中和技术的主线是能源供给端的技术革命，以降本为核心，形成以光伏＋储能为主的电能供应，以及氢和碳捕捉共存的非电供应技术格局（图 1-27）。

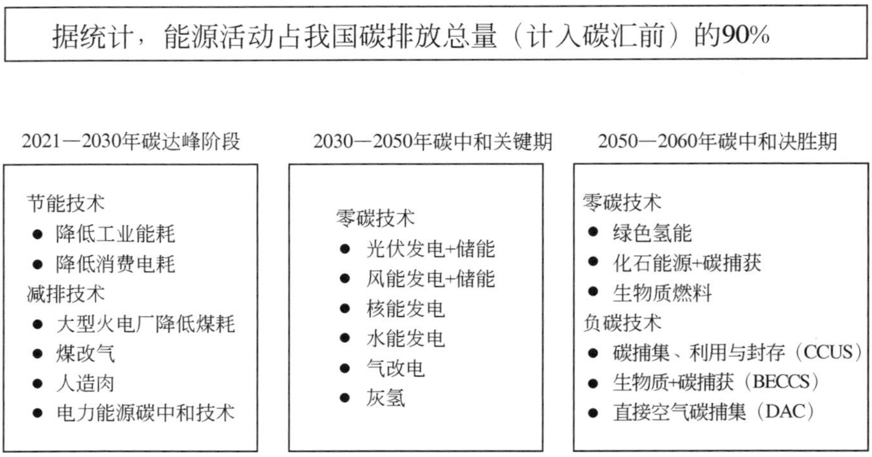

据统计，能源活动占我国碳排放总量（计入碳汇前）的90%

2021—2030年碳达峰阶段	2030—2050年碳中和关键期	2050—2060年碳中和决胜期
节能技术 ● 降低工业能耗 ● 降低消费电耗 减排技术 ● 大型火电厂降低煤耗 ● 煤改气 ● 人造肉 ● 电力能源碳中和技术	零碳技术 ● 光伏发电+储能 ● 风能发电+储能 ● 核能发电 ● 水能发电 ● 气改电 ● 灰氢	零碳技术 ● 绿色氢能 ● 化石能源+碳捕获 ● 生物质燃料 负碳技术 ● 碳捕集、利用与封存（CCUS） ● 生物质+碳捕获（BECCS） ● 直接空气碳捕集（DAC）

图 1-27　碳中和技术路径图

（4）行业路径

从行业看，能源、制造、交通、城市、生活等对碳达峰、碳中和都有重要影响，且行业特性不同，其碳排放方式和治理路径也有明显差异（图 1-28）。实现"双碳"是一项非常具有挑战性的系统工程，涵盖了环境、气候、社会、经济、能源等众多领域，涉及公众、企业及政府等多个层面，需要秉持绿色发展新理念，凝聚全社会智慧和力量，团结协作、共同行动。

行业		能源替代	源头减排	回收利用	节能提效	工艺改造	碳捕集
能源、电力		清洁能源、储能	压减火电产能	利用废弃能源	提高能效	智慧电网特高压	
工业	钢铁	电炉、清洁能源		废钢回收利用	节能、余能利用	流程优化、氢还原	
	水泥	清洁燃料		协同处置	节能、余能利用	原料或产品替代	
	化工	电力多元化转换（Power-to-X）	压减、转移产能	材料循环再生	节能、余能利用	提升原料经济性	
	电解铝	清洁能源	压减、转移产能	再生铝	节能、余能利用	流程优化	
交通	道路交通	电动车和充电桩	提示、禁售	拆解回收电池	优化布局	提升动力效率	
	船运	燃料电池车加氢站			提升运效	提升动力效率	
	航空	氢能、生物燃料			提升运效	提升动力效率	
农业		电气化分布式能源	限制焚烧秸秆	利用农林废弃物	节能设备、电器	提高产品产量	植树造林
建筑		热泵分布式能源	降低空置	建筑垃圾回收	建筑节能	装配式建筑	增加碳汇
消费		绿色出行	节约、限制包装	垃圾分类	节约资源		

图 1-28　行业碳排放情况与解决路径图

1.3.3　"双碳"带来的发展机遇

机会总是与挑战并存的，实现"双碳"目标面临着较大挑战的同时，碳达峰和碳中和的推行也会给我国经济带来新的机遇。

（1）绿色发展和能源转型升级

绿色发展体现产业转型升级的目标导向，从而推进我国产业转型升级，提升我国产业的全球竞争力。在碳中和目标下，我国可再生能源比例将从目前的15%提高到85%，带来大量投资机会。2030年风能、太阳能、水能等非化石能源占比大幅度提高。未来10年内新增风电和太阳能发电装机量将超过12亿千瓦，未来30年需要100万亿元以上投资来支撑能源体系转型，未来30年能源终端部门改造投资需求也超过30万亿元（图1-29）。风电产业、生物质产业、太阳能光伏产业、沼气发电产业、地热利用产业、新能源汽车产业将得到大力发展。

（2）新能源装备出口

我国光伏、风能等产业规模现居世界第一，具有产业链优势，可以促进出口。近10多年来中国的风电与太阳能发电均取得快速发展，非化石能源中，太阳能将占据主导地位，光伏产业面临巨大发展机遇。我国光伏产业技术成熟，产业链条完整，在世界市场占有率领先。光伏设备可以将洁净的太阳能转化成电能。近年我国光伏装机量整体呈现上升趋势，特别是在"双碳"战略提出后，我国光伏装机量在2020年四季度迎来一个巨大的攀升。预计2020—2025年我国年均新增光伏装机可达70GW，如图1-30所示。我国风电新增装机容量及预期如图1-31所示。

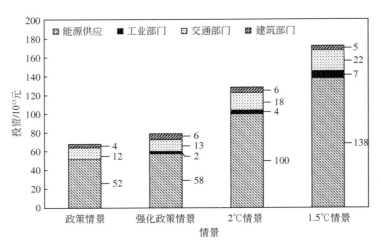

图 1-29　不同情景下 2020—2050 年能源基础设施投资

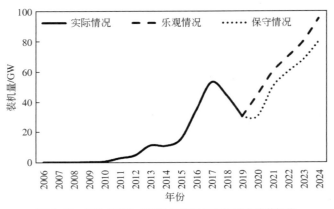

图 1-30　预计 2020—2025 年我国年均新增光伏装机量

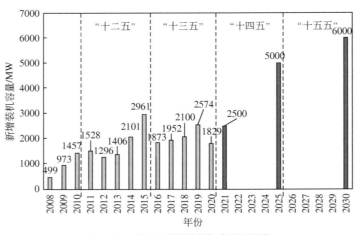

图 1-31　我国风电新增装机容量及预期

（3）带动 GDP 增长

碳中和将成为推动我国经济未来 40 年可持续发展的重要驱动力。除之前提到的挑战，从中长期来看，中国为实现可持续发展并保护国内的生态环境，发展绿色低碳型经济是必然选择，这将有望重塑中国经济，并影响众多行业及企业。其发展涉及众多战略新型产业，例如绿色生产技术、新能源技术、绿色建筑、智慧交通等，每年新增产值达万亿级，可推动 GDP 增长 2%～3%。

清华大学气候变化研究院的研究显示，为实现碳中和，今后 30 年中国需要新增 138 万亿元的绿色投资，约是每年 GDP 的 2.5%。碳中和对我国未来 40 年年均 GDP 增速贡献将超过 2%。因此，碳达峰及碳中和，毫无疑问将成为未来推动我国经济可持续发展的重要驱动力。其对中国经济发展的影响和重要性或不亚于城市化，也可能成为类似中国 2001 年 12 月 11 日正式加入世界贸易组织的经济发展重要转折点。

（4）社会效益

① 能源保障。到 2060 年，预计中国清洁能源的供应量将满足 90% 的一次性能源需求，单位 GDP 能耗相比 2018 年降低 80% 以上，能源自给率将提升接近 100%，全社会用电成本下降 20%。

② 创造大量就业岗位。中国投资协会和落基山研究所共同编制的《零碳中国·绿色投资》蓝皮书中提到，七大领域的市场规模将达到近 15 万亿元（到 2050 年），包括数字化、氢能、储能、零碳发电技术、终端消费电气化、能效提升、再生资源利用等，并为我国实现净零碳排放贡献 80% 的份额。同时，在能源转型过程中还将创造大量就业机会，仅氢能、再生资源利用及零碳电力等新兴行业将带来超过 3000 万个岗位。到了 2060 年，预计可累计增加 1 亿个就业岗位，促进中国经济社会快速发展。

③ "碳中和"的实现会促进东西部协调发展。带动西部地区人均可支配收入增长，缩小区域发展差异。

（5）环境健康效益

① 减少环境污染。2060 年，SO_2、NO_x、细颗粒物排放分别减少 1576 万吨、1453 万吨、427 万吨，分别减排 91%、85%、90%。

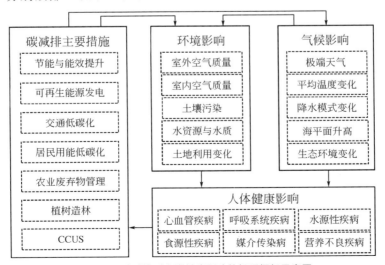

图 1-32 碳减排对人类健康影响的机理框架示意图

② 保障居民健康。2060 年，我国空气中细颗粒物浓度相比 2015 年减少 80％以上，可避免因空气污染、极端天气造成死亡人数 2000 万例，减少污染相关疾病 9600 万例（图 1-32）。

1.3.4 "双碳"目标的建议与展望

实现"双碳"目标具有重要的战略意义和变革意义。未来，围绕碳达峰、碳中和将掀起一场新的科技创新与产业变革的浪潮，先进低碳、零碳技术将成为全球新的主导标准，低碳、零碳产业体系将成为各国经济发展新的核心竞争力，贸易和投资领域低碳、零碳化的要求已初现端倪，围绕碳中和将出现一大批新的国际规则。目前，我国绿色低碳技术创新能力有待加强，重大战略技术储备尚存缺口，实现碳中和需要应对技术创新、资金支持、社会保障、国际合作等方面的多重挑战。需以习近平生态文明思想为指导，坚决贯彻新发展理念，加快开展以下工作。

（1）抓紧制定 2030 年前二氧化碳排放达峰行动方案

明确工作任务、创建工作机制、健全保障措施，确立地方和重点行业的达峰目标、路线图、行动方案以及配套措施。

（2）明确"十四五"时期应对气候变化目标任务

提出与实现"双碳"目标相衔接、强有力削弱碳强度的约束性指标，加紧制定地方分解落实和监督考核方案，推动有关部门提出高质量、有力度的相关目标及措施。

（3）加快推动能源结构的低碳转型

实施更为严格的措施对化石能源消费进行控制，积极有力地推进非化石能源的发展。

（4）持续强化节能，提高能效

加强提升能源利用效率，提高并严格执行重点行业、产品、设备等节能标准，推进重点单位强化能源管理，支持重点和新兴领域节能改造升级。

（5）深化工业、交通和建筑等重点领域绿色低碳行动

强化非 CO_2 温室气体的排放控制，协同温室气体和污染物排放控制，实现减污降碳的协同效应。

（6）持续推进全国碳排放权交易市场的建设和运行

强化碳市场对控制温室气体排放、促进绿色低碳技术创新、引导气候投融资等方面的作用。

（7）努力提升生态系统碳汇能力

大力开展植树造林、实施沙漠化综合治理、天然林保护及水土保护等生态环境工程，强化海洋、湿地、草原、森林、农业用地的储碳能力。

（8）进一步提升全社会应对气候变化和低碳发展的意识

引导居民践行绿色低碳生活方式，倡导绿色低碳消费，营造全社会共同参与绿色低碳发展的良好氛围。

（9）积极参与和引领全球气候治理进程

继续为推动构建公平合理、合作共赢的全球气候治理体系贡献"中国智慧"和"中国方案"。

参考文献

[1]　王文堂，等.工业企业低碳节能技术［M］.北京：化学工业出版社，2017：96.

[2]　王文堂，等.企业碳减排与碳交易知识问答［M］.北京：化学工业出版社，2017：105.

[3]　Bandh S A，Shafi S，Peerzada M，et al. Multidimensional analysis of global climate change：A review ［J］. Environmental Science and Pollution Research，2021，(3)：13-15.

[4]　向家莹.多省市"十四五"加码碳达峰布局［N］.经济参考报，2021-01-19.

[5]　何建坤.强化实现碳达峰目标的雄心和举措［N］.中国财经报，2020-11-17.

[6]　如何实现"碳中和"？未来 40 年目标定了［N］.光明日报，2021-01-13.

[7]　Zhou S，Wang Y，Yuan Z，et al. Peak energy consumption and CO_2 emissions in China's industrial sector ［J］. Energy Strategy Reviews，2018，20：113-123.

[8]　邓旭，谢俊，滕飞.何谓"碳中和"［J］.气候变化研究进展，2021，17 (1)：107-113.

[9]　IPCC. Special Reporton Global Warming of 1.5℃ ［M］. Cambridge：Cambridge University Press，2018.

[10]　谢伏瞻，刘雅鸣.应对气候变化报告（2020）［M］.北京：社会科学文献出版社，2020.

[11]　王萱，宋德勇.碳排放阶段划分与国际经验启示［J］.中国人口资源与环境，2013，23 (5)：46-51.

[12]　Noah S Diffenbaugh，Christopher B Field. Changes in ecologically critical terrestrial climate conditions ［J］. Science，2013，341 (6145)：486-492.

[13]　Seth D Burgess，Samuel Bowring，Shu-zhong Shen. High-precision timeline for Earth's most severe extinction ［J］. PNAS 2014，2014，9 (111)：3316-3321.

[14]　联合国环境规划署.排放差距报告 2020 ［R］.2020.

[15]　何建坤.中国新气候目标和战略 ［R］.清华大学气候变化与可持续发展研究院，2020.

[16]　Pierre Friedlingstein，Michael O'Sullivan，Matthew W Jones，et al. Global carbon budget 2020 ［J］. Earth System Science Data，2020，12 (4)：3269-3340.

[17]　IEA. Global Energy Review：CO_2 Emissions in 2020. 2021 ［2021-3-2］. https：//www.iea.org/reports/global-energy-review-2020/global-energy-and-co2-emissions-in-2020.

[18]　芦凤英，庞智强.中国与世界主要国家间碳排放转移的实证分析［J］.统计与决策，2021，(3)：94-97.

[19]　焦丽杰.我国的碳排放现状和实现"双碳"目标的挑战［J］.中国总会计师，2021，(6)：38-39.

[20]　杜立民.我国二氧化碳排放的影响因素：基于省级面板数据的研究［J］.南方经济，2010，(11)：20-33.

[21]　能源转型委员会，落基山研究所.中国 2050：一个全面实现现代化国家的零碳图景 ［R］.2019.

[22]　平新乔，郑梦圆，曹和平.中国碳排放强度变化趋势与"十四五"时期碳减排政策优化［J］.改革，2020，(11)：37-52.

[23]　张雅欣，罗荟霖，王灿.碳中和行动的国际趋势分析［J］.气候变化研究进展，2021，17 (1)：88-97.

[24]　全球能源互联网发展合作组织.中国 2060 年前碳中和研究报告 ［R］.2021.

[25]　项目综合报告编写组.《中国长期低碳发展转型战略与转型路径研究》综合报告［J］.中国人口资源与环境，2020，30 (11)：1-25.

[26]　王灿，张九天.碳达峰 碳中和 迈向新发展路径 ［M］.北京：中共中央党校出版社，2021.

[27]　Bda B，Xm B，Zz C，et al. Carbon emissions，the industrial structure and economic growth：Evidence from heterogeneous industries in China -ScienceDirect ［J］. Environmental Pollution，2020，262：114.

[28]　李高."双碳"目标指引新发展［J］.中国环境管理，2021，13 (4)：152.

[29]　Wang D，He W，Shi R. How to achieve the dual-control targets of China's CO_2 emission reduction in 2030？Future trends and prospective decomposition ［J］. Journal of Cleaner Production，2019，213 (10)：1251-1263.

第2章
碳中和管理体系

2.1 戴明循环模型理论与应用

2.1.1 PDCA模型理论

PDCA循环（PDCA cycle）是最早由舍哈特（Shewart）提出来后续由戴明（Deming）予以发展的，故又称戴明循环（Deming cycle）。PDCA四个英文字母的含义如下：P（plan）——计划，即确定方针和目标，确定活动计划；D（do）——执行，实地去做，实现计划中的内容；C（check）——检查，总结执行计划的结果，注意效果，找出问题；A（action）——行动，对总结检查的结果进行处理，成功的经验加以肯定并适当推广、标准化，失败的教训加以总结，以免重现，未解决的问题放到下一个PDCA循环。

以上四个过程不是运行一次就结束，而是周而复始地进行。一个循环结束，解决一些问题，未解决的问题进入下一个循环，如此阶梯式上升。因此在质量管理中，有人称PDCA循环管理法是质量管理的基本方法。

PDCA循环过程中各级质量管理都有一个PDCA循环，形成一个大环套小环、一环扣一环、互相制约、互为补充的有机整体。上一级的循环是下一级循环的依据，下一级的循环是上一级循环的落实和具体化。每个PDCA循环都不是在原地周而复始运转，每一循环都有新的目标和内容，这意味着质量管理经过一次循环，解决了一批问题，质量水平有了新的提高，是一个不断循序改进的过程。PDCA循环原理如图2-1所示。

PDCA循环的四个阶段又可细分为八个步骤，如图2-2所示，每个步骤的具体内容和所用的方法如下。

① 分析现状，找出问题。分析现状，找出目前存在的问题，发现问题是解决问题的第一步，是分析问题的前提。

② 分析各种影响因素或原因。找出问题后分析产生问题的原因，可以使用头脑风暴法等多种集思广益的科学方法，尽可能把导致问题的所有原因都罗列出来。

③ 找出主要因素。即找出影响问题的主要因素。

④ 拟定措施，制订计划。针对导致问题的主要因素制订出有操作性的计划。在制订计划时可使用5W2H分析法（即七问分析法：为什么Why；做什么What；何人做Who；何时When；何地Where；如何How；多少How much）原则，即需要计划好预计达成的目

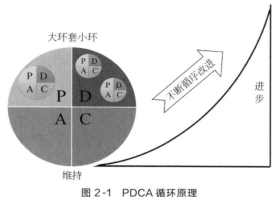

图 2-1　PDCA 循环原理

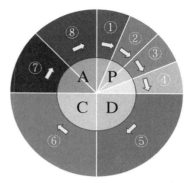

图 2-2　PDCA 循环的八个步骤

标、采取的措施、执行人员、执行地点、执行时期、成本等内容。

⑤ 执行、实施计划。即按照预定的计划，在实施的基础上，努力实现预期目标的过程。实施过程中也包括对工作计划的调整（比如人员变动、时间变动等），此外，在这一阶段应同时建立起数据采集，收集实施计划时的原始记录和数据等文档。

⑥ 检查计划执行结果。使用采集的数据来检查效果，确认目标是否完成。若未达到预期目标，首先应确认是否有严格按照计划实施对策，若是有严格按照计划执行，则说明对策失效，需要更新确定最佳方案。

⑦ 标准化。对有效的措施进行标准化，制定成工作标准，组织有关人员培训，巩固已取得的成绩。

⑧ 问题总结。对于这一循环未解决的问题，或者新出现的问题进行总结，为开展新一轮的 PDCA 循环提供依据，并转入下一个 PDCA 循环的第一步。

PDCA 循环是全面质量管理所应遵循的科学程序，是企业管理的基本工作方法，是改进任何一种管理工作的合乎逻辑的有效工作方式。可以说，PDCA 循环是一个组织改善其绩效的必由之路。

2.1.2　PDCA 模型理论在能源管理系统的应用

在全球气候变暖，国际社会对节能减排的重视程度逐渐增加的形势下，各国政府对低碳经济的不断推动，全球公众对能源管理认识的日益提高，使企业在优化能源利用方面承受着前所未有的社会责任。能源管理成为现代企业管理的重要组成部分，如何提升能源管理效率、降低能源管理成本是企业和社会普遍关注的问题。将管理学中的 PDCA 循环理论应用于企业能源管理之中，建立动态管理模型以及实施的方法，通过设备用能的实时监测、企业能源的深入分析以及工艺的管理优化，实现设备负荷的合理调整，降低碳排放量，提高班次的生产效率，不断提升企业的管理水平，可以使企业能源管理逐步走向标准化、规范化、科学化。

2.1.2.1　PDCA 循环应用与能源管理系统建设的可行性

PDCA 循环具有层次性、连续性、前进性等优点，是进行任何一项管理工作通用且有效的工作程序，符合"实践-修正-再实践-再修正"的认识逻辑规律和行为科学模式。在能源管理系统建设中应用 PDCA 理论的可行性和匹配度主要体现在以下方面。

① PDCA 循环的连续前进性与企业能源管理系统的建设目标是一致的。能源管理系统以优化企业用能为根本目的，在循序渐进中提高用能质量和节能效果。PDCA 循环是一个连续、上升的循环系统，每循环一次，不但要巩固上一次循环取得的成果，解决上一次循环遗留的全部或部分问题，而且要发现管理中的潜在问题，以便在下一次循环中寻求解决。因此，PDCA 循环能够有效地保证系统实现能源管理中资源利用的持续改进。

② PDCA 循环的层次性、整体性与企业能源管理系统的功能构建是一致的。PDCA 循环把任何一项管理工作分为 4 个阶段，在逐层推进中提升管理的效果。PDCA 中的每一阶段又可以根据 PDCA 理论再分解成更小的 PDCA 循环，小循环目标的达成保证大循环的顺利前进。能源管理系统功能设计由功能单元与功能模块组成，各个小功能单元组合形成大的功能模块，功能单元是功能模块实现具体功能的基础，功能模块又是整个系统实现的有效性保障。可见，PDCA 循环可以匹配能源管理的功能结构建设。

③ PDCA 循环的周期性、控制性与能源管理系统实现能源使用优化过程是一致的。能源使用优化过程是以发现监测分析为基础，以制订用能计划-执行计划-评价执行结果为一个周期的管理过程。PDCA 循环包括"计划-实施-检查-处置"四阶段，在一次循环结束下一次循环开始进行时，每一阶段都需要有沟通，包括计划阶段的前馈控制，实施阶段的同期控制，检查、行动阶段的事后控制，三种控制保证 PDCA 循环按照预期目标持续前进。这一点表明，两者是内在一致的。

2.1.2.2　基于 PDCA 循环的动态能源管理系统建设

构建一个动态管理系统，对于实现企业能源管理的有序化、规范化及高效化具有重要意义。动态能源管理系统是一个多层次的整体，各子系统之间相互关联，每个子系统与比其高的系统之间也相互影响。通过对局部子系统的不断完善可以促进整个能源管理体系效率的提升。

按照 PDCA 循环大环套小环的原则可将整个系统建设分为以下三个层次。

（1）总体设计

宏观上动态能源管理主要从以下过程进行：即计划阶段（P）进行用能分析，通过能源使用量、能源利用率等多维度对比分析，并制订合理的计划；实施阶段（D），通过管理节能和技术节能挖掘节能空间，对企业用能情况进行全面诊断分析，首先从管理角度挖掘节能潜力，再通过建立节能项目、指标考核体系来帮助企业降低能源成本、提高效益，达到节能增效的目的；检查阶段（C），通过在线监测实时展现由感知层采集到的现场数据，根据这些实时数据与历史数据进行对比检测，了解整个企业实时用能的变化情况，对优化后的结果进行复测；处置阶段（A），结合复测数据，再次对生产环节用能深入挖掘和诊断分析，最大限度地找出存在的能耗问题，挖掘节能空间，为制定、调整、优化方案提供科学依据和分析手段，同时也为下一阶段循环的开始做好准备。

结合 PDCA 循环各阶段特点，将动态能源管理系统功能分为用能分析、节能增效、在线监测及能效诊断四部分，其总体设计如图 2-3 所示。

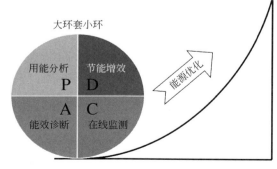

图 2-3　动态能源管理系统总体设计

（2）功能模块建设

动态能源管理系统总体设计中的每一部分都可作为一个功能模块再次运用 PDCA 循环原理。如图 2-4 所示，节能增效又可分为管理节能、技术节能、指标考核和节能项目。其中管理节能可作为 P 阶段，通过对企业用能情况（生产班次用能、部门用能、建筑用能）进行分析，从管理角度挖掘节能潜力，制订计划。把技术节能作为 D 阶段，以重点用能设备分析为最小单元，综合整个生产工艺系统，分析、诊断并挖掘企业节能潜力，最终为企业提供节能决策服务。然后在 C 阶段进行指标考核，按年（月）制定企业、部门、重点设备的能源消耗总量和总用电量指标，进行过程跟踪和结果考核。最后 A 阶段，根据考核的结果生成节能项目，对项目进行跟踪、评估，从而完成一个周期。

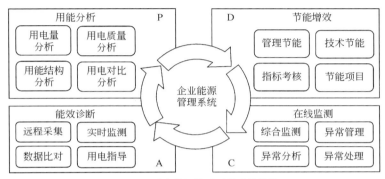

图 2-4　动态能源管理系统功能结构

（3）应用实现

能源的信息化管理是现代工业企业的重要标志，为实现节能增效，要从管理节能与技术节能两方面入手，既从管理角度分析问题、解决问题，又从技术角度打通瓶颈。

① 管理节能。基于 PDCA 循环的管理节能如图 2-5 所示，对企业用能情况进行分析，从管理角度挖掘节能潜力。首先制订节能计划、节能任务和优化方案，然后对其进行执行，再对实施过程进行检查，评价实施效果，最后根据评价效果进一步分析处理，从而构成一个PDCA 循环，并为下一循环打下基础。

② 技术节能。基于 PDCA 的技术节能如图 2-6 所示，对重点用能设备进行能效分析，从技术角度挖掘节能潜力。首先，对企业设备用电信息进行监测，根据监测数据进行参数辨

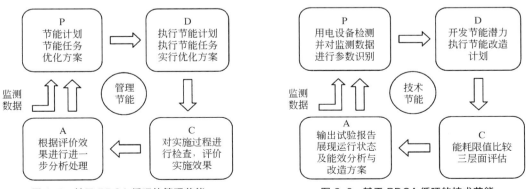

图 2-5　基于 PDCA 循环的管理节能　　　　图 2-6　基于 PDCA 循环的技术节能

识，反映设备运行状况。其次，进行节能潜力和节能改造计算，从节电量、节电费和 CO_2 减排等方面进行分析，分别从技术方案、环境效益和经济效益三个方面计算改造的具体参数和节能效果。再与国家或行业相关能耗限值进行比较，给出设备元件、经济运行、系统等三个层面的评估。最后输出试验报告，界面由在线监测、能效评估、节能潜力和节能改造组成，全面、翔实地展现运行状态及能效分析与改造方案。

综上所述，科学有效的动态能源管理系统可以增强企业的竞争力，降低生产成本和能源成本，使能源价值最大化。同时，还可以使企业履行社会责任，降低环境排放，促进社会和谐发展。

2.2 碳中和管理体系的构建

2020 年 9 月，习近平总书记在第七十五届联合国大会一般性辩论上的讲话中提出，"中国将提高国家自主贡献力度，采取更加有力的政策和措施，二氧化碳排放力争于 2030 年前达到峰值，努力争取 2060 年前实现碳中和"。之后，习近平总书记又在多个重大国际会议、国内重要会议或考察中就实现"双碳"目标发表系列重要讲话。2020 年 12 月 18 日，中央经济工作会议将"做好碳达峰、碳中和工作"作为 2021 年 8 项重点任务之一。"双碳"目标是党中央立足国际、国内两个大局做出的重大战略决策，对我国生态文明建设、引领全球气候治理、实现"两个一百年"奋斗目标具有重大意义。构建科学的碳中和管理体系，是利用市场机制控制和减少温室气体排放、推动绿色低碳发展的一项重大制度创新，是实现碳达峰、碳中和与国家自主贡献目标的重要政策工具。

我国碳中和管理体系已基本建立了以政策法规体系、制度要素构建和能力建设为基础的基本架构。

2.2.1 政策法规体系

碳市场是由政策设计出来的市场。全国碳市场正在构建以《碳排放权交易管理暂行条例》为碳排放交易相关规章的制定依据及纲领的政策法规体系。《碳排放权交易管理条例》在国务院 2016 年立法计划中被列为预备项目，并于 2016 年 3 月由国家发改委发布了《碳排放权交易管理条例》（送审稿）。2018 年，应对气候变化职能部门转变后，该条例的立法进程由生态环境部持续推进，条例的名称改为《碳排放权交易管理暂行条例》。2019 年 4 月，生态环境部就《碳排放权交易管理暂行条例（征求意见稿）》公开征求意见；2021 年 3 月 30 日，生态环境部发布《关于公开征求〈碳排放权交易管理暂行条例（草案修改稿）〉意见的通知》（以下简称《暂行条例草案》），公开就《暂行条例草案》征集意见。《暂行条例草案》明确将"推动实现 CO_2 排放达峰目标和碳中和愿景"纳入立法目的，定位了碳排放权交易在碳中和实现过程中的作用。2021 年 5 月 27 日，国务院办公厅发文将《碳排放权交易管理暂行条例》列入国务院 2021 年度立法工作计划。2020 年 12 月 31 日，生态环境部发布《碳排放权交易管理办法（试行）》（以下简称《管理办法》），自 2021 年 2 月 1 日起施行，全国碳市场首个履约周期正式启动。《碳排放权交易管理暂行条例》的立法层级为"行政法规"，高于《管理办法》的立法层级"部门规章"，是全国碳市场的基本纲领，它的出台将以更高层次的立法，保障全国碳市场各项制度有效实施。

2.2.2　制度要素构建

到目前为止，全国碳市场围绕法律制度、技术规范和业务规则已建立了一套较完善的、体系化的制度体系。全国碳市场制度要素包括五个重点内容，分别是覆盖范围、配额管理、交易管理、碳排放监测核算/报告/核查体系（MRV 体系[1]）、监管机制。其中，覆盖范围包括碳排放控制目标设定和具体行业覆盖范围；配额管理涉及配额分配方案和清缴履约；交易管理涉及交易规则和风险管理；MRV 体系涉及核算与报告和第三方核查；监管机制涉及监督管理和法律责任。

2.2.2.1　覆盖范围

《管理办法》规定，属于全国碳市场覆盖行业且年度温室气体排放量达到 2.6 万吨 CO_2 当量的单位，将被列入温室气体重点排放单位。2020 年 12 月 29 日，生态环境部印发《2019—2020 年全国碳排放权交易配额总量设定与分配实施方案（发电行业）》（以下简称《发电行业配额分配实施方案》）、《纳入 2019—2020 年全国碳排放权交易配额管理的重点排放单位名单》。电力行业被首批纳入全国碳市场，发电行业重点排放单位（含自备电厂）共计 2225 家。2021 年 7 月 16 日，全国碳市场开市交易之日公布的发电行业重点排放单位数量为 2162 家，与之前的数据相比减少 63 家。2021 年 7 月 7 日召开的国务院常务会议以及 7 月 14 日的国务院政策例行吹风会都明确表示，下一步还将稳步扩大全国碳市场行业覆盖范围，以市场机制控制和减少温室气体排放。生态环境部已陆续向中国建筑材料联合会、中国有色金属工业协会、中国钢铁工业协会和中国石化联合会发出委托函，要求上述行业开展全国碳市场建设相关工作。随着《管理办法》的实施，在发电行业碳市场健康运行的基础上，全国碳市场覆盖范围有望在"十四五"期间逐步扩大到更多的高排放行业，如石化、化工、建材、钢铁、有色金属、造纸和民航等重点行业。

2.2.2.2　配额管理

《发电行业配额分配实施方案》中的机组包括纯凝发电机组和热电联产机组，自备电厂参照执行。

① 配额分配。发电机组分为四类，针对不同类别的机组设定相应碳排放基准值，按机组类别进行配额分配。对 2019—2020 年配额实行全部免费分配，并采用基准法核算重点排放单位所拥有机组的配额量。重点排放单位的配额量为其所拥有各类机组配额量的总和。

② 配额总量。省级生态环境主管部门根据本行政区域内重点排放单位 2019—2020 年的实际产出量以及《发电行业配额分配实施方案》确定的配额分配方法及碳排放基准值，核定各重点排放单位的配额数量；将核定后的本行政区域内各重点排放单位配额数量进行加总，形成省级行政区域配额总量。将各省级行政区域配额总量加总，最终确定全国配额总量。

③ 配额清缴。为降低配额缺口较大的重点排放单位所面临的履约负担，在配额清缴工作中设定配额履约缺口上限为 20%，即当重点排放单位配额缺口量占其经核查排放量比例超过 20% 时，其配额清缴义务最高为其获得的免费配额量加 20% 的经核查排放量；而对于

---

[1] MRV 是指碳排放的量化与数据质量保证的过程，包括监测（monitoring）、报告（reporting）、核查（verfication），科学完善的 MRV 体系是碳交易机制建设运营的基本要素，也是企业低碳转型、区域低碳宏观决策的重要依据。

燃气机组，配额清缴的数量不得超过其免费配额的获得量。

④ 重点排放单位合并、分立与关停情况的处理。对纳入全国碳市场配额管理的重点排放单位发生合并、分立、关停或迁出其生产经营场所所在省级行政区域的，《发电行业配额分配实施方案》明确要求应在作出决议之日起 30 日内报其生产经营场所所在地省级生态环境主管部门核定。省级生态环境主管部门应根据实际情况，对其已获得的免费配额进行调整，向生态环境部报告并向社会公布相关情况。《发电行业配额分配实施方案》按合并、分立、关停或搬迁三种情况，分别给出配额变更的申请条件和核定方法。生态环境部已委托相关的科研单位、行业协会研究制定除电力行业之外的分行业配额分配方案。

2.2.2.3 交易管理

① 《暂行条例草案》对交易产品、交易主体、交易方式、交易规则等作了规定。在完善具体规则、加强风险防控层面，确立了配额可结转使用规则、禁止交易规则、信用惩戒制度、碳排放交易基金制度、地方交易市场过渡规则等；在交易风险防控方面，充分借鉴其他交易市场及碳交易试点的监管经验，细化列举了全国碳排放权交易机构应建立的"涨跌幅限制、最大持有量限制、大户报告、风险警示、异常交易监控、风险准备金和重大交易临时限制措施"等风险防控制度，有利于维护碳排放权交易市场的健康、良性发展，维护各方参与主体的合法权益。《暂行条例草案》和《管理办法》都明确全国碳排放权交易市场的交易产品主要是碳排放配额，生态环境部经国务院批准可以适时增加其他交易产品。《管理办法》规定重点排放单位每年可以使用中国核证自愿减排量（CCER）抵消碳排放配额的清缴，抵消比例不得超过应清缴碳排放配额的 5%。因此，目前除碳排放配额外，CCER 是另外一种允许交易的产品。2021 年 5 月 17 日，生态环境部办公厅印发《碳排放权登记管理规则（试行）》《碳排放权交易管理规则（试行）》和《碳排放权结算管理规则（试行）》，进一步规范全国碳排放权登记、交易、结算活动，保护全国碳市场各参与方合法权益。2021 年 6 月22 日，上海环境能源交易所发布《关于全国碳排放权交易相关事项的公告》（以下简称《公告》），明确全国碳排放权交易机构负责组织开展全国碳排放权集中统一交易。在全国碳排放权交易机构成立前，由上海环境能源交易所股份有限公司承担全国碳排放权交易系统账户开立和运行维护等具体工作。《公告》披露了全国碳市场的部分交易规则，如交易方式、交易时段、交易账户、其他事项等，但详细的交易细则尚未发布。

② MRV 体系进一步规范了全国碳市场的企业温室气体排放报告核查活动。2021 年 3月，生态环境部办公厅印发《企业温室气体排放报告核查指南（试行）》和《关于加强企业温室气体排放报告管理相关工作的通知》（以下简称《通知》），《通知》还包括两个附件，即《附件 1：覆盖行业及代码》和《附件 2：企业温室气体排放核算方法与报告指南（发电设施）》（以下简称《发电设施核算指南》）。《企业温室气体排放报告核查指南（试行）》是生态环境部在 2016 年发布的《全国碳排放权交易第三方核查参考指南》基础上编制完成的，用以规范和指导地方省级生态环境主管部门组织开展重点排放单位温室气体排放报告核查工作。《发电设施核算指南》在方法学层面，对分散在原发电核算指南、补充数据表、监测计划和碳市场帮助平台等方面就相关要求作了统一规定，以体现公平公正性。纳入全国碳市场的发电行业重点排放单位（含自备电厂）按照该指南提供的核算方法，核算发电设施温室气体排放量及相关信息。除发电行业外，对于其他行业的温室气体排放量核算，目前仍沿用国家发改委公布的三批温室气体排放核算指南。生态环境部已经委托相关的科研单位、行业协会研究提出符合全国碳市场要求的有关行业标准和技术规范建议，并将按照成熟一个批

准发布一个的原则，加快对相关行业温室气体排放核算与报告国家标准的修订工作。

2.2.2.4　监管机制

《暂行条例草案》规定县级以上生态环境主管部门可以采取以下三种措施，对重点排放单位等交易主体和核查技术服务机构进行监督管理：①现场检查；②查阅、复制有关文件资料，查询、检查有关信息系统；③要求就有关问题作出解释说明。国务院生态环境主管部门应当与国务院市场监督管理、证券监督管理、银行业监督管理等部门和机构建立监管信息共享和执法协作配合机制。失信的交易主体和核查技术服务机构将受到信用惩戒，其相关信用记录将被纳入全国信用信息共享平台。《管理办法》也明确规定，上级生态环境主管部门负责对下级生态环境主管部门的重点排放单位名录确定、全国碳排放权交易及相关活动情况进行监督检查和指导。

2.2.3　能力建设

2018 年以来，生态环境部持续开展全国碳市场能力建设，组织编制全国碳市场系列培训教材、开展能力建设培训等工作，提升能力水平。对各地生态环境主管部门、相关企业、第三方机构等持续开展了全国碳市场系统培训，培养温室气体核查、核算、管理等方面的人才。2021 年 3 月，碳排放管理员被列入《中华人民共和国职业分类大典》。碳市场建设是一个复杂的系统工程，专业队伍建设非常重要，加强碳排放领域、碳市场相关的专业人才队伍建设，提升相关人员的能力，是全国碳市场建设的重要基础性工作。

2.3　碳排放权交易第三方核查

引入第三方碳核查机构站在企业的角度上对企业进行盘查，能够对企业目前的碳排放核查工作给予指导，尽快完成温室气体排放报告、碳排放补充数据表及监测计划的编制工作；并对企业目前的核算工作查漏补缺，争取做到真实反映企业的碳排放情况。

2.3.1　准入条件

国家发改委于 2016 年 1 月向全国各省市区印发了《关于切实做好全国碳排放权交易市场启动重点工作的通知》，其中附件四《碳排放权交易第三方核查机构及人员参考条件》，给出了第三方机构及人员的准入条件。具体要求包括以下几点。

① 核查机构应具有独立法人资格。企业注册资金不少于 500 万元，事业单位/社会团体开办资金不少于 300 万元，并建立风险基金或保险。符合核查员要求的专职人员至少 10 名，所申请的每个专业领域至少有 2 名核查员。

② 机构应在近 3 年在国内完成的清洁发展机制（CDM）或自愿减排项目的审定与核查、碳排放权交易试点核查、各省市重点企事业单位温室气体排放报告核查、ISO 14064 企业温室气体核查等领域项目总计不少于 20 个。

③ 无相关审定或核证经历的机构，应在温室气体减排、清单编制、碳排放报告核算和核查等应对气候变化领域内独立完成至少 1 个国家级或 3 个省级研究课题；或经国家碳交易

主管部门组织的专家委员会评估认定合格。

④ 核查机构与从事碳资产管理和碳交易公司不能存在资产和管理方面的利益关系，如隶属于同一个上级机构等；核查机构没有参与任何与碳资产管理和碳交易相关的活动，如代重点排放单位管理配额交易账户、通过交易机构开展配额和自愿减排量的交易或提供碳资产管理和碳交易咨询服务等。

⑤ 核查员不得同时受聘于两家或以上的核查机构，在相关领域有 2 年（含）以上的咨询或审核经验，并作为组长或技术负责人主持项目累计不少于 2 个或作为组员参与项目审核或咨询不少于 5 个等。

2.3.2　核查程序

目前全国碳市场的第三方核查体系正在建设过程中。《关于切实做好全国碳排放权交易市场启动重点工作的通知》的附件五《全国碳排放权交易第三方核查参考指南》中规定了第三方核查工作的原则和核查程序的八个步骤：签订协议、核查准备、文件评审、现场核查、核查报告编制、内部技术评审、核查报告交付及记录保存，同时对企业基本情况、核算边界、核算方法、核算数据、质量保证和文件存档等核查内容作了明确的要求。核查工作流程如图 2-7 所示。

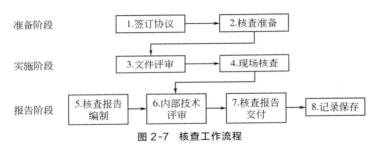

图 2-7　核查工作流程

2.3.2.1　签订协议

核查机构应与核查委托方签订核查协议。

核查协议签订之前，核查机构应根据其被授予资质的行业领域、核查员资质与经验、时间与人力资源安排、重点排放单位的行业、规模及排放设施的复杂程度等，评估核查工作实施的可行性及与核查委托方或重点排放单位可能存在的利益冲突等；核查机构在完成上述评估后确认是否与委托方签订核查协议。核查协议内容可包括核查范围、应用标准和方法、核查流程、预计完成时间、双方责任和义务、保密条款、核查费用、协议的解除、赔偿、仲裁等相关内容。

2.3.2.2　核查准备

核查机构应在与委托方签订核查协议后选择具备能力的核查组长和核查员组成核查组。核查组的组成应根据备案核查员的专业领域、技术能力与经验、重点排放单位的性质、规模及排放设施的数量等确定，核查组至少由两名成员组成，其中一名为核查组长，至少一名为专业核查员。核查组长应充分考虑重点排放单位所在的行业领域、工艺流程、设施数量、规模与场所、排放特点、核查员的专业背景和实践经验等方面的因素，制订核查计划并确定核查组成员的任务分工。核查组长应与核查委托方和/或重点排放单位建立联系，要求核查委托方和/或重点排放单位在商定的日期内提交温室气体排放报告及相关支持文件。

在核查实施过程中，如有必要可对核查计划进行适当修订。但核查组应将修订的核查计划与委托方和/或重点排放单位进行沟通。

2.3.2.3　文件评审

文件评审包括对重点排放单位提交的温室气体排放报告和相关支持性材料（重点排放单位排放设施清单、排放源清单、活动数据和排放因子的相关信息等）的评审。通过文件评审，核查组初步确认重点排放单位的温室气体排放情况，并确定现场核查思路、识别现场核查重点。

文件评审工作应贯穿核查工作的始终。

2.3.2.4　现场核查

（1）现场核查目的

现场核查的目的是通过现场观察重点排放单位排放设施，查阅排放设施运行和监测记录（如化石燃料的库存记录、采购记录或其他相关数据来源），查阅活动数据产生、记录、汇总、传递和报告的信息流过程，评审排放因子来源以及与现场相关人员进行会谈，判断和确认重点排放单位报告期内的实际排放量。

（2）现场核查计划

核查组应根据初步文件评审的结果制订现场核查计划并与委托方和/或重点排放单位确定现场核查的时间与安排。现场核查计划应于现场核查前 5 个工作日发给核查委托方和/或重点排放单位确认。

现场核查的计划应包括核查目的与范围、核查的活动安排、核查组的组成、访问对象及核查组的分工等。如果核查过程中涉及抽样，应在现场核查计划中明确抽样方案。现场核查的时间取决于重点排放单位排放设施、排放源的数量及排放数据的复杂程度和可获得程度。

（3）抽样计划

当重点排放单位存在多个相似场所时，应首先识别和分析各场所的差异。当各场所的业务活动、核算边界和排放设施的类型差异较大时，每个场所均要进行现场核查；仅当各场所的业务活动、核算边界、排放设施以及排放源等相似且数据质量保证和质量控制方式相同时，方可对场所的现场核查采取抽样的方式。核查机构应考虑抽样场所的代表性、重点排放单位内部质量控制的水平、核查工作量等因素，制订合理的抽样计划。当确认需要抽样时，抽样的数量至少为所有相似现场总数的平方根（$y=\sqrt{x}$），x 为总的场所数，数值取整时进 1。当存在超过 4 个相似场所时，当年抽取的样本与上一年度抽取的样本重复率不能超过总抽样量的 50%。当抽样数量较多，且核查机构确认重点排放单位内部质量控制体系相对完善时，现场核查场所可不超过 20 个。

核查机构应对重点排放单位的每个活动数据和排放因子进行核查，当每个活动数据或排放因子涉及的数据数量较多时，核查机构可以考虑采取抽样的方式对数据进行核查，抽样数量的确定应充分考虑重点排放企业对数据流内部管理的完善程度、数据风险控制措施以及样本的代表性等因素。

如在抽取的场所或者数据样本中发现不符合，核查机构应考虑不符合的原因、性质以及对最终核查结论的影响，判断是否需要扩大抽样数量或者将样本覆盖到所有的场所和数据。

（4）现场核查程序

现场核查一般可按照召开见面会介绍核查计划、现场收集和验证信息、召开总结会介绍核查发现等步骤实施。核查组应对在现场收集的信息的真实性进行验证，确保其能够满足核查的要求。必要时可以在获得重点排放单位同意后，采用复印、记录、摄影、录像等方式保存相关记录。

（5）不符合，纠正及纠正措施

现场核查实施后，核查组应将在文件评审、现场核查过程中发现的不符合提交给委托方和/或重点排放单位。核查委托方和/或重点排放单位应在双方商定的时间内采取纠正和纠正措施。核查组应至少对以下问题提出不符合。

① 排放报告采用的核算方法不符合核查准则的要求。

② 重点排放单位的核算边界、排放设施、排放源、活动数据和排放因子等与实际情况不一致。

③ 提供的符合性证据不充分、数据不完整或在应用数据或计算时出现了对排放量产生影响的错误。

重点排放单位应对提出的所有不符合进行原因分析并进行整改，包括采取纠正及纠正措施并提供相应的证据。核查组应对不符合的整改进行书面验证，必要时，可采取现场验证的方式。只有对排放报告进行了更改或提供了清晰的解释或证据并满足相关要求时，核查组方可确认不符合的关闭。

2.3.2.5　核查报告编制

确认不符合关闭后或者 30 天内未收到委托方和/或重点排放单位采取的纠正和纠正措施，核查组应完成核查报告的编写。核查组应根据文件评审和现场核查的核查发现编制核查报告，核查报告应当真实、客观、逻辑清晰，并采用附一所规定的格式，主要包括以下内容。

（1）核查目的、范围及准则

指明本次核查的具体目的和核查对象，以及遵守的准则。

（2）核查过程和方法

阐明核查所采用的方法以及本次核查的全过程，包括核查的时间、活动安排、核查组人员分工、会议纪要、抽样计划等。

（3）核查发现

① 重点排放单位基本情况的核查。

② 核算边界的核查。

③ 核算方法的核查。

④ 核算数据的核查，其中包括活动数据及来源的核查、排放因子数据及来源的核查、温室气体排放量以及配额分配相关补充数据的核查。

⑤ 质量保证和文件存档的核查。

（4）核查结论

核查组应在核查报告里列出核查活动中所有支持性文件，在有要求的时候能够提供这些文件。

核查组应在核查报告中出具肯定的或否定的核查结论。只有当所有的不符合关闭后，核查组方可在核查报告中出具肯定的核查结论。核查结论应至少包括以下内容。

① 重点排放单位的排放报告与核算方法和报告指南的符合性。

② 温室气体排放总量的声明和按照补充报告模板核算的设施层面 CO_2 排放总量的声明；重点排放单位的排放量声明，应包含按照指南核算的企业温室气体排放总量的声明和按照补充报告模板核算的设施层面 CO_2 排放总量的声明。

③ 重点排放单位的排放量存在异常波动的原因说明。

④ 核查过程中未覆盖的问题描述。

2.3.2.6　内部技术评审

核查报告在提供给委托方和/或重点排放单位之前，应经过核查机构内部独立于核查组成员的技术评审，避免核查过程和核查报告出现技术错误。核查机构应确保技术评审人员具备相应的能力、相应行业领域的专业知识及从事核查活动的技能。

2.3.2.7　核查报告交付

只有当内部技术评审通过后，核查机构方可将核查报告交付给核查委托方和/或重点排放单位，以便于重点排放单位于规定的日期前将经核查的年度排放报告和核查报告报送至注册所在地省市级碳交易主管部门。

2.3.2.8　记录保存

核查机构应保存核查记录以证实核查过程符合本指南的要求。核查机构应以安全和保密的方式保管核查过程中的全部书面和电子文件，保存期至少 10 年，保存文件包括以下几种。

① 与委托方签订的核查协议。

② 核查活动的相关记录表单，如核查协议评审记录、核查计划、见面会和总结会签到表、现场核查清单和记录等。

③ 重点排放单位温室气体排放报告（初始版和最终版）。

④ 核查报告。

⑤ 核查过程中从重点排放单位获取的证明文件。

⑥ 对核查的后续跟踪（如适用）。

⑦ 信息交流记录，如与委托方或其他利益相关方的书面沟通副本及重要口头沟通记录、核查的约定条件和内部控制等内容。

⑧ 投诉和申诉以及任何后续更正或改进措施的记录。

⑨ 其他相关文件。

核查机构应对所有与委托方和/或重点排放单位利益相关的记录和文件进行保密。未经委托方和/或重点排放单位同意，不得披露相关信息，各级碳排放交易主管部门要求查阅相关文件除外。

2.3.3　核查要求

2.3.3.1　重点排放单位基本情况的核查

核查机构应对重点排放单位报告的基本情况进行核查，确认其是否在排放报告中准确地报告了以下信息。

①	重点排放单位名称、单位性质、所属行业领域、组织机构代码、法定代表人、地理位置、排放报告联系人等基本信息。

②	重点排放单位内部组织结构、主要产品或服务、生产工艺、使用的能源品种及年度能源统计报告情况。

核查机构应通过查阅重点排放单位的法人证书、机构简介、组织结构图、工艺流程说明、能源统计报表等文件，并结合现场核查中对相关人员的访谈确认上述信息的真实性和准确性。

2.3.3.2　核算边界的核查

核查机构应对重点排放单位的核算边界进行核查，对以下与核算边界有关的信息进行核实。

①	是否以独立法人或视同法人的独立核算单位为边界进行核算。

②	核算边界是否与相应行业的核算方法和报告指南一致。

③	纳入核算和报告边界的排放设施和排放源是否完整。

④	与上一年度相比，核算边界是否存在变更。

核查机构可通过与排放设施运行人员进行交谈、现场观察核算边界和排放设施、查阅可行性研究报告及批复、查阅相关环境影响评价报告及批复等方式来验证重点排放单位核算边界的符合性。

2.3.3.3　核算方法的核查

核查机构应对重点排放单位温室气体核算方法进行核查，确定核算方法符合相应行业的核算方法和报告指南的要求，对任何偏离指南要求的核算都应在核查报告中予以详细的说明。

2.3.3.4　核算数据的核查

核查机构应对核算报告中的活动数据、排放因子（计算系数）、温室气体排放量以及配额分配相关补充数据进行核查。

（1）活动数据及来源的核查

核查机构应依据核算方法和报告指南对重点排放单位排放报告中的每一个活动数据的来源及数值进行核查。核查的内容至少应包括活动数据的单位、数据来源、监测方法、监测频次、记录频次、数据缺失处理（如适用）等内容，并对每一个活动数据的符合性进行报告。如果活动数据的核查采用了抽样的方式，核查机构应在核查报告中详细报告样本选择的原则、样本数量以及抽样方法等内容。

如果活动数据的监测使用了监测设备，核查机构则应确认监测设备是否得到了维护和校准，维护和校准是否符合核算方法和报告指南的要求。核查机构应确认因设备校准延误而导致的误差是否进行处理，处理的方式不应导致配额的过量发放。如果延迟校准的结果不可获得或者在核查时发现未实施校准，核查机构应在得出最终核查结论之前要求重点排放单位对监测设备进行校准，且排放量的核算不应导致配额的过量发放。在核查过程中，核查机构应将每一个活动数据与其他数据来源进行交叉核对，其他的数据来源可包括燃料购买合同、能源台账、月度生产报表、购售电发票、供热协议及报告、化学分析报告、能源审计报告等。

（2）排放因子（计算系数）及来源的核查

核查机构应依据核算方法和报告指南对重点排放单位排放报告中的每一个排放因子和计算系数（以下简称排放因子）的来源及数值进行核查。如果排放因子采用默认值，核查机构应确认默认值是否与核算方法和报告指南中的默认值一致。如果排放因子采用实测值，核查机构至少应对排放因子的单位、数据来源、监测方法、监测频次、记录频次、数据缺失处理（如适用）等内容进行核查，并对每一个排放因子的符合性进行报告。如果排放因子数据的核查采用了抽样的方式，核查机构应在核查报告中详细报告样本选择的原则、样本数量以及抽样方法等内容。

如果排放因子数据的监测使用了监测设备，核查机构应采取与活动数据监测设备同样的核查方法。

在核查过程中，核查机构应将每一个排放因子数据与其他数据来源进行交叉核对，其他的数据来源可包括化学分析报告、联合国政府间气候变化专门委员会（IPCC）默认值、省级温室气体清单指南中的默认值等。当排放因子采用默认值时，可以不进行交叉核对。

（3）温室气体排放量的核查

核查机构应按照核算方法与报告指南的要求对分类排放量和汇总排放量的核算结果进行核查。核查机构应通过重复计算、公式验证、与年度能源报表进行比较等方式对重点排放单位排放报告中的排放量的核算结果进行核查。核查机构应报告排放量计算公式是否正确、排放量的累加是否正确、排放量的计算是否可再现、排放量的计算结果是否正确等核查发现。

（4）配额分配相关补充数据的核查

除核算方法与报告指南要求报告的数据之外，核查机构应对每一个配额分配相关补充数据进行核查，核查的内容至少应包括数据的单位、数据来源、监测方法、监测频次、记录频次、数据缺失处理（如适用）等内容，并对每一个数据的符合性进行报告。如果配额分配相关补充数据的核查采用了抽样的方式，核查机构应在核查报告中详细报告样本选择的原则、样本数量以及抽样方法等内容。

如果配额分配相关补充数据已经作为一个单独的活动数据实施核查，核查机构应在核查报告中予以说明。

在核查过程中，核查机构应将每一个数据与其他数据来源进行交叉核对。

2.3.3.5　质量保证和文件存档的核查

核查机构应按核算方法和报告指南的规定对以下内容进行核查。

① 是否指定了专门的人员进行温室气体排放核算和报告工作。

② 是否制定了温室气体排放和能源消耗台账记录，台账记录是否与实际情况一致。

③ 是否建立了温室气体排放数据文件保存和归档管理制度，并遵照执行。

④ 是否建立了温室气体排放报告内部审核制度，并遵照执行。

核查机构可以通过查阅文件和记录以及访谈相关人员等方法来实现对质量保证和文件存档的核查。

目前，各省市也已经基本完成了第三方核查机构的备案工作。在试点阶段，各试点市场的第三方核查机构为碳市场平稳有效提供了基础性的保障。在全国碳市场中，需要全国碳市场主管单位进一步统一严格管理，才能够保证碳排放报告与核查的准确性，避免地区差异。

2.4 碳交易中的 MRV 制度

2.4.1 MRV 制度介绍

MRV 是指碳排放的量化与数据质量保证的过程，包括监测（monitoring）、报告（reporting）、核查（verfication）。MRV 制度是碳交易体系的实施基础，科学完善的 MRV 监管体系，可以实现利益相关方对数据的认可，从而增强碳交易体系的可信度，是碳市场平稳运行的保证，也是企业低碳转型、区域低碳宏观决策的重要依据。"可测量、可报告、可核查"（measurable，reportable，verifiable）的"三可"原则，是国际社会对温室气体排放和减排量化的基本要求，也是《联合国气候变化框架公约》（United Nations Framework Convention on Climate Change，UN-FCCC）下的国家温室气体排放清单和《京都议定书》下的三种履约机制（排放交易机制、联合履行机制、清洁发展机制）的实施基础，更是各国建立碳交易体系的基石。

完善的 MRV 制度是建立碳交易市场的重要技术支撑，是碳交易体系不可或缺的核心环节，是碳交易中第一个步骤。一方面，碳交易体系的建立涉及技术、政策以及立法等诸多方面，其中 MRV 制度不仅是建立温室气体登记簿及交易平台的技术基础，也是保证排放数据准确，实现碳交易透明、可信的重要保障，没有完善的 MRV 制度，碳交易就无从谈起。另一方面，MRV 制度几乎涵盖了碳交易体系中所有环节，一个完整的碳交易体系通常包括目标设定、目标分配、碳交易和履约等重要环节，MRV 制度在碳交易体系各环节中均扮演重要角色。在确定排放总量目标或强度基准时，准确的数据是科学核定的基础，而保证数据准确性则是 MRV 制度的主要目的，在建立碳交易市场及其履约惩罚机制时，MRV 制度是明确碳排放权和评判履约绩效的一个重要依据。

2.4.1.1 起源与内涵

2007 年，《联合国气候变化框架公约》第十三次缔约方大会在印度尼西亚巴厘岛达成的《巴厘行动计划》（Bali Action Plan，BAP）明确要求：所有发达国家缔约方的缓解气候变化的承诺和行动须满足 MRV 原则；发展中国家缔约方在可持续发展方面可测量和可报告的国家缓解行动，应得到以可测量、可报告、可核查的方式提供的技术、资金和能力建设的支持和扶持。从此，MRV 被国际上多个碳交易体系所采用，逐步形成了规范的温室气体 MRV 制度。

"可测量"是指为了获得组织或具体设施的碳排放数据，可以采取一系列技术和管理措施，包括数据测量、获取、分析、处理、记录和计算等；"可报告"是指可以以规范的形式或途径（如根据标准化的报告模板，以电子表格或纸质文件的方式报送）向主管部门报告组织或具体设施的最终测量事实、测量数据、量化结果等；"可核查"是指为了核实和查证组织是否根据相关要求如实地完成了测量、量化过程，且组织所报告的数据和信息是否真实准确。对一个参与交易的控排企业而言，它须在其内部建立一套完善的温室气体排放量化报告体系。核查是一个相对独立的过程，由具有资质的第三方核查机构完成。完整的 MRV 制度监管流程，可以实现利益相关方对数据的认可，从而增强整个碳交易体系的可信度。

2.4.1.2　运行机理

温室气体排放及减排量的 MRV 制度中存在两个数据流向：组织自下而上地报告数据和政府主管部门（及受主管部门委托的第三方核查机构）自上而下地核查数据，这种双向的数据流向也是 MRV 制度的基本运行机理（图 2-8）。

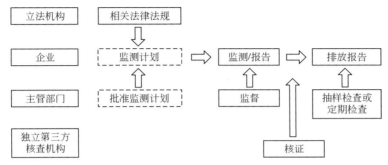

图 2-8　MRV 制度的运行机理示意图

自下而上的核查数据包括：①根据相关法律法规的要求，制订监测计划，并报主管部门审核。依据经审核后的监测计划，组织从微观层面开始对所有的被纳入监测计划的排放设施进行监测，并以规范的报告形式向当地的主管部门报送监测、量化的统计数据；②当地主管部门向上一级部门直至碳交易管理的顶级部门报送统计数据。

自上而下的核查数据包括：①主管部门对组织报送的监测计划进行审核，并依据监测计划对组织的监测和量化报告过程进行监督检查，对组织提交的排放量化报告进行抽样检查；②第三方核查机构接受主管部门的委托，以其专业性对组织报送的统计数据进行审核与查证，并出具具有法律效力的核查意见或报告。

2.4.1.3　核心内容

（1）关于 MRV 相关法规和标准的制定

在碳交易活动之初制定明确的法规和标准，指导碳排放监测、量化和核查工作，有利于方法学的统一和数据的比较。各国的 MRV 法规和标准，一般包括三部分：①组织的监测、量化和报告指南；②用于核查的指南；③第三方核查机构的认定管理指南。如 ISO 14064：2006 系列标准在全球范围内确定了计算和验证温室气体排放量的标准方法。

（2）确定核查对象

核查对象是由碳交易主管部门根据交易市场以及管理辖区的实际情况确定的，包括对组织、项目、设备和活动进行的排放管控，以及管控的排放气体两个方面。目前各国有对设备进行管控的，有对组织活动进行管控的，有对工厂和组织进行管控的。美国、加拿大选择的是年排放量不低于 2.5 万吨 CO_2 当量的实体或设施以及火力发电厂。英国选择的是中央政府部门、大学、零售商、银行、水务公司、酒店以及地方政府组织。

（3）数据质量的管理

MRV 制度的关键是数据的真实性、可靠性和准确性。数据质量管理贯穿于 MRV 制度的整个实施过程。数据质量的管理应涉及数据收集输入与处理检查、活动数据检查、排放因子检查、排放量计算过程检查和表格数据处理步骤检查等方面。除数据质量的检查外，数据结果的交叉检查也非常重要。常用的交叉检查方法有生产量与排放量的趋势比较、国内生产总值（GDP）与排放量趋势的比较、行业碳强度的对比分析、主要耗能设备统计对比分析等。

（4）实质性偏差的规定

在考虑核查的目的、保证等级、准则和范围的基础上，核查机构应根据目标用户的需求，规定允许的实质性偏差。通常，商定的保证等级越高，允许的实质性偏差越小。在给定条件下，如果报告中的一个偏差或多个偏差的累积，达到或超过了规定的实质性偏差，即被认为具有实质性，并视为不符合。为满足碳交易的要求，应明确规定允许的实质性偏差。采用统一的核查标准，规定统一的允许的实质性偏差对统一碳交易市场的建立是十分必要的。

（5）基准年数据的重新计算

设定基准年可以便于比较以及准确计算增加的排放量。除选定基准年外，基准年数据的重新计算也需要重视。在碳交易开始后每年的核查中，根据需要有可能涉及基准年数据的重新计算。

2.4.2　国内外 MRV 制度

MRV 制度是国际社会对温室气体排放和减排监测的基本要求，是《联合国气候变化框架公约》下国家温室气体排放清单和《京都议定书》下三种履约机制的实施基础，更是各国建立碳排放权交易体系的基础。

2.4.2.1　国际 MRV 制度

国际碳市场 MRV 制度设计程序严谨，第三方监管力度强。

（1）欧盟

欧盟碳排放交易体系（EU ETS）采用统一核查认可制度和标准。第一阶段（2005—2007 年）的碳排放数据采用企业自主申报、政府主管部门工作人员核查的方式。第二阶段（2008—2012 年）采用个人专家核查。在吸取前两次交易经验和教训的基础上，第三阶段（2013—2020 年）实施了新的 MRV 相关法规和配套标准。从图 2-9 可见，组织的职责是制订监测计划，进行全年监测，每年报告碳排放结果，接受第三方核查机构的核查。第三方核查机构对组织碳排放进行核查，向碳交易主管部门提交核查报告，对组织的监测计划提出改进建议。合规链中涉及两个政府部门：一个是碳交易主管部门，负责组织的监测计划的批准，检查全年监测计划的实施，根据核查结果对退回配额进行合规检查；另一个政府部门是统一的国家认证认可监管部门，负责对核查机构进行认可和监督。

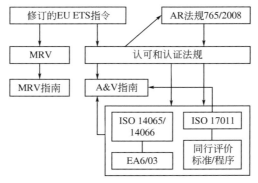

图 2-9　EU ETS 合规链示意图

　　欧盟采用国际标准化组织（ISO）制定的标准 ISO/IEC 17011：2004《合格评定对认可合格评定机构的认可机构的一般要求》（*Conformity Assessment-General Requirements for Accreditation Bodies Accrediting Conformity Assessment Bodies*），对认可机构进行同行评价；采用 ISO 14065：2007《温室气体　关于温室气体审定和核查机构的认可或其他形式的认定的要求》（*Greenhouse Gases-Requirements for Greenhouse Gas Validation and Verification Bodies for Use in Accreditation or Other Forms of Recognition*），对核查机构进行认可或认定。欧盟碳交易相关指令、法规、MRV 标准和指南文件之间的关系如图 2-10 所示。欧盟内每个国家有一个国家级认可机构，采用国际通行的认可手段对核查机构的能力进行确认并认可，国家认可机构之间进行同行评价，相互承认认可结果以及核查数据。

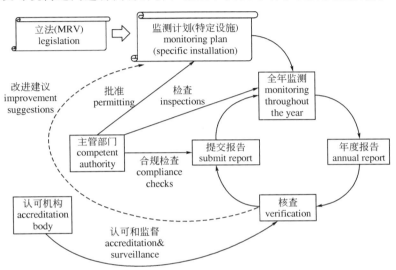

图 2-10　EU-ETS 核查和认可的立法框架

（2）英国

　　根据碳减排承诺能效体系（Carbon Reduction Commitment Energy Efficiency Scheme，CRCEES）要求，英国环境、食品与乡村事务部（Department for Environment，Food and Rural Affairs，Defra）发布了《环境报告指引：包括强制的温室气体排放报告指引》（*Environmental Reporting Guidelines：Including Mandatory Greenhouse Gas Emissions Reporting Guidance*），以及《关于如何测量和报告你的温室气体排放的指南》（*Guidance on How to Measure and Report Your Greenhouse Gas Emissions*），后者为了与国际接轨，主要参考了《温室气体核算体系》（*GHG Protocol*）的相关内容，且适用于英国范围内的所有组织。

　　不同于其他国家和地区的体系，英国 CRCEES 中组织提交的报告不需要经第三方核查机构的核查，而是采用审计模式。审计由英国环境、食品与乡村事务部（Defra）、苏格兰环境保护部和北爱尔兰环境部的工作人员，或经过以上部门培训并与之签署合约的审计员执行。根据组织可能存在的违规风险级别，确定审计频次，但是每个阶段参与 CRCEES 的每个组织至少接受一次审计。根据审计的需要，政府制定了《合规审计指南》，指南规定了合规审计程序、信息审核、内部审计、现场访问和审计结果输出。

（3）美国

　　美国的《2009 年清洁能源与安全法案》（*American Clean Energy and Security Act of*

2009）前瞻性地提出，建设 MRV 制度体系才能够定量地衡量全球和美国温室气体减排的进展。2009 年 9 月，美国环保署发布了《温室气体报告规则》（*Greenhouse Gas Reporting Rules*）。该规则要求化石燃料燃烧/工业温室气体排放者、汽车和发动机制造商、温室气体年均排放超过 2.5 万吨 CO_2 当量的设备使用者向美国环保署提交年度报告。2010 年 3 月，美国环保署发布了《温室气体报告规则修正案》（*Greenhouse Gas Reporting Rules Amendments and Source Additions*）分行业细化了原规则。

对于纳入区域温室气体减排行动（RGGI）碳交易体系的电厂的温室气体量化和报告，采用的是美国环保署的《持续的排放测量》（40-CFR-75）和《温室气体强制报告规则》（74-FR-56260）。此外，电厂的温室气体报告须由参与碳交易体系的各州政府批准的第三方核查机构进行核查。

（4）澳大利亚

澳大利亚碳排放权交易体系对企业温室气体排放源、能耗及生产情况分别作出规定，澳大利亚《国家温室气体与能源报告法 2007》对澳大利亚企业的温室气体排放、能源消耗与生产情况作出了规定。在门槛的设定上，针对设施和企业集团分别作出了 3 种不同的规定。针对温室气体排放、能源生产与能源消耗，设施或企业集团只要符合其中的一条就必须报告年度排放情况。其中针对设施的门槛是：年排放量超过 2.5 万吨 CO_2 当量、能源生产超过100 亿焦耳、能源消耗超过 100 亿焦耳。所提交的数据须经过第三方机构核查。企业须在每年的 10 月 31 日之前通过在线报送系统提交上一财年的排放报告。

（5）日本

日本碳交易市场比较分散，有地区性的，也有全国自愿性碳交易市场，但这些碳交易市场都建立了相对完备的 MRV 制度。日本能源消耗及温室气体排放的报告系统可分为国家、行业部委和专业交易系统三个层面。对于不同类型的对象，日本法案规定了不同的管理流程和报告方案。对于能耗越大的单位，上报的资料也需越详细。经过多年积累，日本大中型单位能源消耗的基础数据已经非常完备。作为一种制度化约束，温室气体的报告系统为日本碳交易市场的建立提供了坚实的基础。日本环境省与经济产业省联合提出旨在掌握温室气体排放情况的强制报告制度，并于 2006 年开始严格执行。在该制度中，《京都议定书》规定的六种温室气体的排放情况都须进行报告，不能按期报告或提交虚假报告的组织将受到经济处罚。日本各个碳交易系统都设定了各自的报告要求，报告内容涵盖排放数据和核查数据等，还要对监测计划、项目合规情况等相关行动内容进行更详细的报告。不同碳交易系统都对核查单位有相应的规范要求，如东京政府制定了《温室气体核查指南》以及《第三方核查机构注册申请程序指南》，要求核查机构必须具备相应资质和丰富经验，并获得管理机构认可，尤其是碳信用抵消市场对核查机构的要求更为严格。

由此可见，MRV 制度的建立是一个循序渐进的过程。在 MRV 制度设计中，测量成本由组织承担，因此需要考虑组织成本问题，测量方案的设计应考虑技术特点和经济可行性。此外，MRV 制度设计中第三方机构扮演着重要的角色，其重要作用不仅体现在对排放报告的核查上，其在测量环节也有重要作用。

2.4.2.2　中国 MRV 制度

目前我国碳交易市场尚没有统一的 MRV 制度，七个试点省市分别建立了适合本地区的

MRV 制度，并开发制定了分行业的排放量量化与报告的方法和指南以及第三方核查规范，建立了企业排放信息电子报送系统等，见表 2-1。

表 2-1　国内碳市场 MRV 制度的要求

试点	MRV 制度
北京	公布了《企业（单位）二氧化碳排放核算与报告指南》《北京市碳排放权交易核查机构管理办法（试行）》
上海	公布了《上海市温室气体排放核算与报告指南》，含 9 个行业核算与报告方法；公布了第三方核查机构管理办法
天津	发布 1 个碳排放报告编制指南，5 个行业核算指南
重庆	制定了工业企业碳排放核算和报告指南，企业碳排放核算、报告和核查细则、核查工作规范，对温室气体排放核算采用统一的、不区分行业参数的企业碳排放核算方法
深圳	公布了组织的温室气体排放量化和报告规范及指南，建筑物温室气体排放量和报告规范指南；组织的温室气体排放核查规范及指南
广东	制定了《广东省企业碳排放信息报告与核查实施细则》和 4 个行业碳排放核算指南、《广东省企业碳排放核查规范》
湖北	制定了《温室气体排放监测、量化和报告指南》、1 个通则和 11 个行业指南；制定了碳排放权交易核查指南、第三方核查机构备案管理办法

根据碳交易体系确定的覆盖范围，各地开发了分行业的量化和报告指南、规范、标准或标准化指导性技术文件，规范了量化和报告的方法和形式。如上海制定了包括九个行业的温室气体排放核算与报告方法，重庆只开发了部分行业的核算和报告指南。由于各地实际情况不同，不同地区的指南等文件在行业定义、排放计算边界、监测计划、参数选择、数据测量方法、质量控制等技术方面的要求不尽相同，且存在明显差异，各地的排放数据和排放配额等不具备可比性和同质性。

各地区普遍要求对组织报送的历史数据和履约期数据进行严格的第三方核查，以保证排放数据的科学性、准确性，从而提高碳交易制度的可信度。此外，还制定了第三方核查机构准入规定或办法，并实施严格的审批和监管。深圳等地实行了核查员备案制度，并对第三方机构核查报告进行独立评审或交叉检查，以确保核查效果和数据质量。

上述做法对于试点期间快速形成碳交易体系具有积极意义，我国未来建立统一的碳交易市场，还须进一步明确有关的核查技术要求，形成国家统一的 MRV 制度并与国际接轨。未来我国碳交易的核查工作，需要及早确定认可机构并开展核查机构的认可，培育和发展我国本土的第三方核查机构，建立健全的可管理制度，确保第三方核查机构的公正性与客观性，加强核查人员的专业能力，这些都有利于核查机构的规范管理，有利于未来国家与国际层面上核查结果的互认，也有利于提升核查机构管理水平，提高核查工作的有效性及促进碳核查的可持续发展。

参考文献

［1］ 王文堂，等.工业企业低碳节能技术［M］.北京：化学工业出版社，2017：96.

［2］ 王文堂，等.企业碳减排与碳交易知识回答［M］.北京：化学工业出版社，2017：105.

［3］ 李文，李昊，陈漱宇，等.基于 PDCA 循环的动态能源管理系统［J］.电力信息与通信技术，2017，15（1）：32-35.

［4］ 郭力军，孟凯.碳交易"三可"机制设计及应用［N］.开放导报，2013-05-17.

［5］ 魏一鸣，刘翠兰，廖华，等.中国碳排放与低碳发展［M］.北京：科学出版社，2017：213-224.

［6］ 本书编写组.碳排放核查员培训教材［M］.北京：中国质检出版社，中国标准出版社，2015.

［7］ 全国碳排放权交易第三方核查参考指南.中华人民共和国国家发展和改革委员会.发改办气候〔2016〕57 号.

第3章
碳排放配额与交易管理

市场交易机制是排污权交易制度建设过程中的重要因素，也是实现制度效率和达成减排目标的关键环节。只有科学严密的市场交易机制，才能维持碳市场的正常运行。碳排放权交易的市场机制主要包括配额分配制度和交易制度两部分。

3.1 碳排放配额分配机制

碳排放权交易系统（ETS）是一个基于市场的节能减排政策工具，用于减少温室气体的排放。遵循"总量控制与交易"原则，政府对一个或多个行业的碳排放实施总量控制。纳入碳交易体系的公司每排放 $1t\ CO_2$，就需要有一个单位的碳排放配额。它们可以获取或购买这些配额，也可以和其他公司进行配额交易。政府决定如何分配碳排放配额是碳排放权交易体系的基本设计要素之一。

3.1.1 分配模式

3.1.1.1 国内外碳市场的配额分配模式

建立碳排放配额分配机制是碳交易市场正常启动与健康运行的前提条件，对碳交易的温室气体减排效果具有重要影响。该机制的运行过程如下：设定温室气体总量控制目标（配额的总量）→确定纳入碳排放交易体系的控排单位（获得配额的单位）→政府向控排单位发放排放配额（一级市场）→企业在公开市场交易排放配额（二级市场）→政府督促企业履约与处罚违规行为。

配额分配是碳排放权交易的初始环节，其分配方式的选择直接影响碳交易市场的运行。国际碳市场的配额分配多采用"免费＋拍卖"的方式。例如，欧盟碳交易市场中主要根据"总量控制、负担均分"的原则，首先确定了各个成员国的碳排放量，再由各成员国分配给各自国家的企业；新西兰碳交易市场没有对总排放量进行限制，部分行业可以获得免费配额；加利福尼亚州碳交易市场将每年分配的配额数量称为"配额预算"，每一份配额等于 $1t$ 的碳排放，配额的分配采取免费和拍卖两种方式相结合的方法。现有的欧盟碳市场中，各国在国家配额分配方案中都对不同部门进行区分对待。

由于经济社会发展程度不同、产业结构有异，国内碳交易试点省市配额分配制度具有一定的地域特色。目前各省市在配额分配上采用多种分配方式并存，且以免费分配为主。针对目前试点区域存在的机制问题，考虑各类分配方法中围绕部门/企业层面不同的分配原则和配额收益利用方式，共设置9类具体的初始配额分配模式，见表3-1。

表 3-1　初始配额分配模式描述

简称	类型	分配原则	收益循环利用
GR	免费	部门基于历史排放份额免费获得配额再一次性转移给企业	—
EMOBA	免费	部门基于历史排放份额免费获得配额再基于实际产出分配给企业	—
VAOBA	免费	部门基于历史增加值比例免费获得配额再基于实际产出分配给企业	—
Auc Gov	有偿	拍卖	增加政府收入
Auc IND	有偿	拍卖	降低部门生产间接税
Auc INC	有偿	拍卖	降低居民个人所得税
Auc Tran2H	有偿	拍卖	按人口比例转移支付居民
Vert Mix	混合	部门基于历史排放份额获得20%的配额再基于实际产出分配给企业	增加政府收入
Hor Mix	混合	碳密集贸易部门基于历史排放份额免费获得配额再基于实际产出分配给企业	增加政府收入

在免费分配的模式中，采用 Fischer 和 Fox（2004 年）的假设，通过两个步骤来计算免费配额分配：①计算各部门（包括居民）免费获得的排放权初始配额，主要考察基于历史排放比例和基于历史增加值比例两种计算原则；②计算各生产部门企业免费获得的排放权初始配额，这里部门初始配额一次性转移给本部门的企业或者按照实际产出的比例分配。两步计算方式共组合了4种免费分配模式：①部门基于历史排放份额免费获得配额再一次性转移给企业（GR）；②部门基于历史增加值份额免费获得配额再一次性转移给企业（VG）；③部门基于历史排放份额免费获得配额再基于实际产出分配给企业（EMOBA）；④部门基于历史增加值比例免费获得配额再基于实际产出分配给企业（VAOBA）。因一次性转移只有企业收益总账户，没有各部门企业收益分账户，一次性转移的两个模式下的结果没有区别。因此在一次性转移的两个模式中，这里只选择部门基于历史排放份额免费获得配额再一次性转移给企业的模式作为代表。

有偿分配的模式中，目前的关注和讨论都集中在拍卖这种方式上。由于拍卖产生收益，且收益的分配影响政策的成本有效性和社会福利变化，所以针对拍卖机制设置4种模式：①拍卖配额收益归政府（Auc Gov）；②拍卖配额收益用来降低部门生产间接税（Auc IND）；③拍卖配额收益用来降低居民个人所得税（Auc INC）；④拍卖配额收益按人口比例转移支付居民（Auc Tran2H）。

混合分配模式有两种考虑：①每个部门都得到一定比例的免费配额，其他配额靠拍卖获得；②部分部门免费得到配额，其他部门需要通过拍卖获得配额。针对这两种考虑分别设置了表3-1中的 Vert Mix 模式和 Hor Mix 模式。在 Vert Mix 模式中，各部门都基于历史排放份额获得 20％的配额再基于实际产出分配给企业，剩下的 80％依靠拍卖获得，且拍卖收益归政府。在 Hor Mix 模式中，能源密集贸易部门免费获得配额再基于实际产出分配给企业，其他部门企业拍卖获得，拍卖收益归政府。

拍卖与免费分配配额都具有各自的优缺点。通过拍卖分配碳配额被视为一种直接有效的方法，能够确保配额由最重视它价值的市场参与者得到。此外，拍卖还能产生财政收入，奖励早期行动者（即那些已经采取了节能减排措施的企业），并通过促成市场碳价形成和鼓励交易等多重效果提升碳市场的活跃性。然而，免费分配也有其存在的道理，尤其是在碳交易体系的初期阶段。通过免费分配配额，控排对象能够就其现有碳密集型基础设施和工艺获得补偿，从而确保从没有碳价到通过碳排放权交易体系形成碳市场和碳价的顺利过渡。免费分配亦有助于保护企业，使其免于丧失竞争力及承受碳泄漏的风险。理论上说，如果企业面临来自碳交易体系以外地区的市场竞争，则存在生产和投资可能被转移到气候政策较宽松（即不存在碳市场或者碳税等其他碳定价措施）地区的风险，这样既损害当地经济发展又无法实现真正减排。免费分配可对这些易受影响的行业作出碳成本补偿，使其继续保持竞争力，避免碳泄漏。即使是在控排对象免费获取碳配额的情况下，它们仍有经济动机投资低碳技术。原因是，如果它们减少了排放，便能够出售手头上盈余的碳配额；相反，如果它增加了排放，则需承担额外的碳成本。这一激励机制的力度取决于免费分配具体的分配方法。

3.1.1.2　现行免费配额分配方法

历史排放法（祖父法）是指企业根据其在指定期间的历史排放量获取免费配额。该方法具有操作相对简单、数据要求适中等优点。但是，这种方法可能减少碳市场启动前期的交易需求，还可能使早期投资于减排技术的企业受到不公平对待，因为这些减排成果实际上等于降低了相关企业的"历史排放量基准值"，导致其分配到的碳配额相比没有采取减排措施的企业反倒更少。

行业基准法是指企业根据一系列基于产品或行业排放强度的绩效标准来确定其获得的免费配额数量。该方法可解决上述的公平性问题，并给早期行动者带来回报。但是，基准法要求有高质量的数据，以及对复杂的工业过程了解透彻。

碳排放权交易体系常用的基准法是建立某个产品或行业的固定绩效标准，即单位产品的碳排放值。基准值可设定为平均绩效水平、最佳实践水平或介于两者之间的数值（如前10％最佳绩效者的平均水平）。另一种基准法是根据企业或设施的实际产出来更新分配数量（基于产出的分配，OBA）。这种方法解决了易受影响企业的碳泄漏风险问题，但其可能抑制碳价对它们的激励作用，不能有效促进其开展节能减排措施。

碳排放权交易体系的分配方法因不同地区和行业的具体情况而异。拍卖法通常用于电力行业，而免费分配则常用于工业部门。一般而言，拍卖法在碳排放权交易体系早期阶段的应用有限，但随着体系逐渐成熟，拍卖法的占比往往不断增加。已有的碳市场实践已经证明，确保至少一定比例的配额拍卖对于形成活跃的碳市场起着至关重要的作用。

韩国碳排放权交易体系对水泥、炼油和国内航空采用基准法，对其他行业采用祖父法。此外，从第二阶段（2018—2020 年）起，韩国还引入拍卖机制（第二阶段 3％，第三阶段10％乃至更高比例）。欧盟碳排放权交易体系当前阶段对其免费分配的行业采用基准法，而在其第一、第二阶段主要采用了祖父法。新西兰于 2017 年 7 月完成碳市场回顾与评估，计划近几年引入拍卖机制。目前，区域温室气体倡议是唯一不采用免费分配、几乎所有配额均通过拍卖法进行分配的体系。世界某些国家采用的免费配额分配方法如图 3-1 所示。

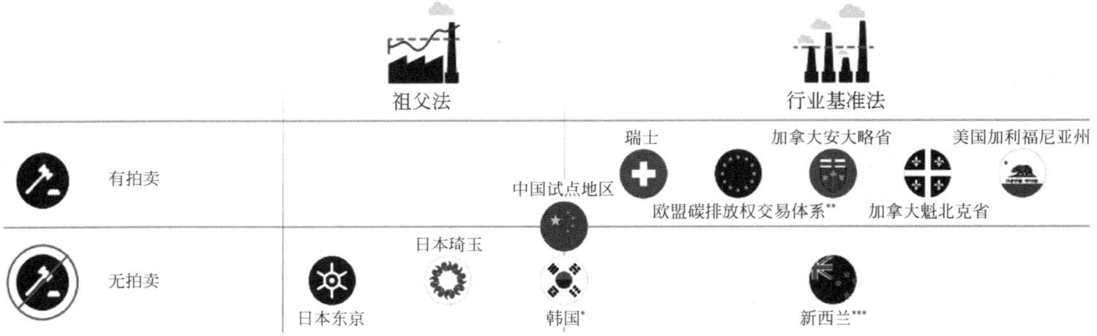

图 3-1　世界某些国家采用的免费配额分配方法
（星号代表文中提到的碳排放交易体系）

3.1.2　存在问题及完善建议

碳配额由政府部门按照一定的标准统一分配，会导致碳排放权的需求、供给与价格形成之间缺乏有效的市场传导机制。我国碳交易试点虽然已初步建立，但配额分配机制仍需不断完善。

（1）防止超额发放，增强碳交易对企业减排的激励作用

"历史排放法"具有技术要求低、简便易行的优点，但是却存在"鞭打快牛"的弊端，即历史排放量大的企业的配额数量超过先进企业的配额数量，这会抑制企业使用节能技术的积极性。而且，"历史排放法"极易导致配额的"超额发放"。部分碳交易试点采取相应的对策减少此方法的消极影响：一方面通过历史碳排放量为基础数据来计算企业可得的配额，另一方面引入多个调整因子，以逐步加大配额数量的约束性与管制力度。但是，这些对策对于避免"超额发放"的作用非常有限。基于此，建议应以提高环境效应为导向，加大对"历史排放法"的调整力度。例如，对于排放绩效好的先进企业在参与碳交易前的节能减排量，政府应加大"先期减排配额"的奖励力度，可按 1∶0.5 或 1∶0.6 的比例来发放。另外，各行业的控排系数至少应在 95％以下。

（2）灵活推进分配方法，逐步推行"行业基准法"免费分配配额

基于"历史排放法"的分配，除非政府对企业的历史排放数据进行严格的调整（如以历史排放量的 90％为准），否则很难促进能效低下的企业进行减排。"行业基准法"的特点是政府为特定行业的控排企业设定一个统一的排放标准，按本行业所有企业每单位产品或服务的平均排放量或排放绩效最好的部分企业的平均排放量来确定，对企业有非常明显的引导作用。由于"行业基准法"的减排力度比较大，易引发个别企业的不满或抵制，所以应分阶段推进。例如，早期按每一行业所有企业（而不是部分先进企业）每单位产品或产值的平均排放量来设置行业基准线，后期则可以按每一行业排放量最少的位居前 20％或 30％企业的平均排放量来设定基准线。

（3）适当增加有偿分配的比例，不断改进有偿分配的实施方案

目前国外碳市场，政府在逐步加大配额的有偿分配比例。欧盟自 2013 年开始逐步推行拍卖法，增加拍卖分配的比例，2020 年已全部采用拍卖法来分配配额。但是，对于严重具

有碳泄漏风险的行业，欧盟仍免费分配一定数量的配额。中国碳市场主流的分配模式也将采用无偿与有偿相结合的"混合模式"。我国各试点地方虽然也为拍卖分配配额预留了政策空间，但只有广东省与湖北省做了拍卖分配配额的尝试，并根据市场运行情况以及经济形势进行了一定的改进。有偿分配是最能体现环境治理中的"污染者付费原则"的配额分配机制，同时也是对碳市场的负面影响最小的分配方式，因为这由企业自己来决定配额在一级市场上的供应，不受企业排放数据的可获得性与可靠性的影响。此外，政府应明确规定拍卖收入应用于市场调节、碳市场能力建设以及支持企业减排等用途。

（4）克服初始配额分配不准确问题，完善配额数量的事后调整机制

目前常用的免费分配方法中，政府面临的最大困难就是决策所依据信息的不完整性与不可靠性。对于市场需求，政府对配额的初始分配始终存在过多或过少的问题，因此事后的调整机制就十分有必要。国内各试点大都规定了配额的事后调整机制：①政府预留一定比例的配额，并在必要时向市场投放此预留配额以平抑碳价；②政府设立碳市场调控资金，在配额偏多、碳价低迷时通过回购来减少配额的供应，以提高碳价。但是，两种事后调整机制还需细化具体的实施方案，实践中也需要更严格地执行。例如，在碳价过低的背景下，不采用回购配额的方式来调控市场，而是限制碳价值上下波动幅度，调整排放配额的议价区间，这做法就没有利用市场价格机制的自我修复功能，影响市场在资源配置（配额分配）中的决定性作用，不仅会损害企业的合法权益，还会使碳市场的监管政策缺乏可预见性与稳定性。因此建议，一旦市场出现配额过多、碳价低迷的现象，应从影响供需关系的角度（而非直接限定价格波动幅度）来调节市场。例如，一方面改进下一交易期的初始分配方法，减少免费配额的供应，另一方面使用专项资金回购一定数量的配额，或者提前允许企业将剩余配额的一部分或全部结存到下一交易期使用。

3.2　碳排放交易机制

3.2.1　碳交易的本质

全球日益增长的碳排放及其导致的气候变暖已对经济社会发展和人类身体健康甚至生存造成了巨大威胁。根据美国国家航空航天局（National Aeronautics and Space Administration，NASA）数据分析，2016 年上半年全球温度和北极海冰面积已打破多项纪录。同时，全球气候变化会给人类带来难以估量的损失，会使人类付出巨额代价，控制碳排放刻不容缓的观念已被全世界广泛接受。1997 年，通过艰难的国际谈判，在日本京都举行的《联合国气候变化框架公约》第三次缔约方大会上通过了《京都议定书》，其中提出了碳排放权交易（又称碳配额交易或碳交易）的灵活机制，以帮助有关国家完成数量化的温室气体减排目标。

碳交易是以成本有效的方式控制碳排放的一种政策工具。这是因为碳排放具有外部性特征，而根据外部性理论，碳交易的方式可将碳减排成本内部化。从本质上看，碳交易是一种利用市场机制达到预防污染和实现碳减排目标的市场控制模式。具体而言，碳交易是政府将碳排放空间分配到各排放主体，并在一定规则下允许市场化交易，各排放主体按照市场规律做出灵活选择，在交易过程中追求自身利益最大化，从而推动全社会在既定碳排放总量空间

下实现最大的产出效益。碳交易体系具有以最低成本实现既定碳减排目标、激励低碳创新的特点，因此受到众多政策制定者的密切关注，目前已成为全球气候治理的重要手段。

3.2.2 碳交易的发展

碳交易是许多国家和地区控制碳排放的重要气候政策。欧盟碳排放交易体系（EU ETS）是欧盟为了实现《京都议定书》规定的 CO_2 减排目标，于 2005 年 1 月 1 日成立的，其目的是将环境"成本化"，借助市场的力量将环境转化为一种有偿使用的生产要素，通过建立"欧盟排放配额"（European Union Allowance，EUA）交易市场，有效地配置环境资源，鼓励节能减排技术的发展，实现在气候环境受到保护下的企业经营成本最小化。EU ETS 是最早也是目前全球最大的碳交易市场，纳入交易的 CO_2 排放量占欧盟碳排放总量的 45%，涵盖了欧盟各个成员国和欧洲经济区的冰岛、列支敦士登和挪威 3 个国家。同时，美国和加拿大多个州、省联合签署的西部气候行动形成了区域碳交易市场。在该市场框架下，加利福尼亚州碳交易体系纳入交易的 CO_2 排放量占该州碳排放总量的 85%。另外，澳大利亚、韩国、日本等国家的碳交易市场也正在稳步发展中。不难发现，碳交易作为控制温室气体排放的重要气候政策，已经得到世界主要国家的普遍认可。

EU ETS 采取"总量交易"的机制。即确定纳入限排名单的企业根据一定标准免费获得 EUA，或者通过拍卖有偿获得 EUA，而实际排放低于所得配额的企业可以将其在碳交易市场出售，超过所得配额的企业则必须购买 EUA，否则会遭受严厉的惩罚。目前，EU ETS 覆盖的国家、行业与企业范围逐渐扩大，配额分配过程中拍卖的比例逐渐提高，免费配额的分配方式也从历史排放法（又称祖父法）过渡到基准法，体现出 EU ETS 管理体制的不断成熟。

从国际上看，碳交易主要采用"总量交易"机制实现控排，这不仅可以节约社会治理的总成本，而且鼓励技术先进者治污并获得治污红利，有利于环保技术和低碳技术的不断创新。总量上限设定有"自顶向下"和"自底向上"两种方式。其中，"自顶向下"方式依据社会总体或行业层面的碳排放控制目标确定碳排放配额总量；而"自底向上"方式按照相应的分配规则确定纳入控排主体的碳排放配额数量，所有控排主体的碳排放配额总和即总量上限。两种机制互为参照，欧盟和美国加利福尼亚州的碳交易体系主要采用"自顶向下"的总量上限设定方式，即在碳排放配额总量上限设定的基础上，调整覆盖主体的配额。

实际上，碳减排总量目标宽松和碳配额过剩是碳交易实践中存在的重要问题，碳配额过剩往往会导致碳市场交易活跃度和流动性不足，以及碳交易制度刺激碳减排和推动技术创新的成效减弱。历史数据表明，欧盟碳交易运行以来一直存在总量目标宽松导致碳配额过剩的问题；同时，美国初始阶段的二氧化硫排污权交易、东北部十个州的碳交易都出现过配额过剩的情况。而解决这些问题需要建立坚实的数据基础和科学的预测方法，还需要政府采取灵活措施，根据减排状况和市场行情对总量目标与配额进行动态调整。

国际碳行动伙伴组织（ICAP）编制的全球碳市场地图收录了目前正在实施、计划实施或正在考虑建立的碳市场。截至 2021 年 1 月 31 日，全球共有 24 个运行中的碳市场。另外有 8 个碳市场正在计划实施，预计将在未来几年内启动运行。其中包括哥伦比亚的碳市场和美国东北部的交通和气候倡议计划（TCI-P）。还有 14 个司法管辖区在考虑碳市场这一政策工具在其气候变化政策组合中所能发挥的作用，其中包括智利、土耳其和巴基斯坦。

3.2.3 我国的碳交易

3.2.3.1 碳定价政策工具

从碳减排政策工具的类型和政策实践的特征来看，我国的碳减排政策分为命令型、财税型、市场型。命令型即对排放企业进行绝对排放量限制，并制定行业标准；财税型即通过碳税和补贴手段进行调控；而市场型则是通过碳排放权交易、抵消机制进行管理。碳定价的主要方式是碳税和碳排放权交易，通过税收手段，将因 CO_2 排放带来的环境成本转化为生产经营成本。采用碳税方式进行碳定价，其优势是见效快、实施成本低、税率稳定易形成稳定碳价格指引、可实现收入再分配；但其缺点是对碳排放总量控制力度不足。采取碳排放权交易可以实现总量控制，减排效果稳定，具有较为完善的价格发现机制，可以促进跨区域减排协调；但其也有体系设计复杂、运行成本高的缺点。碳排放权交易采用总量控制与交易的原理如图 3-2 所示。碳交易是一种碳定价方式，允许企业间通过市场手段进行排放权交换以平衡各自的排放量，从而达到低成本控制碳排放总量的目的。过低的碳价格无法形成有效激励；过高的碳价格增加企业成本，增大碳市场发展阻力；合适的碳价格短期较低，长期随着碳容量空间稀缺，价格会趋于升高。

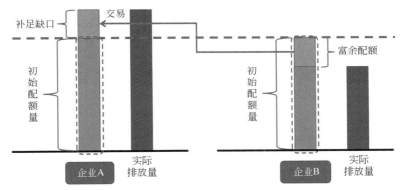

图 3-2 碳排放权交易采用总量控制与交易的原理

3.2.3.2 碳交易体系设计的十个步骤

碳交易体系设计可以分为十个步骤，如图 3-3 所示。

第一步：确定覆盖范围。即确定将要覆盖的行业；确定将要覆盖的气体；选择排放监管点；选择将要监管的实体并考虑是否需要设置纳入门槛。

第二步：设定总量。即创建强有力的数据基础，以此确定排放总量；确定排放总量的水平与类型；选择设定排放总量的时间段，提供长期总量控制路径。

第三步：分配配额。即匹配分配方法与政策目标；定义配额免费分配的资格与方法，随时间推移通过拍卖进行平衡；定义新入者、关闭企业和清除处理方法。

第四步：考虑使用抵消机制。即确定是否接受来自司法管辖区内部和/或外部未覆盖来源与行业的抵消额度；选择符合条件的行业、气体与活动；权衡对比自行构建一套抵消机制所需成本与利用自有抵消机制所需的成本；确定抵消额度的使用限制；建立检测报告核查和管理制度。

第五步：确定灵活性措施。即设定关于配额储存的规则；设定关于配额预借和早期分配

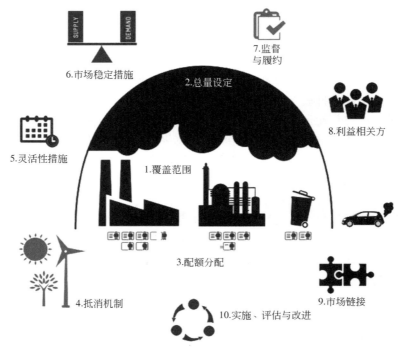

图 3-3　碳交易体系的十个步骤

的规则；设定报告周期和履约周期的长度。

第六步：考虑价格可预测性和成本控制等市场稳定措施。即构建市场干预的依据、确立与之相关的风险；选择是否进行干预，以此应对低价、高价或者两者同时；选择适当工具对市场进行干预；确定管理框架。

第七步：确保履约与监督机制。即确定管控单位；管理监控单位排放报告的执行情况；审批和管理核查机构；建立和监督碳交易体系登记处；设计和实施处罚机制与执行机制；规范和监管排碳配额交易的市场。

第八步：加强利益相关方参与、交流及能力建设。即明确利益相关方及其各自立场、利益和关切；跨部门协调透明决策过程，避免政策失调；设计利益相关群体协商的互动策略，确立形式、时间表和目标；设计与当地和即时公众关切产生共鸣的传播策略；明确和回应碳交易体系相关能力建设需求。

第九步：考虑市场链接。即确定链接的目标与策略；确定链接合作伙伴；确定链接的类型；调整各自碳市场机制中的重点要素完成和管理链接。

第十步：实施、评估与改进。即确定碳排放交易体系实施的时间与流程；确定审查的流程与范围；评估碳交易体系，为审查提供支持。

3.2.4　国际碳排放配额交易及发展趋势

3.2.4.1　欧盟碳排放配额交易的基本状况和特点

碳排放项目市场和碳排放配额市场是全球两大碳排放交易市场。碳排放项目市场的形成和发展基于联合履约机制（JI）、清洁发展机制（CDM）和自愿碳市场体系。碳排放配额市场的形成除了《京都议定书》提出的国际排放贸易机制外，还有多种区域性内部交易机制。碳排放项目市场的交易双方主要集中在发展中国家和发达国家之间，碳排放配额市场的交易双方主要集中在发达国家之间。碳排放配额市场体系下，欧盟碳排放配额市场和美国碳排放配额市场是最主要的两大碳配额市场，在全球配额市场占主导地位。其中，欧盟碳排放交易体系（EU ETS）的碳排放配额交易量和交易额位列全球碳排放配额市场的首位。欧盟碳排放配额交易市场具有以下特点。

（1）运行机制健全

无论是 EU ETS，还是区域性温室气体倡议体系，其运行机制均遵循限额交易制度。限额交易，又称总量控制交易，是对体系内的企业设定 CO_2 排放额上限。为了达到降低总排放量的目标，这个排放额的上限并不固定，而是随着时间的推移逐步缩小。以 EU ETS 为例，2020 年企业排放量比 2005 年低 21% 左右。企业的排放额被限定在限额以内，如果排放额超过限额，企业可以在欧盟排放交易市场上购买其他交易主体的欧盟配额（EUA）来提高自身的排放限额。企业也可以购买来自国际市场的其他碳信用额，包括来自发展中国家源于 CDM 中产生的核证减排量（CER），来抵消自身的超额排放量。随着配额市场的发展，碳配额的交易价格在波动中有走高的趋势。碳排放配额的价格在一定程度上激励着企业改进生产技术、节能减排，用低碳技术推动企业自身的转型升级。

相比较而言，美国碳排放配额交易市场的运行机制同样遵循限额交易制度。以区域性温室气体减排倡议（RGGI）为例，这是美国第一个强制性、以市场规则为基础运行的温室气体减排体系。体系的各州均制订各自相对独立的碳预算交易计划，对电力企业实行碳排放限额，并拍卖 CO_2 排放配额。拍卖收益一般用于低碳清洁技术的研发、提高能源效率等方面。

（2）市场发展前景广阔

EU ETS 的市场规模自成立以来呈现逐步扩大的态势。一方面，不断扩大碳配额交易的制度容量，并逐步扩大碳配额的行业范围。EU ETS 逐步与其他排放交易体系互相对接，进行碳配额市场交易。最初实施阶段，EU ETS 和 CDM、JI 进行互相衔接，成员国可以购买 CER 和减排单位（ERU）。EU ETS 还将逐步同美国州级排放体系、加拿大排放交易体系、瑞士排放交易体系等接轨，互相认可各自体系产生的碳配额。

另一方面，欧盟配额的交易范围不仅限于欧盟排放交易体系的内部成员国。企业只要在欧盟注册一个账户，就可以在交易所或者碳市场的中介机构买卖欧盟配额。随着欧盟碳金融市场的不断发展，欧盟配额的交易量在稳步提高，交易价格也随着市场的供给和需求在不断变化。

（3）碳交易所规模大

EU ETS 拥有较为健全且实力强大的碳交易所，可以进行碳交易的场内交易和场外交易。场外交易是欧盟配额交易的主要交易场所。场内交易即交易所交易，其规模较大，规则较为健全，主要集中于欧洲气候交易所、北欧路德普尔电力交易所、布鲁奈斯特环境交易所和欧洲能源交易所四大交易所。

EU ETS 最具规模的交易场所是欧洲气候交易所，交易的碳金融产品包括两类：一是以欧盟配额为基础的现货合约、期货合约和期权合约；二是以核证减排量为基础的现货合约、期货合约和期权合约。该交易所碳金融合约都是标准化交易产品，一般不包括非标准化的远期合约产品；碳金融合约的市场份额超过了欧洲整个场内碳金融产品交易额的 80%。

（4）发展规划清晰

欧盟排放交易体系的发展阶段大致可以分为四个阶段。

① 第一阶段（2005—2007年）：这一阶段欧盟排放体系建立，并成为全球最大的碳市场。碳交易市场的范围还局限于欧盟成员国家内部。

② 第二阶段（2008—2012年）：此阶段将航空业纳入了碳排放交易体系，扩大了行业范围。会员国也增加了冰岛、挪威和列支敦士登。这个阶段还创新地增加了碳储存制度，会员企业可以选择进行额外碳减排，储存的多余欧盟配额可以在后续时间段继续进行市场交易。

③ 第三阶段（2013—2020年）：这个阶段中欧盟统一了分配规则，明确拍卖法分配的基本原则，拍卖配额占比逐年上升，超过50％，电力行业的配额100％拍卖。

④ 第四阶段（2021—2030年）：进入结构改革、深化发展阶段。

3.2.4.2　欧盟碳排放配额交易的发展过程与趋势

（1）第一、第二阶段

第一、第二阶段的运行为欧盟自身减排计划作出了贡献，也为全球其他地区碳交易体系的发展提供了参考蓝本；但是，其实施过程中也暴露出了许多制度方面的固有缺陷，主要体现在以下三个方面。

① 成员国高度自治。在第一、第二阶段中，欧盟各成员国在减排目标、配额总量设定、MRV规则执行等方面都享有相当大的自主权，造成了体系内的不公平、体系缺乏稳定性以及配额总体过剩等问题。

② 配额分配方式缺乏效率。第一、第二阶段中各成员国基本采用了配额免费分配的模式，而且还是基于"历史法"的免费分配。此种分配方式违背"污染者付费原则"，降低了早期减排者和技术先进企业的减排意愿，限制了应有的减排潜力。

③ 过于宽松的抵消机制。EU ETS的第二阶段开始接受来自CDM和联合履约机制（JI）产生的信用抵消，各成员国对抵消机制的数量限制非常宽松。

（2）第三阶段

基于前两阶段的经验教训，欧盟对第三期的制度进行了全面调整。2009年欧盟通过了《改进和扩大欧盟温室气体排放配额交易机制的指令》，确立了第三阶段的新制度。

① "自上而下"的配额总量分配。在第三阶段，欧盟将设定排放配额总量的权力集中至欧洲委员会，由其制定欧盟整体的排放配额总量。

② 提高有偿分配的比例。根据新的规则，2013年后欧盟将有不低于30％的配额通过拍卖方式进行有偿分配，且电力行业的所有配额分配均采用拍卖方式。

③ 免费配额的分配方式由"历史法"转变为"基准法"。

④ 提高控排企业门槛。为了降低碳交易系统的运行管理成本，从第三阶段开始，欧盟允许温室气体排放量在过去连续3年均低于2.5万吨的设施，暂时退出交易体系。这一变化涉及EU ETS约1/3的排放设施，但其只占体系总排放量的0.7％。因此，欧盟这一政策大大提高了EU ETS的运行效率。

（3）第四阶段

2017年11月9日，欧盟立法机构就欧盟碳排放交易体系第四阶段改革达成一致，旨在强化碳排放交易体系。主要有以下四个方面。

① 将总量控制水平每年下降 1.74% 增加至 2.2%。

② 2019—2023 年，将市场稳定储备纳入率从 12% 提高到 24%，以此在第四阶段最初几年恢复稀缺性。

③ 2023 年取消市场稳定储备中超出上一年度拍卖配额总量的配额（即约 20 亿欧盟排放配额将失效）。

④ 避免"水床效应"，逐步淘汰煤炭的成员国可能取消停运的设施的配额。

3.2.4.3　欧盟碳排放配额交易对中国碳配额交易的启示

（1）健全运行机制

欧盟碳排放配额交易市场集中体现于 EU ETS 的发展。我国尚处在碳配额交易的起步阶段，限额交易制度的具体运作机制逐步明晰。

① 分层次设定实施限额碳排放的行业，包括电力行业、石化行业等。

② 对限额碳排放的行业设定碳排放限额，对碳排放进行总量控制。限额的设定，一般根据碳排放强度进行具体设定。

③ 按照限额交易的有效性原则，可以把碳排放配额按照一定方式在行业内进行分配。具体方式可以是免费分配，也可以是市场拍卖。鉴于欧盟排放市场的经验，可以先采用市场拍卖的方式，再逐步过渡到免费分配的方式。当碳排放配额进入一级遵约市场后，经过实际碳排放的实践之后，会产生剩余排放配额。这些剩余排放配额可以进入二级碳配额交易市场开始继续交易。二级碳配额交易市场包括各类环境交易所。

（2）明晰发展规划

借鉴欧盟排放体系的发展阶段，我国的碳配额市场发展规划可以大致分为三个阶段。

① 第一阶段（2013—2020 年）：碳配额市场机制初步形成。包括设定了国内碳配额市场的基本运行机制、碳排放的限额交易制度；逐步明晰碳配额交易机制、具体规则和核算体系；确定一部分碳排放配额交易的试点行业和地区，自 2012 年起，碳排放配额交易试点工作已经在国内七个地区开展。2020 年，碳排放在 2005 年基础上降低 40%～45%。

② 第二阶段（2020—2030 年）：碳排放配额交易市场应当逐步扩大到全国大部分省市，涵盖电力、石化、煤炭等能源类生产企业。一级碳排放配额市场的交易额逐步扩大，二级碳配额交易市场也要逐步展开。借鉴 EU ETS，我国碳排放交易市场也要逐步扩大与国际碳排放交易市场的合作，使我国碳配额交易市场真正和国际接轨。

③ 第三阶段（2030—2050 年）：经过了初步形成和逐步扩大阶段后，我国碳配额交易市场必然会不断完善和成熟。碳排放配额市场应当基本覆盖全国各个地区和大部分能耗类企业。碳排放配额一级市场基本成熟，二级市场健康发展，均成为国际碳排放交易市场不可缺少的重要组成部分。碳排放配额市场不但可以起到国内节能减排的作用，而且还将带动碳金融业和低碳工业的大力发展。

（3）壮大国内碳交易所

碳交易所作为碳排放交易的市场平台，对完善市场规则、健全市场模式起到重要作用。EU ETS 拥有多层次、实力强的碳交易所。我国目前环境交易所数量和业务都有限，需要大力发展。北京环境交易所、天津排放权交易所属于国内环境交易所类的先行者，深圳、厦门等地也积极开展排放权交易所的启动工作。但是，现有的交易所都还没有在碳配额交易市场上做出实质性发展。一方面，交易所需要不断探索碳排放配额交易的运行机制，同时发展碳排放一级市场和二级市场。另一方面，国内交易所需要开展国际化合作。国内交易所应当借鉴国际先进碳交易所的运行模式和经验，包括欧洲气候交易所、北欧路德普尔电力交易所、布鲁奈斯特环境交易所等欧盟交易体系内部的大型碳交易所。国内的碳交易所必须学国外碳交易所在碳配额二级市场上的具体规则和发展经验。

3.3 企业碳资产管理信息平台建设

碳排放权管理需充分协调集团内部各企业关系，提升企业及集团层面碳排放权管理效率，实现集团总体碳指标的保值增值，优化集团内部管理结构。传统的碳排放权管理模式需要投入巨大的人力和资金，且存在信息不对等、减排效果不明显等问题，因此，借助信息化管理平台开展碳排放权管理迫在眉睫。

3.3.1 开展企业碳资产管理信息化平台的必要性

2017年国家发改委在《关于切实做好全国碳排放权交易市场启动重点工作的通知》中明确指出，"各央企集团应加强内部对碳排放管理工作的统筹协调和归口管理，明确统筹管理部门，理顺内部管理机制，建立集团的碳排放管理机制，制定企业参与全国碳排放权交易市场的工作方案"。从以下几个方面可以看出，开展企业碳资产管理信息化平台是十分必要的。

① 基层单位分散化管理，将导致集团碳排放权管理整体效率低下，碳交易成本高，甚至可能导致国有资产流失。通过集中管理或半集中半分散式管理模式，形成统一管理归口是集团公司应对全国统一碳排放管控的必要手段。

② 目前我国碳市场治理结构存在国家-省市两级、发改委-行业-企业三重维度，如果集团不形成统一归口，很难形成话语权，会因受制于多个管理部门角色与视角差异，陷于被动；反之，如果集团形成统一管理归口，可以在政策倾斜和应对碳交易市场风险时形成有利局面。

③ 从国际与国内碳交易试点经验来看，形成统一的交易管理归口，统一制定策略，才能形成市场主导地位，确保在市场定价中不被动，且有能力实现自身经营预期。

④ 如果不形成"数据-定价-技术-资本"四位一体的局面，集团就很难对既定节能降碳目标形成推动作用，也无法充分利用碳市场以及其他相关政策带来的机遇，并应对政策形成的压力和挑战。

3.3.2 开展企业碳资产管理信息化平台的工作要点

（1）建立集团碳交易管理体系并统筹管理碳指标

借鉴 EU ETS 及国内碳交易试点的交易管理实践经验，通过集团层面统一开展碳交易业务，同时指导下属企业完成碳排放履约，可以发挥规模优势，实现盈利或降低履约成本，同时实现低成本减排，并通过碳市场的妥善管理获得盈利。因此，大型国有集团公司在实现集团碳资产统一规划和管理的基础上，更重要的是能够将自身碳资产在碳市场中实现最大限度的增值，以有效降低履约和交易带来的市场风险。

（2）中国核证自愿减排量（CCER）的开发与使用

大型国有集团公司应合理制定风电、光伏等可再生能源项目开发规划和进展，并统一规划 CCER 项目开发规模和进度，优先满足下属排放企业需求，兼顾目标市场碳交易经营需要。针对下属排放单位配额盈缺情况，确定需求与履约方案，根据市场价格趋势决定集团下属 CCER 项目和外购 CCER 数量配置。

（3）借助碳金融工具，支撑集团相关业务发展

结合可行的碳金融工具（如质押、回购、大型减排项目债券融资、碳资产证券化、期货等），探索适合集团的碳金融发展模式，评估企业节能降碳、参与碳交易资金需求，确定资金机制与规模，最大限度发挥集团碳资产的金融属性，创造资金价值。

（4）企业开展碳资产管理信息化平台的目标

企业借助信息化平台开展碳排放权指标交易管理的目标基于可靠的碳管理软件系统实施集团公司碳排放权管理，替代低效的逐级填表上报方式，可以大大提高企业内部碳排放/减排的精细化管理水平，对集团公司内部历年基准碳排放摸底统计和未来的碳资产管理能力均有重要价值。

3.3.3　企业碳资产管理信息化平台功能

（1）控排单位（高碳）碳排放数据管理

① 监测跟踪。从不同维度（年、月、分公司、行业、地区）对集团内下属控排单位的碳排放数据进行监测跟踪，并可导入历史数据、生产计划、减排方案等实现数据的统一精准管理。

② 月度数据填报与审核。根据集团内部精细化管理需求，进行月度数据管理，方便管理回溯，标记配额缺口，挖掘改善空间。对未按时上交的企业进行催报，同时进行数据的审核与交叉验证，如发现可疑数据，及时整改。

③ 数据的统计与分析管理。对控排单位的日、月、年数据进行统计和分析，形成年度碳排放报表，进行碳排放数据的报告与披露。同时集团内部可进行对标管理和分析，根据控排单位碳排放数据库进行管理，对每阶段的碳排放情况进行分析，将碳排放单位每阶段（按日或月）的煤耗、电耗、油耗、气耗、水耗做成曲线图，分析走势，归纳总结，作为控排单位制定节能降碳的数据基础。

（2）减排单位（低碳）碳排放数据管理

对于集团公司来说，除了控排单位，还有可能包括减排单位。例如华电国际既有火电单位，也有众多风电、光伏等可再生能源单位。可对减排单位的生产数据进行按月收集和监测跟踪，统一规划 CCER 项目的开发和减排量备案，以便实现对抵消额的统筹管理。

（3）碳排放权指标分配量预测与仓位预警

根据控排单位各时期碳排放规律和碳排放趋势的分析，结合配额分配方案进行全年配额

盈缺分析，当可能出现空仓时予以分级预警提示，并记录、报告预警，便于集团公司制定进一步应对措施和策略。

（4）碳排放指标和抵消额的统筹管理

集团内部的碳排放权指标流转以及 CCER 抵消额的优先使用，可大大降低集团总体的履约成本。开发内部碳交易管理界面，用于内部买、卖需求的申报及撮合，可有效避免信息不对称，同时也降低了手动管理的沟通成本及工作量。系统可根据集团配额及 CCER 碳资产分布情况，为每个控排企业计算出最优化的 CCER 使用和配额交易方案。

（5）跟踪政策信息及市场价格

建立信息汇总平台，跟踪碳市场最新政策动向、市场行情，便于集团层面及下属单位能及时跟进当前市场走势、实时更新最新政策，规避由于市场和政策信息滞后可能导致的风险。

3.3.4　企业碳资产管理信息化现状

我国政府高度重视应对气候变化工作，积极履行大国责任。建立全国碳排放权交易市场，是落实减排行动的重要抓手，是利用市场机制促进温室气体减排的一项重大制度创新。在碳排放权交易体系下，通过实行温室气体排放总量控制和配额管理制度，同时允许碳排放配额的自由交易，使得企业的排放权被赋予了价值，企业的排放配额就具有了资产属性，成为企业的"碳资产"，此外，企业所拥有的经核证的自愿减排量也成为企业碳资产的一部分。

3.3.4.1　企业碳资产管理现状

当前，许多拟纳入全国碳市场的大型集团企业已积极着手开展碳排放管理架构的相关建设，例如大唐、华能、华电、神华、国电等大型发电集团公司，均建立了集团的碳排放管理机制，将旗下下属企业的碳排放进行统一管理，统一开展排放核算、核查等相关工作。由被动应对行政要求到主动布局企业的碳资产管理，有利于企业规避碳交易风险，提高企业在碳市场中的竞争力。其余大多数控排企业对碳资产多实施分散化、非专业化的管理，不但增加了企业的行政管理负担，同时更不利于企业积极应对碳交易市场的不确定性和政策变化。

3.3.4.2　企业碳资产信息化管理现状

在碳排放管理的信息化方面，国内目前较为常见的碳排放报告平台多由国家级或省级碳排放主管部门用于报送拟纳入全国碳排放权交易市场的企业的数据报送工作，如很多省开发的省级企业温室气体排放报告和核查信息平台等。针对企业内部使用的碳资产管理平台，有少数企业进行尝试，但由于开发成本较高、市场化水平低等因素，尚未大规模开发与应用。

近年来，国内外涌现出许多碳资产管理或清洁技术服务公司，它们着手开发了形式多样的碳资产管理软件，用来取代低效率的手动碳排放量化与分析过程，可实现的功能主要包括碳排放活动数据的监测与记录、碳排放核算、碳排放报告的生成、碳排放情况的基本分析等。这些管理软件主要起到提供企业碳排放数据、摸底碳排放量的作用，以便企业进行碳排放数据管理。市场中目前可见的软件支持的功能各有不同，尚没有一套成熟的软件或平台可以完全做到碳资产的全链条管理，即从碳排放数据的实时监测、碳排放的报告与核查、配额分配与交易到最终实现碳资产的优化资源配置与保值、增值，甚至与主管部门的管理平台相连接。

随着碳排放权交易市场从区域性试点转变为全国性市场，企业对于碳资产管理水平的要求在日益提高。未来的碳资产管理软件应满足企业的实际需求，在现有的碳排放核算的基础上，向上、下两个方向完善功能模块，让软件既能实现上游的碳排放活动数据的实时监测，也能在下游让企业对核算数据加以分析利用，以帮助企业实现碳减排目标和碳资产的保值与增值。

3.3.5　建立企业碳资产管理信息化平台的现实意义

大型集团企业多涉及多个高耗能、高排放和国家严格控制的产业，除已被纳入全国碳市场的电力企业之外，未来碳市场的纳入行业范围还将进一步扩大。因此，大型集团企业需要尽早着手加强碳资产管理能力建设，采用高效化、信息化、规范化的手段，提升对企业碳资产的管理能力。建立碳资产管理信息化平台具有以下现实意义。

① 通过建设碳资产管理信息化平台，能够实现相关数据的精细化、集中化、专业化管理，满足国家碳排放数据报告与核查要求，降低数据收集、填报、报告编制等成本，提高管理效率。

② 通过实时掌握企业的碳排放/碳减排量相关数据，可为配额预测、申诉与变更提供数据支持，同时通过对平台数据进行挖掘分析，有助于集团企业合理制定交易策略，规避碳市场风险，在碳市场中处于有利位置。

③ 碳排放和相关能耗数据能够反映企业碳排放和能耗特征，可为企业开展节能减排项目、挖掘碳减排潜力提供数据支撑。

④ 建立温室气体排放管理制度体系，一方面完善企业内部温室气体排放基础统计和信息集成、设立标准化的碳排放监测报告流程和碳资产管理办法，另一方面也可以帮助集团企业有效经营和管理企业碳资产、预防或降低政策风险冲击。

⑤ 通过建设碳资产管理信息化平台，可加快培育和提高企业的低碳意识，推进落实节能减碳措施，强化减排社会责任，提升集团社会形象，推进大型集团企业朝着高效、集约、低碳化方向发展。

3.3.6　企业碳资产管理信息化平台的设计思路

在进行集团企业碳资产管理信息化平台的设计时，首先应对集团及下属企业的信息化现状进行充分调研，了解数据现状，充分利用现有信息化基础，在此基础上围绕碳资产管理的工作需要，设计平台的逻辑架构与功能模块，并建设与平台相配套的管理制度。集团企业碳资产管理信息化平台设计路线如图 3-4 所示。

① 开展数据现状调查与需求分析。对集团企业旗下各控排企业以及温室气体减排项目现有的数据统计现状进行调研，根据全国碳市场碳排放核算、报告与核查以及温室气体自愿减排项目对于数据来源、监测频次、数据质量的要求，提出相关企业和项目进行碳排放量或减排量核算所需的活动水平和排放因子数据需求，并分析现有的分散控制系统、能源统计系统、环保统计系统等数据统计和采集系统中数据是否能够满足相关要求，同时需分析企业对于原料、燃料、产品等物料的分析测试项目、频次、方法、标准能否满足相关要求。

② 完善数据采集系统。将现有的分散控制系统（DCS）、管理信息系统（MIS）等数据统计和采集系统中符合全国碳市场数据要求的相关数据进行提取，并通过适宜技术途径传输和接入平台。重点研究缺失数据、不符合要求数据的替代解决方案，对于此类数据，需补充安装相应的计量、监测装置以及数据采集装置，以实现数据的自动采集与传输。对于企业各

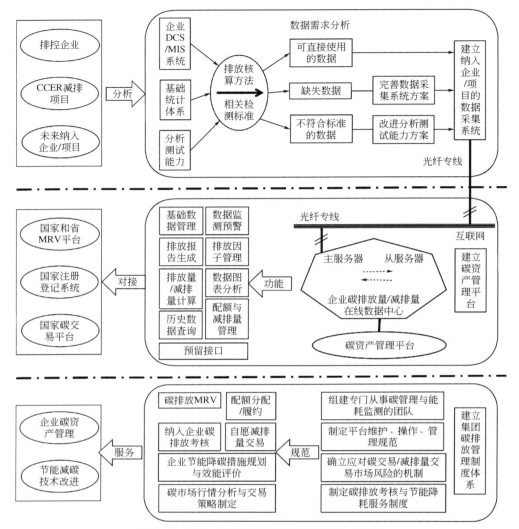

图 3-4　集团企业碳资产管理信息化平台设计路线图

类物料的分析测试数据，满足全国碳市场相关要求的可直接采用，若不满足相关要求，则需对测试项目、频次、方法、标准等根据要求进行调整。

③ 平台构架、用户界面及操作功能设计。根据集团企业开展碳资产管理工作的实际需求，基于建立从数据收集到碳资产保值、增值的全链条管理目标，搭建平台的总体构架与主要功能模块，设计用户界面与各界面的操作逻辑，实现操作运营管理的流程化、规范化、简单化。平台的主要功能模块如图 3-5 所示。

④ 平台软硬件系统建设。根据平台各项功能需求、存储需求以及安全需求，开发平台软件系统，分析相关硬件需求，搭建平台硬件设施。在软件系统开发过程中，应着重注意各功能模块之间的内在联系与操作逻辑，在确保逻辑准确清晰、操作流程合理的前提下，尽量做到操作界面的简洁友好，尽量提升平台的易用性，降低学习成本。在硬件建设方面，在确保数据和系统安全的前提下，应充分利用现有设备，挖掘现有设备潜力，避免重复投资，必要时应增加相应的网络安全设备，确保数据安全。

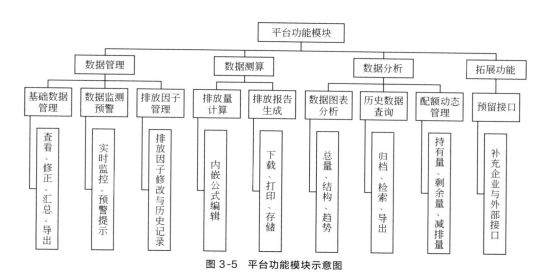

图 3-5　平台功能模块示意图

⑤ 建设相应的碳资产管理制度体系。要充分发挥碳资产管理平台的作用，必须配置专业的平台管理人员，并建设相应的碳资产管理制度体系，以制度来规范平台的管理与运营。组建专门的工作团队负责相关事宜，明确数据采集与预警监控、碳排放核算报告与核查、配额分配与履约、碳市场行情分析与交易策略制定、自愿减排量交易等各项分工，针对各项工作任务制定明确的操作规程，建立一套规范的集团碳资产管理制度体系，确保碳资产管理工作有章可循。

3.4　CCER 项目开发及模式

3.4.1　CCER 项目简介

核证减排量（CER）是清洁发展机制（CDM）中的特定用语，指联合国 CDM 执行理事会向实施清洁发展机制项目的企业颁发的经过指定经营实体美国能源部（DOE）核查证实的温室气体减排量。只有联合国向企业颁发了 CER 证书之后，减排指标 CER 才能在国际碳市场上交易。

中国核证自愿减排量（Chinese certified emission reduction，CCER），是指对我国境内特定项目（可再生能源、林业碳汇、CH_4 利用等项目）的温室气体减排效果进行量化核证，并在国家温室气体自愿减排交易注册登记系统中登记的温室气体减排量。不仅仅包括经联合国 CDM 执行理事会注册的在中国的 CER 项目，也可以是通过国家发展和改革委员会注册却未通过联合国 CDM 执行理事会注册的 CER 项目，国家可以给 CCER 项目以信用保证。CCER 类似于 CDM，两者的区别在于前者是在国内市场卖减排量，后者是在国际市场卖减排量。

如同于 CER 是通过 DOE 认证、CDM 项目进行注册，CCER 也是通过国家发展和改革委员会批准的审定与核证机构进行注册通过的。目前通过注册的审定与核证机构国内有 9 家，分别是：中国质量认证中心、广州赛宝认证中心服务有限公司、中环联合（北京）认证中心有限公司、生态环境部对外合作与交流中心、中国船级社质量认证公司、北京中创碳投科技有限公司、中国农业科学院、深圳华测国际认证有限公司、中国林业科学研究院林业科技信息研究所。

CCER 交易是我国试点碳市场建设的重要内容，7 个试点碳市场均将 CCER 交易作为碳排放权交易的重要补充形式，用于排放权配额的抵消，并对用于配额抵消的 CCER 做出了具体限定。通过 CCER 完成减排任务的比例在 5%～10%。随着我国碳交易试点工作的进一步深化，基于 CCER 的碳金融衍生品逐渐成为各方关注的焦点。

根据《温室气体自愿减排交易管理暂行办法》第十三条，申请备案的 CCER 项目应于 2005 年 2 月 16 日之后开工建设，且属于以下任一类别：①采用国家主管部门备案的方法学开发的减排项目；②获得国家发改委批准作为 CDM 项目，但未在联合国 CDM 执行理事会注册的项目；③获得国家发改委批准作为 CDM 项目且在联合国 CDM 执行理事会注册前就已经产生减排量的项目；④在联合国 CDM 执行理事会注册但减排量未获得签发的项目。

3.4.1.1　CCER 的特点

温室气体自愿减排项目经由国家发展和改革委员会按照严格的程序核证后产生 CCER，此后 CCER 就固化为碳资产，作为碳资产，CCER 具有许多显著特点。

（1）CCER 是具有国家公信力的碳资产

CCER 是按照国家统一的温室气体自愿减排方法学并经过一系列严格的程序，包括项目备案、项目开发前期评估、项目监测、减排量核查与核证等，将温室气体自愿减排项目产生的减排量经国家发展和改革委员会备案后产生的，因此，CCER 是国家权威机构核证的碳资产，国家公信力强。

（2）CCER 是消除了地区和行业差异性的碳资产

尽管温室气体自愿减排项目来自中国 30 余个地区，覆盖新能源和可再生能源等七大领域和不同行业，但是温室气体自愿减排项目产生的减排量备案成为 CCER 后，CCER 就不再体现地区差异性和行业差异性，即来源于不同温室气体自愿减排项目的 CCER 是同质的、等价的碳资产。

（3）CCER 是多元化的碳资产

① CCER 来源多元化。产生 CCER 的温室气体自愿减排项目既可以是按照温室气体自愿减排方法学开发的，也可以源于可转化为温室气体自愿减排项目的三类 pre-CDM 项目，而且温室气体自愿减排项目覆盖领域广、覆盖温室气体种类多。

② CCER 用途多元化。既可以用于交易，也可以用于企业实现社会责任、碳中和、市场营销和品牌建设等。

③ CCER 交易方式多元化。CCER 交易不依赖法律强制进行，不仅可以场内交易，还可以场外交易，既可以现货交易，还可以发展为期货等碳金融产品交易。

（4）CCER 是同时体现减排和节能成效的碳资产

多数温室气体自愿减排项目通过减少能源消耗实现减少温室气体排放，具有减排和节能一举两得的功效，因此，CCER 实质上是减排和节能的联合载体，既是碳资产，又蕴含着节能量。

3.4.1.2　CCER 项目开发流程

CCER 项目的开发流程在很大程度上沿袭了 CDM 项目的框架和思路，主要包括设计项目文件、项目审定、项目备案、项目实施与监测、减排量核查与核证、减排量签发等步骤。

（1）设计项目文件

设计项目文件是 CCER 项目开发的起点。PDD 是申请 CCER 项目的必要依据，是体现项目合格性并进一步计算与核证减排量的重要参考。PDD 的编写需要依据从国家发展和改革委员会网站上获取的最新格式和填写指南，审定机构同时对提交的 PDD 的完整性进行审定。PDD 可以由项目业主自行撰写，也可由咨询机构协助项目业主完成。

（2）项目审定程序

项目业主提交 CCER 项目的备案申请材料后，需经过审定程序才能够在国家主管部门进行备案。审定程序主要包括准备、实施、报告三个阶段，具体包括合同签订、审定准备、PDD 公示、文件评审、现场访问、审定报告的编写及内部评审、审定报告的交付并上传至国家发展和改革委员会网站 7 个步骤。国家主管部门接到项目备案申请材料后，首先会委托专家进行评估，评估时间不超过 30 个工作日，然后主管部门对备案项目进行审查，审查时间不超过 30 个工作日（不含专家评估时间）。

（3）减排量核证程序

经备案的 CCER 项目产生减排量后，项目业主在向国家主管部门申请减排量签发前，应经由国家主管部门备案的核证机构核证，并出具减排量核证报告。核证程序主要包括准备、实施、报告三个阶段，具体包括合同签订、核证准备、监测报告公示、文件评审、现场访问、核证报告的编写及内部评审、核证报告的交付并上传至国家发展和改革委员会网站 7 个步骤。

项目业主申请减排量备案须提交以下材料：减排量备案申请函、监测报告和减排量核证报告。监测报告是记录减排项目数据管理、质量保证和控制程序的重要依据，是项目活动产生的减排量在事后可报告、可核证的重要保证。监测报告可由项目业主编制，或由项目业主委托咨询机构编制。国家主管部门接到减排量签发申请材料后，首先会委托专家进行技术评估，评估时间不超过 30 个工作日，然后主管部门对减排量备案申请进行审查，审查时间不超过 30 个工作日（不含专家评估时间）。

一个 CCER 项目从初期开发到最终投入市场交易，其完整的流程、各方参与机构的分工如图 3-6 所示。

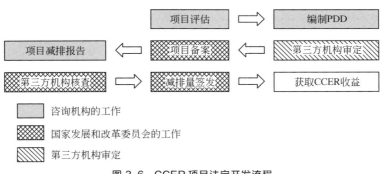

图 3-6　CCER 项目法定开发流程

3.4.2　CCER 在中国的交易情况

3.4.2.1　CCER 项目进展

在 CDM 项目发展受限的背景下，我国建立了国内的自愿减排碳信用交易市场。国家发展改革委于 2012 年印发《温室气体自愿减排交易管理暂行办法》《温室气体自愿减排项目审定与核证指南》两大关键文件，国内的减排项目重启在国内的注册。自愿减排交易信息平台

2015 年上线，CCER 开始进入交易阶段，截至 2016 年 12 月 13 日，平台累计公示 CCER 审定项目 2651 个，与上期相比新增 114 个，全部为第一类 CCER 项目。

2021 年 4 月，国家发改委公示 CCER 审定项目累计达到 2871 个，备案项目 1047 个，获得减排量备案项目 287 个。获得减排量备案的项目中挂网公示 254 个。从项目类型看，风电、光伏、农村户用沼气、水电等项目较多，其中风电和光伏发电两类项目的占比超过总项目的 60%，远高于其他项目技术类型。这不仅说明与这两类项目的潜在项目数量密切相关，更说明这些项目 CCER 开发相关的技术非常成熟。

3.4.2.2　CCER 项目的核心机制

CCER 项目具有四大核心机制。

（1）签发流程与参与方

CCER 项目包括项目识别、项目审定、项目备案与登记、减排量备案、上市交易及最终注销六个阶段。其中，从项目公示开始到登记注销，CCER 项目与第三方机构的互动主要有出具审定报告、技术评估、核证报告等。而最终一个 CCER 项目会产生项目文件、审定报告、监测报告和核证报告四个文件。

图 3-7 为 CCER 项目备案流程。对同一 CCER 项目，项目备案只需发生一次，而减排量备案则会因为所产生 CCER 的时段不同发生多次。完成减排量备案的 CCER，就会进入项目业主的国家自愿减排和排放权注册交易登记账户。表 3-2 为 CCER 项目备案参与方及职责。

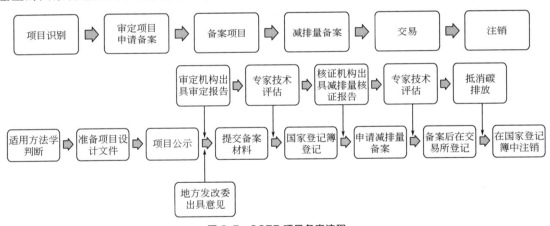

图 3-7　CCER 项目备案流程

表 3-2　CCER 项目备案参与方及职责

参与方	相关职责
项目业主	项目的实施与监测
咨询机构	协助业主编制项目设计文件及监测报告
审定与核证机构（第三方机构）	实施项目的审定与核证
省级（国家）发改部门	初审备案申请材料的完整性和真实性
国家主管机构	作为最高决策机构,制定实施细则,备案方法学、审定与核证机构、碳保交易机构、批准项目备案及减排量签发

（2）减排量计算与方法学

CCER 项目的减排量采用基准法计算，其基本的思路是：假设在没有该 CCER 项目的情况下，提供同样的服务，最可能建设的其他项目所带来的温室气体排放，减去有 CCER 项目的温室气体排放量和泄漏量。这个减排量经核证机构的核证后，进行减排量备案即可交易。

对于每个 CCER 项目来说，基准线研究和核准是实施的关键环节。计算基准线所采用的方法学不仅必须得到国家发改委的批准，而且基准线需要得到指定经营实体的核实。

不同的项目使用的方法学不同。对于提高能效项目来说，基准线的计算需要对现有设备的性能进行测量；对于可再生能源项目来说，基准线计算可以参照项目所处地区最有可能的替代项目的排放量。目前我国使用率前 10 的已备案 CCER 项目方法学见表 3-3。

表 3-3　我国使用率前 10 的已备案 CCER 项目方法学

领域	CCER 方法学编号	CDM 方法学编号	中文名称
可再生能源发电	CM-001-V01	ACM0002	可再生能源联网发电
CH₄ 回收利用	CMS-026-V01	AMS-Ⅲ.R	家庭或小农场农业活动甲烷回收
固体废物处理	CM-072-V01	ACM0022	多选垃圾处理方式
可再生能源发电	CMS-002-V01	AMS-I.D.	联网的可再生能源发电
造林碳汇	AR-CM-001-V01		碳汇造林项目方法学
工业废气处理	CM-003-V01	ACM0008	回收煤层气、煤矿瓦斯和通风瓦斯用于发电、动力、供热和/或通过火炬或无焰氧化分解
生物质能利用	CM-092-V01	ACM0018	纯发电厂利用生物废弃物发电
热电联产	CM-075-V01	ACM0006	生物质废弃物热电联产项目
废能减排	CM-005-V01	ACM0012	通过废能回收减排温室气体
固体废物处理	CM-077-V01	ACM0001	垃圾填埋气项目

（3）项目计入期

CCER 项目的减排量会随技术进步、产业结构、能源构成和政策等因素的变化而变化，从而给 CCER 项目投资和减排效益带来种种不确定性和风险，事先难以界定。为此，《温室气体自愿减排项目审定与核证指南》规定项目参与者可从固定计入期和可更新计入期中选择其一。

① 固定计入期。项目活动的减排额计入期期限和起始日期只能一次性确定，即一旦该项目活动完成登记后就不能更新或延长。在这种情况下，一项拟议的 CDM 项目活动的计入期最长可为 10 年。

② 可更新计入期。一个单一的计入期最长可为 7 年。这一计入期最多可更新两次（即最长为 21 年），条件是每次更新时指定的经营实体确认原项目基准线仍然有效或者已经根据适用的新数据加以更新，并通知执行理事会。第一个计入期的起始日期和期限须在项目登记之前确定。

此外，已经在联合国 CDM 下注册的减排项目可选择补充计入期，补充计入期从项目运行之日起开始（但不早于 2005 年 2 月 16 日）并截止到 CDM 计入期开始时间。

不同项目选择计入期的方式不同。如图 3-8 所示，垃圾焚烧项目一般使用固定计入期和可更新计入期，使用补充计入期较少；秸秆发电项目则一般使用可更新和补充计入期，比例相对均衡，较少使用固定计入期；光伏发电项目绝大部分选择可更新计入期；风力发电项目大部分使用可更新计入期，部分使用补充计入期。

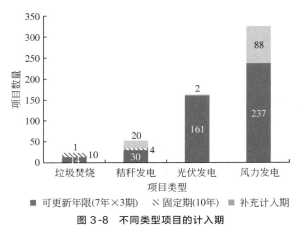

图 3-8 不同类型项目的计入期

（4）抵消机制

我国各省市交易所试点主管部门对 CCER 制定了相应的抵消机制，针对项目类型、项目地点以及项目时间均作了不同规定，见表 3-4。

表 3-4 各省市交易所试点 CCER 抵消管理办法

交易地点	指标类型	地域规划	时间、类型限制
北京	CCER、节能项目碳减排量	京外 CCER 不得超过企业当年核发配额量的 2.5%，优先使用本市签署合作协议地区的 CCER	CCER、节能项目减排量于 2013 年 1 月 1 日后实际产生；碳汇项目于 2005 年 2 月 16 日后开始实施
天津	CCER	优先使用京津冀地区产生的减排量	2013 年 1 月 1 日后实际产生的减排量，不包括水电项目
上海	CCER	无	2013 年 1 月 1 日后实际产生
重庆	CCER	无	2010 年 12 月 31 日后投入运行（碳汇项目不受限制），不包括水电项目
湖北	CCER	湖北省内项目；合作省市项目(CCER 年度用于抵消量不高于 5 万吨)	非大、中型水电项目
广东	CCER、省级碳普惠核证减排量（PHCER）	70% 以上的 CCER 来自广东省内项目	CO_2、CH_4 占 50%，不包括水电、化石能源发电和利用项目
深圳	CCER	无	无
福建	CCER、经省碳交办备案的 FFCER	本省行政区内产生	2005 年 2 月 16 日之后开工建设。仅来自 CO_2、CH_4 气体的项目减排量，不包括水电项目

　　根据 2021 年 2 月 1 日起实施的《碳排放权交易管理办法（试行）》第 29 条作出规定，即在全国碳交易系统中，重点排放单位每年可以使用 CCER 抵消碳排放配额的清缴，抵消比例不得超过应清缴碳排放配额的 5%。用于抵消的 CCER，不得来自纳入全国碳排放权交易市场配额管理的减排项目（即额外性）。

3.4.2.3　CCER 项目的交易概况

（1）项目类型

　　从已完成减排量备案的 254 个项目来看，按项目数量统计，风电项目占比 35%，位居第一，光伏发电、农村户用沼气和水电项目比例相对较大，剩余项目类型占比较小；按减排量统计，水电以占比 25% 的减排量超过占比 24% 的风电，农村户用沼气和天然气发电的占比均超过 10%，如图 3-9、图 3-10 所示。

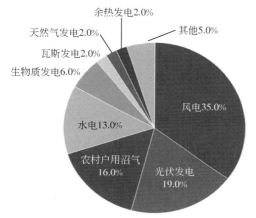

图 3-9　减排量备案项目按项目数量计算的各类型比例

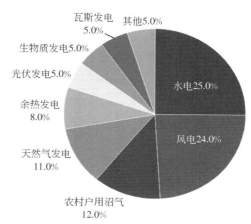

图 3-10　减排量备案项目按减排量计算的各类型比例

　　从已完成备案的 861 个项目来看，按项目数量统计，风电项目占比 37.7%，光伏发电、沼气发电比例较大；按减排量统计，风电项目减排量最多，其次是水电项目，其余项目类型减排量所占比例相对均衡，如图 3-11、图 3-12 所示。

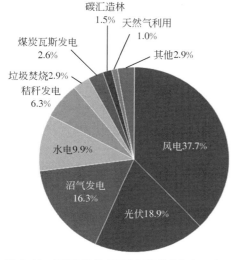

图 3-11　备案项目按项目数量计算的各类型比例

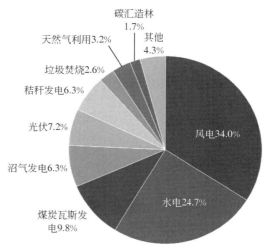

图 3-12　备案项目按减排量计算的各类型比例

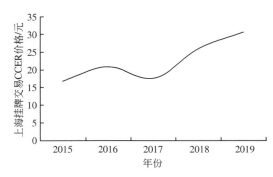

图 3-13　上海环境交易所 CCER 价格走势

（2）交易情况

从上海环境交易所的数据来看，CCER 的挂牌价格虽然中期偶有波动，但整体从 2015 年的 16~20 元涨到 2019 年的 25~30 元（图 3-13）。但挂牌价格的上涨并不意味着 CCER 价格上涨，原因是有大量的 CCER 是协议价成交，其成交价格大大低于挂牌交易价格。

截至 2021 年 3 月，全国 CCER 累计成交 2.8 亿吨。其中上海 CCER 累计成交量持续领先，占比 41%，超过 1.1 亿吨；排名第二的广东占比 21%；北京、天津、深圳、四川、福建的占比在 5%~9%，CCER 累计成交量在 1200 万~2600 万吨；湖北市场交易量占比约 3%，不足 800 万吨，重庆市场累计成交量占比很小，仅 49 万吨，如图 3-14 所示。

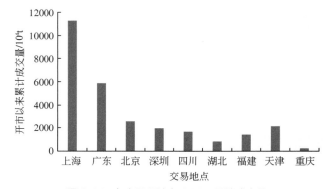

图 3-14　各交易所试点 CCER 累计成交量

综上所述，CCER 项目的核心机制与过往交易情况见表 3-5。

表 3-5　CCER 项目的核心机制与过往交易情况

机制	具体情况
温室气体范围	二氧化碳(CO_2)、甲烷(CH_4)、氧化亚氮(N_2O)、氢氟烃(HFCs)、全氟碳化合物(PFCs)和六氟化硫(SF_6)六种温室气体
CCER 签发流程	六个阶段：项目识别、审定项目及申请备案、进行项目备案并登记、进行减排量备案、上市交易及最终注销。四个文件：项目文件、审定报告、监测报告和核证报告
参与方	项目业主、咨询机构、审定与核证机构（第三方机构）、省级（国家）发改部门、国家主管机构
减排量计算	采用基准法计算，基本思路：假设在没有该 CCER 项目的情况下，为了提供同样的服务，最可能建设的其他项目所带来的温室气体排放（BEy，基准线减排量），减去该 CCER 项目的温室气体排放量（PEy）和泄漏量（LEy）。公式：$ERy=BEy-PEy-LEy$

续表

机制	具体情况
计入期	项目可以产生减排量的最长时间期限称为计入期；包括固定计入期（10年）、可更新计入期（3 期×7 年）以及补充计入期。不同项目选择计入期的方式往往不同。光伏发电、风力发电项目大部分使用可更新计入期
抵消机制	根据《碳排放权交易管理办法（试行）》，重点排放单位每年可以使用国家核证自愿减排量抵消碳排放配额的清缴，抵消比例不得超过应清缴碳排放配额的 5%。此前，各交易所试点对于 CCER 的抵消机制存在差别，各省市主管部门分别制定了相应的抵消管理办法，对项目类别、项目地点与减排气体等均做了不同的限制
项目类型	完成备案的 861 个项目中，按项目数量计算，风电项目占项目总数的 37.7%，光伏发电、沼气发电比例较大；按减排量计算，风电项目减排量最多，其次是水电项目，其余项目类型减排量所占比例相对均衡
交易情况	上海环境交易所数据显示，CCER 的价格从 2015 年的 16～20 元涨到 2019 年的 25～30 元，但是较多的 CCER 通过协议价成交，价格相对较低。截至 2021 年 3 月，全国 CCER 累计成交 2.8 亿吨。其中上海 CCER 累计成交量领跑，超过 1.1 亿吨，占比 41%

3.4.2.4　CCER 面临的挑战及应对措施

健康、有序的 CCER 交易是配额交易的一项重要补充。目前，我国已形成初具规模、潜力巨大的 CCER 交易市场，但随着 CCER 交易市场的快速发展，CCER 也暴露出了一些问题。

（1）CCER 供需存在不平衡

CCER 市场需求除自愿减排交易外，主要用于碳市场碳排放权履约。由于近年来我国经济不断发展，加之配额分配方法学的固有缺陷以及排放数据基础薄弱，各试点碳市场不同程度存在配额分配宽松现象，导致 7 个试点碳市场均未出现 CCER 供不应求现象，反而供大于求。针对这一问题，必须从加强调控 CCER 备案管理和交易监管等方面入手，推动 CCER 交易的健康发展。目前，国家主管部门正在修订《温室气体自愿减排交易管理暂行办法》和《温室气体自愿减排项目审定与核证指南》，并且还出台一系列关于温室气体自愿减排项目和减排量备案评估与管理工作的规章，从而加强备案事前管理和事后监管、简化备案流程、缩短备案时间、调控 CCER 总量和分布、提高 CCER 质量。

（2）CCER 交易不透明

CCER 交易信息，特别是交易价格的不完全透明，不仅不利于分析判断 CCER 供求趋势和价格变化，不利于监管 CCER 交易、识别交易风险，反而由 CCER 交易风险引发配额交易风险的概率增大，不正常的 CCER 交易可能会导致配额交易市场失灵，直接冲击碳排放权交易机制的减排成效。针对这一问题，借鉴证券交易构建 CCER 交易信息披露制度，如建立直通的 CCER 交易信息披露平台。此外，交易各方还应主动、及时、准确、完整地公开非商业机密交易信息，定期发布交易信息报告等，并加强媒体对交易信息的披露作用。在此基础上，强化主管部门应依法严格监管，建立社会征信系统。同时，以全国碳市场建设为契机，结合全国碳市场风险机制建设要求，加强用于履约的 CCER 交易以及未来 CCER 金融衍生品交易的风险预警机制建设。

（3）CCER 等量但不同质

CCER 总量中占比较大的最大项目分别是风力发电、水力发电、生物质利用（10%），而来自造林和再造林、废弃物处置、交通运输、建筑行业项目的相对很少。针对这一问题，需加强 CCER 市场流通，制定合理的碳排放权履约抵消机制条件。CCER 具有国家公信力强、同质化、标准化、可分级（如分监测期、分项目）、市场潜力大等特性，满足开发为期货等多种金融衍生品的要求和可能性。适时将 CCER 与传统的金融产品嫁接起来，探索绿色融资渠道，发展为期货、绿色债券、信托、质押等金融产品，既有助于活跃 CCER 交易，为 CCER 交易创造商机和利润，降低履约成本，又有助于碳交易风险管理，形成 CCER 交易与配额交易的良性循环。另外，还应尝试将 CCER 交易与扶贫、低碳技术推广、减缓气候变化等国家重大战略政策相结合，通过 CCER 交易引导资金和技术流向。

3.4.2.5　CCER 的市场空间

根据《碳排放权交易管理办法（试行）》与生态环境部发布的《关于公开征求〈碳排放权交易管理暂行条例（草案修改稿）〉意见的通知》，全国碳市场背景下允许使用的 CCER 类型包括可再生能源、林业碳汇和 CH_4 利用三种。

可再生能源是指由风能、太阳能、水能、生物质能、地热能、海洋能等供电和/或供热的项目。实际上，2020 年前可再生能源项目大约占总开发比例的 70%，可以预见，可再生能源项目仍将是今后 CCER 项目大户。

林业碳汇是根据植物碳汇功能开发的 CCER 项目，由于其存在开发技术复杂和开发周期长的问题，2020 年前碳汇项目仅占所有项目比例的 3%。未来，随着符合规定的 CCER 类型的减少，林业碳汇项目极有可能成为 CCER 开发的热点。

CH_4 利用作为一个单独的种类，狭义地说，CH_4 利用项目可能以农村户用沼气类项目为重点。广义地说，CH_4 利用可能包括煤层气/瓦斯利用、垃圾填埋气利用、工业废水/生活污水处理、养殖粪便处理/垃圾堆肥、农村户用沼气等项目。

以电力行业为例，年度排放量大约为 40 亿吨的体量，以重点排放单位可使用其排放量 5% 的 CCER 清缴来算，全国碳市场可使用的 CCER 规模年度上限将达 2 亿吨，CCER 还是具有极大的市场空间的。

3.5　国内外碳市场的现状与发展趋势

3.5.1　国外碳市场

欧盟碳排放交易市场于 2005 年 1 月正式启动，碳排放权成了全球范围的可交易商品。除欧盟委员会主导的 EU ETS 外，全球碳排放贸易还集中在英国排放贸易计划（UK ETS）、澳大利亚新南威尔士州的排放贸易计划（NSW ETS）以及美国芝加哥气候交易所（CCX）等。《京都议定书》生效后，国际社会对碳排放贸易的关注与参与热情日益升温，碳交易额持续上升。国际碳行动伙伴组织（ICAP）《2019 年全球碳市场进展报告》统计，目前全球 27 个不同级别的司法管辖区，包括 1 个超国家机构、4 个国家、15 个省和州以及 7 个城市，正在运行 20 个碳市场，占全球 GDP 的 37%，其碳市场所覆盖的排放占全球总排放量的

8%。此外，包括中国和墨西哥在内的 6 个司法管辖区计划在未来几年启动碳市场，包括智利、泰国和越南在内的 12 个司法管辖区正在考虑建立碳市场。

虽然全球碳市场规模不断扩大，但达成的效果仍然不够，碳价格仍处于较低水平。根据世界银行报告显示，2018 年碳市场所覆盖的全球碳排放量中，达到《巴黎协定》目标的占比不足 5%，即 CO_2 价格 40～80 美元/t，碳市场所覆盖的碳排放量中，仍有约一半 CO_2 价格在 10 美元/t 以下。

世界各国积极参与碳交易的同时，碳市场也为各国带来了以下不同层面的积极成果。

（1）环保方面

在环保方面，碳市场的实施为节能减排作出了切实可见的贡献。例如，自从 2005 年欧盟碳排放交易市场启动以来，欧盟 CO_2 的排放量呈现出波动下降的趋势，CO_2 排放量由 2004 年的 40.5 亿吨降至 2014 年的 32.4 亿吨，降幅达到 20.08%。再如，美国 RGGI 覆盖范围的碳排放量在 2009—2016 年间下降了 35%。又如，碳交易机制的作用下，英国 2018 年可再生能源发电量占发电总量的 35%，创下历史新高，而燃煤发电比例仅为 5%，创历史新低，同时 CO_2 排放量连续 6 年下降，达到了 1888 年以来的最低水平。

（2）财政收入方面

在财政收入方面，各国通过碳定价获得了可观的财政收入。据世界银行数据，2018 年各国政府从碳定价中取得了约 440 亿美元的收入，其中一半以上来自碳税。与 2017 年相比，碳定价收入增加了近 110 亿美元。各国政府会将碳市场获得的公共财政收入应用在不同领域，如将收入投资于其他控制温室气体排放的相关项目上，包括能源效用提升和可再生能源开发的项目上；或将收入用于补助弱势群体和低收入人群等社会公益事业上。

近年来，碳交易场外市场场内化的趋势明显，交易所的作用日益增大，碳期货、碳期权以及其他碳衍生品得到快速发展，国际上已形成多个碳排放权衍生品交易市场。以欧洲期货交易所和欧洲能源交易所为首，碳衍生品在 2018 年的交易活跃度激增，交易的名义价值从 2017 年同期的约 50 亿美元跃升至 2018 年一季度的约 250 亿美元。在场内市场里，欧洲期货交易所提供基于普通碳配额（EUA）、抵消机制中 CDM 碳配额（CER）、航空业碳配额（EUAA）等碳排放权的衍生品，已成为国际上流动性最高的碳排放权衍生品市场。

3.5.2 我国碳市场

3.5.2.1 我国碳交易市场的发展现状

根据国家发展和改革委员会应对气候变化司 2015 年发布的《关于推动建立全国碳排放权交易市场的基本情况和工作思路》的安排，全国碳排放市场建设按照总体设计、分步实施的原则，分为准备阶段、运行完善阶段和稳定深化阶段，见表 3-6。

表 3-6 全国统一碳市场建设阶段

阶段	时段	主要任务
准备阶段	2014—2015 年	争取早日出台国务院有关行政法规,同时,由相关部门出台配套规则、温室气体核算办法和技术标准等

续表

阶段	时段	主要任务
运行完善阶段	2016—2017 年	试运行阶段
	2017—2020 年	全面完善阶段
稳定深化阶段	2020 年之后	根据实际情况不断丰富交易产品和交易模式,逐步形成运行稳定的交易市场,同时探讨连接国际上其他碳市场的可能性

在第一段的前期准备阶段,国内 7 个碳交易试点地区中,5 个地区已经完成了 3 次履约,2 个地区完成了 2 次履约,所有试点地区都在不断地尝试中积累碳市场的运行经验,这些试点的经验价值体现在:一方面,积极的经验可以直接被全国碳市场采用;另一方面,被证明是错误的做法可以在后续全国碳市场建设中被规避。无论 7 个试点的经验能否被采用,它们对全国碳市场建设都具有积极价值。

截至 2016 年 12 月,纳入 7 个试点碳交易平台的排放企业和单位共有约 2729 家,分配的碳排放配额总量合计约 12 亿吨。根据 7 个试点交易所公布的数据,截至 2016 年 12 月 25 日,7 个试点 2016 年度碳市场配额交易总量约 4290 万吨,达成交易额约 7.8 亿元。虽然与 EU ETS 百亿吨交易量相比仍有不小的差距,但中国碳市场整体上已经成为全球第二大碳交易体系。

3.5.2.2　我国碳交易市场的特点

我国碳交易市场经过多年的发展,主要存在以下特点。

（1）由局部到整体——循序渐进

我国碳交易市场实行由局部发展到整体的模式,即由试点到全国。目前我国由 7 大交易试点发展至新增四川、福建两大全国非试点地区,已有 9 个拥有国家备案碳交易机构的省份以及 7 个碳交易试点。从行业覆盖范围方面,由个别行业扩展至各类行业,目前对于碳市场的管控正由发电行业扩展至化工、钢铁、石化等其他高排放企业。从实体范围上,有望实现由企业到个人的高覆盖。例如,企业方面,已有 1700 余家发电企业纳入碳排放权交易市场,涉及碳排放总量 30 多亿吨;个人方面,支付宝跨出了历史性的第一步,蚂蚁森林是个人碳账户平台的先行者,虽然还没有形成完整的交易体系,但未来可期。

（2）发电行业被首先纳入——先易后难

根据《全国碳排放权交易市场建设方案（发电行业）》的总体要求,发电行业被率先纳入全国统一碳交易市场有以下两点原因:其一,国家发改委坚持"成熟一个、纳入一个"的基本原则,发电行业相对成熟,且碳排放相关数据更全面,连续性更强;其二,发电行业的碳排放量相对较大,根据中国煤炭协会数据显示,2016 年中国煤炭消费 34.6 亿吨,其中中国电力行业的耗煤量占比超过了 50%,高达 18 亿吨。按照国家发改委 2016 年发布的《关于切实做好全国碳排放权交易市场启动重点工作的通知》,国家已经确立了化工、石化、建材、钢铁、有色金属、造纸、发电、航空这八大领域作为参与碳排放权交易的重点领域。未来随着碳排放交易市场的不断发展与完善,其他的高耗能、高排放行业也将会被逐渐纳入碳交易市场。

3.5.3　七省市交易试点市场概况

2011 年国家发改委办公厅发布了《关于开展碳排放权交易试点工作的通知》（以下简称

《通知》），正式批准了北京、上海、湖北、广东、重庆、天津、深圳七省市开展碳交易试点工作。自《通知》发布以来，七试点省市十分重视碳交易工作的开展，分别制定地方规章制度，建立交易系统，开发注册登记系统，分配相关排放配额，确定排放总量目标，确定纳入行业企业的覆盖范围，建立 MRV 制度，制定项目减排抵消规则，设立专门的管理机构，建立相关网站以及进行专业人员培训等一系列工作，以确保碳交易制度体系的健康发展与运行。

3.5.3.1　北京市碳排放权交易试点

2013 年 11 月，北京碳排放权交易正式启动，以北京环境交易所为交易平台，在立法、执法等很多方面做了创新和尝试。北京市碳排放权交易只针对 CO_2 一种温室气体，允许参与主体通过项目交易获取 CCER 抵消一定比例的配额。CCER 需经有资质的核证机构核定，并且是由国家发展和改革委员会备案的项目减排量，以 CO_2 的质量计，单位为 t/a。

北京市碳排放权交易主要针对行政区域内源于固定设施的排放。年 CO_2 直接排放量与间接排放量之和大于 1 万吨（含）的单位为重点排放单位，需履行年度控制 CO_2 排放责任，是参与碳排放权交易的主体；年综合能耗 2000t 标准煤（含）以上的其他单位可自愿参加，参照重点排放单位进行管理。符合条件的其他企业（单位）也可参与交易。北京市政府从以下三个方面提供政策引导和支持。

① 对节能减碳项目财政资金支持。积极参与碳排放权交易并按时履约的排放单位，在安排节能减排及环境保护、清洁生产等财政性专项资金时给予优先支持。

② 对金融机构对接服务支持。鼓励银行等金融机构运用节能收益权质押、能效融资、节能贷等新型金融产品，为碳排放权交易市场参与者提供灵活多样的金融产品和服务。

③ 对先进适应技术推介支持。通过政府购买服务等多种方式，为参与试点企业（单位）提供全方位的培训指导，提供节能减碳技术供需对接服务。加大宣传力度，塑造试点企业履行社会责任的良好形象，提高企业品牌价值。

按照北京市碳排放权交易相关规定履行 CO_2 排放控制责任，截至 2017 年 7 月 5 日，北京市碳排放权交易试点第四年度（2016 年）的报告和履约任务顺利结束，全市 945 家重点排放单位，年度履约率和报告率均达到 100%，重点排放单位加强碳排放管理、减少 CO_2 排放的自主性不断提高。碳排放权交易市场交易量和交易规模进一步扩大，截至 7 月 4 日，北京市碳市场排放配额累计成交量为 1886.99 万吨，累计成交额为 6.80 亿元，线上成交均价为 50.51 元/t。

3.5.3.2　天津市碳排放权交易试点

2013 年 2 月，天津市政府印发了《天津市碳排放权交易试点工作实施方案》，明确了天津市碳排放权交易试点的主要工作和实施路径。同时，天津市制定了碳排放权交易管理暂行办法，以地方政府规章形式规定了天津市碳交易的法制规范和基础制度。另外，该试点还研究制定温室气体排放量化报告、核查规范、碳排放交易监管实施细则等配套文件，加快建立多层次、总分结合的碳排放权交易制度体系。2013 年 12 月 26 日，天津市正式启动碳排放权交易，以天津排放权交易所为交易平台，交易品种为碳配额和 CCER。

配额发放按各行业历史排放水平确定，配额分配以免费发放为主、以拍卖或固定价格出售等有偿发放为辅。天津市碳排放权交易体系覆盖天津市行政辖区，计划管制行业包括钢铁、化工、电力、热力、石化、油气开采等重点排放行业和民用建筑；计划管制对象为

2009 年以来排放 CO_2 2 万吨以上的企业或单位。

总量目标设定和配额分配是天津市碳排放权交易试点工作的核心环节，也是区域试点特色的重要体现。天津市根据地区历史能源消费数据以及社会经济发展资料，综合考虑了城市未来产业结构调整、能源结构优化、技术进步、居民生活改善等多方面因素影响，利用宏观经济模型，在不同情景下对"十二五""十三五"期间全市 CO_2 排放水平进行了预测。在此基础上，天津市根据产业发展规划、能耗水平和能源强度下降目标、碳强度下降目标等因素，对碳排放交易体系覆盖范围"十二五"碳排放总量进行了测算，据此设定了碳排放交易体系配额总量。试点期间，实施配额免费分配。在免费分配方面，主要是考虑行业竞争力、能源利用效率、企业先期减排行动、行业基准线水平等因素，采用历史排放和基准线相结合的分配方法，确定合理的配额分配参数，开发相应的配额分配模型。最终通过上下结合的方式，实现总量目标对企业配额分配工作的指导。

3.5.3.3   上海市碳排放权交易试点

2013 年 11 月，上海市碳排放权交易试点工作正式启动，以上海环境能源交易所为交易平台，交易产品为碳配额和 CCER，覆盖 17 个行业、191 家企业，纳入碳交易体系的温室气体总量占到全市总量的 50% 以上。2013—2015 年试点阶段，钢铁、化工、宾馆等行业的 191 家企业通过市场购入或售出排放不足或多余的配额。

上海市试点借鉴国际经验和国家温室气体清单编制方法，结合上海实际情况，制定并正式发布了《上海市温室气体排放核算与报告指南》以及钢铁、电力、石化等 9 个分行业碳排放核算方法，初步建立了上海市碳排放报告和核算方法体系。

上海市规定的控排范围包括钢铁、石化、化工、有色金属、电力、建材、纺织、造纸、橡胶、化纤等工业行业年碳排放量 2 万吨及以上的企业和航空、港口、机场、铁路、商业、宾馆、金融等非工业行业年碳排放量 1 万吨及以上的企业。在此基础上，组织开展了试点企业碳排放初始报告及盘查工作，完成了试点企业 2009—2011 年碳排放的初始报告及盘查，为碳排放交易体系总量设定和配额分配工作打下了良好的基础。对于试点企业碳排放管理人员和责任部门，上海市碳排放权交易体系针对企业碳排放监测、报告、统计、核算和配额管理及交易等业务知识开展了不同层级的专项培训，以提高企业进行碳排放管理和参与试点工作的能力和水平。

上海市碳排放权交易体系根据上海市"十二五"期间 CO_2 排放强度约束性指标以及合理控制能源消费总量目标的要求，结合地区经济发展情况，自上而下地提出合理的配额总量范围，再依据企业初始盘查结果，考虑因纳入间接排放导致的重复计算等因素，通过自下而上的计算方法，基本确定了该市试点企业碳排放配额总量和各行业配额总量。配额分配遵循以历史排放为主、行业基准为辅的原则，考虑企业增长空间和先期减排行动，通过对盘查数据的汇总和分析，确定对该市的电力、航空两个行业采用行业基准法进行分配，对其他行业采取祖父法进行分配，并对祖父法中的历史排放数据选取、先期减排行动纳入比例和企业新项目配额取得等提出了基本方案。配额管理方面，实施年度履约机制；配额不可预借，可跨年度储存使用。建设碳抵消机制，接受中国核证自愿减排量作为管制对象碳排放抵消品，同时开展中国核证减排量交易。

3.5.3.4   重庆市碳排放权交易试点

2014 年 4 月 26 日，重庆市政府印发《重庆市碳排放权交易管理暂行办法》，2014 年

6 月 19 日，正式启动碳排放权交易，以重庆碳排放权交易中心为交易平台，交易产品主要包括配额、CCER 及其他依法批准的交易产品。重庆联合产权交易所是西部地区碳排放权交易的唯一平台。重庆联合产权交易所为买卖双方提供了 3 种申报方式。一是定价申报，即针对有买卖意向的企业，可指定一个单价及额度并在交易平台上发布邀约，对手企业可根据具体额度、价格确定是否交易；二是意向申报，即针对有买卖意向却不清楚价格的企业，可将售卖或采购需求发布到交易平台，对手企业发现后可以线下谈价；三是成交申报，即双方达成成交意向，再来重庆联合产权交易所交易平台成交。

重庆市碳排放权交易体系计划覆盖重庆市行政辖区电解铝、铁合金、电石、烧碱、水泥、钢铁 6 个高耗能行业；计划管制对象为年碳排放量 2 万吨及以上的工业企业，同时将年碳排放量在 1 万吨及以上的企业纳入报告范围，为逐步扩大碳排放权交易做准备。

重庆的配额分配方法是政府总量控制与企业竞争相结合，保证了公正性，具有独创性。重庆控排范围包括：2008—2012 年任一年度 CO_2 排放量达 2 万吨及以上的工业企业、自愿加入的碳排放单位及市政府指定的其他单位。配额分配方面，重庆市主要通过登记簿发放配额。

3.5.3.5 湖北省碳排放权交易试点

2013 年 2 月，湖北省政府批准了《湖北省碳排放权交易试点工作实施方案》，明确了湖北省碳排放权交易试点的主要工作和总体规划。湖北省碳排放权交易体系覆盖湖北省行政辖区，体系管制范围广，下辖市县较多且差异性较大，体系建设难度高。湖北省试点十分重视碳排放权交易体系的顶层制度设计，编制并出台了一系列规范性文件。

湖北省于 2014 年 4 月 2 日正式启动碳排放权交易，以湖北碳排放权交易中心为交易平台，交易品种主要包括碳排放权配额和省行政区域内产生的 CCER（含森林碳汇）。湖北控排范围纳入的企业门槛远高于其他 6 个试点。湖北将投资机构引入交易市场，同时允许个人投资者参加。这极大程度上刺激了湖北碳交易市场的活跃度，湖北也成为我国碳交易成交数额最大的试点。

湖北省规定的控排范围包括 2010 年、2011 年任一年综合能耗 6 万吨及以上的工业企业，涉及电力、钢铁、水泥、化工等 12 个行业。湖北省在试点期间，配额免费发放给纳入碳排放权交易试点的企业，并表示根据试点情况，适时探索配额有偿分配方式。

湖北省已顺利完成 2017 年碳排放履约工作，这是湖北省第三次完成碳排放履约工作，纳入碳排放配额管理的 236 家企业均已上缴与本企业 2016 年碳排放量相等的碳排放配额和/或 CCER，履约率连续三年达到 100%，纳入企业总碳排放量同比下降 2.59%，碳市场促进碳减排效果进一步显现。

3.5.3.6 广东省碳排放权交易试点

广东省政府于 2012 年 9 月印发《广东省碳排放权交易试点工作实施方案》，将碳排放权交易试点工作分为试点试验期（2012—2015 年）、试验完善期（2016—2020 年）、成熟运行期（2020 年后）三个时期。

2013 年 12 月 19 日，广东省正式启动碳排放权交易，交易平台为广州碳排放权交易所，交易品种包括碳排放权配额和经批准的其他交易品种。广东省是全国首个设有偿配额的试点地区。其控排范围包括电力、水泥、钢铁和石化 4 个行业 CO_2 年排放 2 万吨以上或年综合能源消费 1 万吨标准煤以上的企业。配额分配主要采用历史排放法和基准法，免费发放和部分有偿发放相结合。目前，广东碳交易市场配额规模排名全国第一、全球第三，仅次于欧盟、韩国碳市场。

2017年6月，广东省已连续3年达到100％履约率，顺利完成第4个履约年度配额清缴履约工作。广东省成功的建设与管理经验对于其他各省市试点乃至全国统一碳市场的建设都有着重要示范意义，其运行发展状况也为各控排企业的碳管理战略提供了借鉴价值。

3.5.3.7　深圳市碳排放权交易试点

深圳市碳交易规模在七个试点中是最小的。2013年6月18日，深圳市碳排放交易市场正式启动，成为7个试点中第一个鸣锣开市的碳交易试点，交易品种主要包括碳排放配额、CCER和经批准的其他交易品种。规定的控排范围包括碳排放量达3000t及以上的企业、大型公共建筑、自愿加入的碳排放单位等。配额分配方法包括无偿分配和有偿分配：无偿分配不低于配额总量的90％，有偿分配可采用拍卖和固定价格等方式。

深圳市碳交易试点设计了"四种类型、三个板块"的碳交易体系，即管控工业直接碳排放、工业间接碳排放、建筑碳排放和交通碳排放四种排放类型，形成工业、建筑和交通三个板块。根据"分步实施"的原则，率先纳入工业板块。

深圳市经过多年试点，证实了碳交易对企业和城市的减排有直接的促进作用。深圳市碳交易市场运作良好，一方面，是由于深圳市遵循了立法先行的设计思路，为碳交易体系的顺利建设和平稳运行打下了良好基础。另一方面，是由于符合因地制宜原则，即经过几年的市场交易和运行，形成一套完整的、适合深圳市当地的碳交易体系。深圳市碳交易市场是目前国内碳排放配额流转率最高的交易场所，成熟的市场机制和丰富的商业机会也使得深圳市碳市场托管会员的数量全国最多。深圳市这座改革之城的碳市场还天生具备一个开放属性，是国内首个向个人投资者开放、向机构投资者开放、唯一向境外投资者开放的试点。开放和创新让市场得以有效运行，这也是深圳市碳市场的市场化程度高、市场化生态和业务链条齐全的根本原因。

3.5.3.8　我国碳交易试点存在的问题

（1）尚需进一步激发碳市场活力

我国与西方发达国家相比，试点省市的碳交易规模仍远远落后。碳交易相关专业人才缺乏，使得参与主体"有心无力"。制度缺乏强制性，参与主体对于碳交易，处在一个可参与可不参与的境地。此外，我国初始碳配额源于供给，但由于尚不能完全掌握供给与需求之间的平衡，有可能导致试点城市有配额需要的企业得不到配额，另外一些大型企业的配额过剩，而这些配额过剩的个别企业对自己需要多少配额也缺乏认识，这就又导致了多要配额。如此循环，有可能导致市场缺乏活力。

（2）有集中碳排放履约现象

在履约表现方面，为了完成配额清缴任务，有时各试点存在临近履约期时集中交易现象。图3-15所示为某碳交易市场行情。

可以看出，该碳市场的交易量密集出现在临近履约期5—7月份，其他时间段则交易清淡。可见，具有履约驱动的某些行业参与碳交易的意愿并不强，将碳交易作为一项任务被动接受，只有在接近履约期时一些企业才会进行交易。

（3）推迟碳排放履约和不履约的现象并存

碳排放试点启动多年以来，除上海外，其他试点均存在着不履约的个体。在100％履约

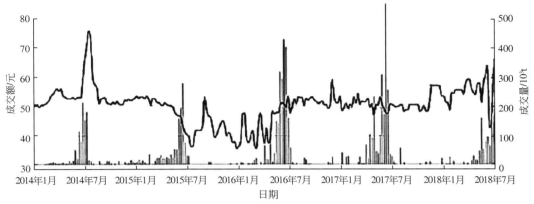

图 3-15　某碳市场交易行情（2014 年 1 月—2018 年 7 月）

的试点中，也存在不同程度推迟履约的现象。个别单位诚信意识缺乏、相关法规约束力不够，是造成不履约或推迟履约的重要原因。各试点对未按时履约企业的惩罚力度见表 3-7。

表 3-7　七试点省市的惩罚措施一览表

地点	未履约罚款	下年扣除数量	未按规定报送报告的罚款	其他
深圳	3 倍市价		5 万～10 万元	政府补助和信用处罚；计入绩效考核
上海	5 万～10 万元		3 万～10 万元	项目审批、补助、信用方面的处罚
北京	3～5 倍市价		5 万元以下	
广州	5 万元	双倍	5 万元以下	计入社会信用系统
湖北	1～3 倍市价	双倍	1 万～3 万元	项目审批、补助、信用处罚；计入绩效考核
天津				3 年内不享受优惠政策
重庆	3 倍市价		5 万元以下	3 年内不享受政府补助；计入绩效考核

可以看出，北京市的惩罚力度相对较大，对未履约企业处以市场均价 3～5 倍罚款，深圳和重庆的处罚规定相似。天津的处罚力度最低，只是禁止未履约企业 3 年内享受优惠政策，并未对罚金进行规定。总之，七试点对未按规定报送报告的罚款一般在 10 万元以下，惩罚力度有限，即使加上了信用、政府补助和绩效考核等综合惩罚机制，部分企业仍愿意选择接受惩罚来规避履约。当然，随着各试点碳市场规模的扩大，第三方核查机构开展核查、出具核查报告的工作量越来越大，难以在规定的核查周期内完成，也是造成履约期推迟的原因之一。

3.5.3.9　全国碳交易市场的建设建议

我国的碳市场建设 2011 年从地方试点开始启动运行，摸索了制度，积累了经验，奠定了基础。经国务院同意，2017 年底《全国碳排放权交易市场建设方案》印发实施，要求建设全国统一的碳排放权交易市场。在充分借鉴国内试点碳市场和国外碳市场经验基础上，采取有效措施，确保全国碳市场建设的顺利推进，具有重要意义。

（1）保障碳配额的稀缺性

解决配额过剩、减少碳价波动及各地碳价差异，增强碳交易市场流动性，就必须保障碳配额的价值和稀缺性。建立全国统一的碳市场，保证碳市场的活力和创造力，需要适度缩减碳配额，以此来保证碳配额的稀缺性。例如，广东省是率先进行定期有偿拍卖的国内试点，连续 3 年实施年度配额"免费发放＋有偿发放"相结合的模式。上海市于 2017 年 6 月实施碳排放配额有偿竞价发放办法，控排企业可自主决定是否购买。上述试点通过政府对一级市场的调控，既提升了碳配额的稀缺性，又促进了二级市场的活跃度。我国建立全国统一的碳市场在碳配额分配方面，可以借鉴国内外经验，逐步缩减免费配额比例，最终实现完全的碳配额有偿分配，保证碳配额的稀缺性，形成市场供需主导的碳价格机制。

（2）降低碳市场的不确定性

全国碳交易市场建设初期，也是政策不确定性最强的时期。可以利用区域碳试点地区继续发挥作用，待条件成熟后逐步向全国碳市场过渡；开展碳交易试点的地区符合条件的重点排放单位即可纳入全国碳市场，实行统一管理，其具体过渡方案尚在研究制定。碳价的变化尚难以预期，有调查结果显示，受访者均预计碳价将稳步上升，到 2025 年将超过人民币 80 元/t。但从目前试点地区的碳价来看，最低的地区碳价不足 10 元/t，差距较大。碳价的变化受国际市场的影响，但更多地会受到我国相关政策的影响。降低碳市场的不确定性，必须在政策层面设定明确的目标和立场，做好政策设计，给投资者以相对明确的预期。

（3）建立处罚与激励相结合的碳交易政策体系

各试点对不履约、推迟履约和其他违规行为出台了惩罚措施，但并不能杜绝违规现象。现有碳交易机制下，控排单位按时履约，仅仅导致其经营成本的增加和经济效益的下滑，那么必然导致履约动力不足。在信息不完全对称的情况下，主管部门也无法保证处罚金额大于履约成本。当履约成本大于罚金时，处罚机制便失去威慑力。即便将履约情况与信用等级、项目审批和政府资助相挂钩，也不能从根本上解决交易动力不足的问题。因此，除了对违约企业进行处罚外，政府也应该制定与控排单位长远发展密切相关的激励机制来推动企业自主参与碳交易。例如，政府可以把碳交易与税收政策联系起来，对自主开展节能减排和技术创新的控排单位，给予一定的政府资助和税收优惠。同时，采取一定的措施稳定碳价，确保碳排放权的稀有价值和市场交易者的经济利益。

（4）完善碳市场的 MRV 机制

MRV 机制是碳交易实施中的核心要素，涉及监管方、控排单位和第三方核查机构。有效的 MRV 机制是产生可靠的碳排放数据和进行碳交易的前提。我国七省市碳交易试点运行过程中，根据碳交易覆盖范围开发了 20 多个分行业的碳排放核算和报告指南及地方标准，建立了电子报送系统和核查机构管理制度，逐步构建起了碳市场的 MRV 机制。全国碳市场建设初期，国家碳交易主管部门应对 MRV 制度体系进行顶层设计，建立和完善 MRV 技术细则和规范标准，充分发挥市场力量，形成有效的 MRV 运作机制。可以借鉴发达国家的做法，建立碳排放联网直报系统，采用电子核查与现场核查相结合的方式，开展碳排放数据从采集到报告的全过程管理，创造碳信息公开渠道，充分发挥社会公众的监督作用。

　　总之，全国碳市场的建设还需要一个磨合、完善、稳定的过程，尽快地解决各个环节中存在的问题，才能使全国碳市场有效发挥市场机制在控制温室气体排放中的作用，助力"双碳"目标的实现。

3.5.4　我国碳交易发展趋势与展望

3.5.4.1　我国碳交易市场的发展趋势

　　碳交易已成为我国控制温室气体排放的国家战略，市场体系建设稳步推进。我国长期粗放式的发展给经济社会带来了巨大的资源压力和环境压力。基于国际和国内的双重严峻挑战，控制碳排放已对我国调整产业结构与能源结构形成倒逼机制，推动我国经济社会转向低碳发展。在此背景下，我国提出建立碳排放权交易体系，试图以市场机制推动节能减排和应对气候变化。

　　2021 年 7 月 16 日，全国碳市场上线交易在北京、武汉、上海三地同步开启。碳配额开盘价为 48 元/t，开市首日，全国碳市场碳排放配额（CEA）挂牌协议交易成交量 4103953t，成交额 210230053.25 元，收盘价 51.23 元/t，较开盘价上涨 6.73%。申能集团、华润电力、中国华电集团、中国石油化工集团、国家能源集团、国家电力投资集团、中国华能集团、中国石油天然气集团、中国大唐集团、浙江能源集团 10 家企业成为全国碳交易市场首批成交企业。首批参与全国碳排放权交易的发电行业重点排放单位超过了 2162 家，这些企业将成为参与全国碳市场交易的主体，其他机构和个人暂不能参与全国碳市场。首批纳入全国碳市场的发电行业重点排放单位的碳排放量超过 40 亿吨 CO_2，这意味着我国的碳排放权交易市场将成为全球覆盖温室气体排放量规模最大的碳市场。目前，全国碳市场仅在发电行业重点排放单位之间开展配额现货交易，交易产品比较单一。CCER 交易预计要等全国温室气体自愿减排管理和交易中心建立并投入运行后才能开展。碳期货交易的上线可能要更为滞后。全国碳排放权交易市场主要包括两个部分。其中，交易中心落地上海，注册登记系统设在湖北。全国碳市场的"双城"模式对参与碳市场的各方将是一个挑战。如何保证"双城"模式运作顺畅是未来全国碳市场亟待解决的问题。

3.5.4.2　我国碳市场前景与展望

　　国际碳行动伙伴组织最新发布的《2021 年度全球碳市场进展报告》中指出，"最引人瞩目的是中国碳市场的进展，尤其是 2020 年下半年到 2021 年初出台的一系列政策，为这一全球最大碳市场的启动铺平了道路"。中国的行动在国际上得到了广泛认可。

　　2020 年，美国汽车企业特斯拉出售碳排放积分，获得了 15.8 亿美元的营业收入。2021 年，特斯拉的碳交易收入有望达到 20 亿美元，这得益于美国加利福尼亚州的碳市场建设。2020 年底，欧盟、新西兰、北美区域等的碳市场价格与年初相比均出现上涨，显示出碳市场的强大韧性，很多国家和地区提出碳中和目标，将经济复苏与低碳发展联系在一起。

　　全国碳市场对实现中国碳达峰、碳中和目标意义重大。碳市场是实现转型升级和倒逼企业主体走绿色发展之路的根本保障，能够推动纳入全国碳市场的高排放行业实现产业结构和能源消费的绿色低碳化，促进高排放行业率先达峰；碳市场通过碳排放总量设定的方式，利用碳价调节重点行业的温室气体排放，激励企业提高生产效率、能源利用效率，推动企业绿色低碳技术创新；全国碳市场通过抵消机制，可以促进林业碳汇和可再生能源的发展，助力美丽中国的实现；全国碳市场也将为行业、区域绿色低碳发展转型，实现碳达峰、碳中和提供投融资渠道。

　　中国碳市场上线后，其运转情况也吸引了社会各界关注。6 个交易日，累计成交量达到 483.3 万吨，成交额近 2.5 亿元，挂牌协议交易和大宗交易均有成交。我国碳市场发展空间巨大。中金公司推出的《碳中和经济学：新约束下的宏观与行业分析》主题报告认为，未来 40 年我国绿色投资总需求约 140 万亿元，电力、交通运输、建筑的绿色投资需求量最大，很多企业对碳市场的欢迎程度越来越高。

参考文献

[1]　朱瑜，刘勇.中国碳排放交易市场配额分配的不足及其完善建议 [J].商业经济，2019，4：102-105.

[2]　田翠香，徐畅.我国碳交易试点的成效分析与政策建议 [J].北方工业大学学报，2019，1：7-14.

[3]　薛睿.欧盟碳排放配额交易市场的发展及启示 [J].理论视野，2013，7：66-68.

[4]　段慧，苏旭东，杨晋明，等.集团企业碳资产管理信息化平台设计研究 [J].能源与环境，2019，5：6-8.

[5]　张裕全，李蕊，刘灿起，等.集团公司碳排放权指标交易管理信息化平台创建探讨 [J].环境与发展，2017，7：229，231.

[6]　张昕.CCER 市场存三大问题 应加强备案管理和交易监管 [N].21 世纪经济报道，2016-04-28.

[7]　张昕.CCER 交易在全国碳市场中的作用和挑战 [J].中国经贸刊，2015，（10）：57-59.

[8]　陈奕琼，许向阳.我国七省市碳交易试点调研报告 [J].现代商业，2016，7：53-54.

[9]　张彩平，吴延冰，宋开阳.中国碳交易市场发展现状及未来展望 [J].价值工程，2019，38（23）：294-297.

[10]　王丽娟，吴大磊.碳排放权交易机制下提升企业温室气体排放监测报告能力研究 [J].南方农村，2013，29（3）：33-38.

[11]　陈志斌，孙峥.中国碳排放权交易市场发展历程——从试点到全国 [J].环境与可持续发展，2021，46（2）：28-36.

[12]　马思聪，李振全.我国碳交易机构建设现状研究 [J].建设科技，2017，（7）：90-92.

[13]　魏一鸣，刘翠兰，廖华，等.中国碳排放与低碳发展 [M].北京：科学出版社，2017：213-224.

[14]　张跃军.碳排放权交易机制：模型与应用 [M].北京：科学出版社，2019.

[15]　计军平，马晓明.碳排放与碳金融 [M].北京：科学出版社，2018.

[16]　马秀琴，董慧芹，李海瑞.我国钢铁与水泥行业碳排放核查技术与低碳技术 [M].北京：中国环境出版社，2015.

[17]　陈紫菱，潘家坪，李佳奇，等.中国碳交易试点发展现状、问题及对策分析 [J].经济研究导刊，2019，7：160-161.

[18]　方莹馨，张梦旭，张悦，等.全球碳排放权交易市场建设不断加快（国际视点）[N].人民日报，2021-04-23.

[19]　王信智.我国碳排放权交易机制研究 [D].天津：天津科技大学，2019.

[20]　左宇.中国区域碳交易市场的原理及实践——基于天津碳交易市场的案例研究 [D].广州：暨南大学，2014.

[21]　代远菊.我国碳排放交易政策有效性研究 [D].北京：中国矿业大学，2018.

第4章

"双碳"目标下绿色金融与企业碳金融

4.1 绿色金融体系的概念及内涵

2016年，中国人民银行等七部委发布的《关于构建绿色金融体系的指导意见》给出了绿色金融的定义——为支持环境改善、应对气候变化、节约和高效利用资源而展开的经济活动，即对环保、节能、清洁能源、绿色交通、绿色建筑等领域的项目投融资、项目运营、风险管理等提供的金融服务。

绿色金融体系是指通过绿色信贷、绿色债券、绿色股票指数和相关产品、绿色发展基金、绿色保险、碳金融等金融工具和相关政策支持经济向绿色化转型的制度安排。简言之，绿色金融体系是促进绿色金融发展的一整套制度供给。体制机制具有长远的作用，绿色金融体系的发展和构建过程本身也是我国自身产业升级和社会资源达到有效均衡配置的一个过程，使得我国的经济增长和发展呈现出一种健康的可持续发展模式。

党的十八大以来，人民银行倾力推动绿色金融发展，取得了积极成效，目前我国绿色金融发展走在国际第一方阵。为助力实现碳达峰、碳中和战略目标，落实党的十九届五中全会和中央经济工作会议有关精神，人民银行初步确立了"三大功能""五大支柱"的绿色金融发展政策思路。"三大功能"主要是充分发挥金融支持绿色发展的资源配置、风险管理和市场定价三大功能；"五大支柱"主要指：一是完善绿色金融标准体系，为规范绿色金融业务、确保绿色金融实现商业可持续性、推动经济社会绿色发展提供重要保障；二是强化金融机构监管和信息披露要求，持续推动金融机构、证券发行人、公共部门分类提升环境信息披露的强制性和规范性；三是逐步完善激励约束机制，通过绿色金融业绩评价、贴息奖补等政策，引导金融机构增加绿色资产配置、强化环境风险管理，提升金融业支持绿色低碳发展的能力；四是不断丰富绿色金融产品和市场体系，鼓励产品创新、完善发行制度、规范交易流程、提升透明度；五是积极拓展绿色金融国际合作空间，积极利用各类多双边平台及合作机制推动绿色金融合作和国际交流，提升国际社会对我国绿色金融政策、标准、产品、市场的认可和参与程度。

随着绿色发展顶层设计确立，环境信息披露、环境压力测试等绿色金融基础设施逐步完善，中国绿色金融体系初步形成，绿色信贷、绿色证券、地方绿色金融等领域都取得了进展。

目前的绿色金融体系框架以中国人民银行等七部委发布的《关于构建绿色金融体系的指导意见》为指导，这一体系主要从政府和市场职能分工角度出发，方便明确各职能部门的责任，有利于尽快启动绿色金融体系建设工作，见图4-1。

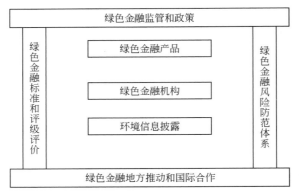

图 4-1　现有的绿色金融体系

从操作层面上看，《关于构建绿色金融体系的指导意见》提出的 14 条建议可以分为机构建设、政策支持、金融基础设施和法律基础设施四类，这种分类有助于明确负责实施这些建议的政府机构和市场主体。

现有的绿色金融体系尚未明确政府和市场各自的职责。政府的主要职责是绿色金融监管和绿色金融基础设施建设，政府设立健全的绿色金融基础设施有利于市场发挥其自身职责。公共基础设施性质的绿色金融标准是绿色认证或绿色评级的基础，前者属于政府职责，后者属于市场行为；环境信息披露、银行环境风险定价等虽然属于市场行为，但强制环境信息披露、明确银行环境责任都属于金融政策范畴，绿色保险产品开发和应用主要是市场行为，但关于强制环境责任保险的制度则是政府行为；设立专业的绿色投资机构主要是市场主体行为，但设立相关专业机构离不开金融政策配套支持；风险管理体系既有政府职责同时有金融机构和企业的职责，防范区域系统性的绿色金融风险是政府职责，而分散和控制项目的绿色风险则属于金融机构和企业的职责。比如国家绿色发展基金属于国家级基础设施，主要解决全国层面绿色金融的系统性信用难题和风险防范职责，由政府监管部门主导设立。

4.2　绿色信贷

根据中国银行业监督管理委员会印发的《绿色信贷指引》规定，绿色信贷应包括对绿色经济、低碳经济、循环经济的支持，防范环境和社会风险，提升自身的环境和社会表现等基本内容。

中国绿色信贷的提出，借鉴了国外的相关概念和理念，诸如绿色金融（green finance）、环境金融（environmental finance）、可持续金融（sustainable finance）等。绿色信贷与绿色金融、环境金融、可持续金融等概念一脉相承，均要求金融部门通过金融工具应对当今复杂世界中所出现的环境与社会挑战。

4.2.1　绿色信贷业务特点

绿色信贷业务的特殊性是指绿色信贷政策需要公众的监督，政府和银行不仅应该将相关环境和社会影响的信息公开，并且应该提供各种条件，包括信息的披露、必要的经费和真正平等对话的机制。"绿色信贷"的推出，提高了企业贷款的门槛，在信贷活动中，把符合环境检测标准、污染治理效果和生态保护作为信贷审批的重要前提。

绿色信贷业务的主要特征有四点：第一，行业涉及范围广，重点支持清洁能源领域、清洁交通领域、节能减排领域、节能环保服务领域、资源节约与循环利用领域等；第二，信贷客户数量多、参与主体多元化，包括政府国有、民营、混合所有制企业均是参与主体；第三，绿色信贷涉及领域专业性强、变化快，但是商业银行欠缺对这些行业和领域技术的识别能力；第四，新产品层出不穷，呈现多样化。

4.2.2　兴业银行的绿色信贷创新发展实践

在国内主要银行机构中，兴业银行 2006 年开始能效信贷探索，并率先建立起绿色金融专职管理部门，持续开展探索与实践。兴业银行多年的探索、实践充分证明，将银行社会责任与业务转型、风险管理有机结合的金融模式创新，不但没有成为银行的财务负担，还能够有力推动银行公司治理和经营理念的提升，开创新的业务领域，形成优质的资产和可观的利润。这样的绿色发展模式是可复制、可推广的。兴业银行的成功经验主要包括以下几点。

（1）平衡好经济效益与社会责任

以低能耗、低排放、低污染为特征的绿色经济成为中国经济发展的必然方向和趋势。兴业银行坚持"寓义于利"的发展理念，从公司治理与企业文化的战略高度，逐步传导、落实到规章制度、组织架构、业务流程、产品创新等方面。具体而言，就是在经营活动中兼顾生态环境保护和社会公众利益，履行社会责任，实现经营理念层面的三个转变：一是使可持续发展的理念逐步成为公司治理的共识；二是由被动接受约束转变为主动寻求商业机会，把服务节能减排、遵循《赤道原则》作为创造差异化竞争优势、挖掘新商机的有力工具；三是由单一绿色金融产品的开发推广转变为商业模式和业务流程的全面再造。

（2）建立绿色信贷组织管理架构

以专责管理部门为核心组建全行绿色信贷组织架构，坚持走专业化发展道路，是绿色信贷形成差异化竞争优势的又一重要因素。在体系建设方面，兴业银行设立环境金融部（总行一级部门）作为全行绿色金融业务管理和推动部门，并在分行设立相应管理部门和经营机构，配备专职人员。通过专注节能环保领域，总结提炼相关行业、区域、客户群体特点，兴业银行已初步建立起一套完善的绿色信贷制度体系，指导规范运营管理、业务操作、授信指引、风险防范、能力建设等重要工作。

（3）有效管控环境和社会风险

2008 年，兴业银行正式公开承诺采纳《赤道原则》，成为中国首家"赤道银行"。通过采纳和实施赤道原则，兴业银行在制度体系、技术体系、客户服务、风险防控等方面得到全面提升。在制度体系方面，兴业银行构建了由"基础制度-管理办法-操作规程"组成的《赤道原则》项目执行制度体系，并通过对适用赤道原则项目抽查与评价、现场检查、聘请第三方机构审计等方式，发现潜在缺陷，完善管理流程，提升制度可操作性及与《赤道原则》的融合程度；在技术体系方面，开发并上线运行"环境与社会风险管理模块"电子流程，使《赤道原则》适用性、分类、赤道原则项目评审更加规范、高效；在客户服务方面，兴业银行在为企业提供融资服务的同时，利用《赤道原则》倡导的环境与社会风险评估工具，帮助企业管理和防范环境和社会风险；在风险防控方面，除适用《赤道原则》项目外，兴业银行还借鉴《赤道原则》的理念和方法，对五大产能严重过剩行业的项目贷款业务进行环境与社会风险评审，以进一步防范产能严重过剩行业的环境与社会风险。

（4）创新绿色信贷产品与服务

绿色金融产品与服务创新主要包括三大类型：一是绿色金融募集资金途径创新，例如，设立绿色基金、绿色企业股权融资等方式募集资金开展绿色信贷；二是绿色金融风险控制方式创新，例如，能效信贷业务通过引入国际金融公司贷款损失分担的方式减小国内银行机构的贷款损失；三是传统的金融产品和服务在绿色金融领域的应用创新，例如，绿色租赁、绿色信托等。

在产品和服务创新方面，多年来，兴业银行针对客户在节能环保领域的多种金融需求，逐步形成了绿色金融"8+1"融资服务和排放权金融两大产品序列。2013年，兴业银行在合同能源管理、合同环境服务、特许经营权质押、水资源利用和保护领域不断创新，并在原有产品序列的基础上，整合形成了兴业银行"绿金融·全攻略"的绿色金融专案。该专案主要包括十项通用产品、七大特色产品、五类融资模式及七种解决方案，是涵盖金融产品、服务模式到解决方案的多层次、综合性的产品与服务体系（图4-2）。

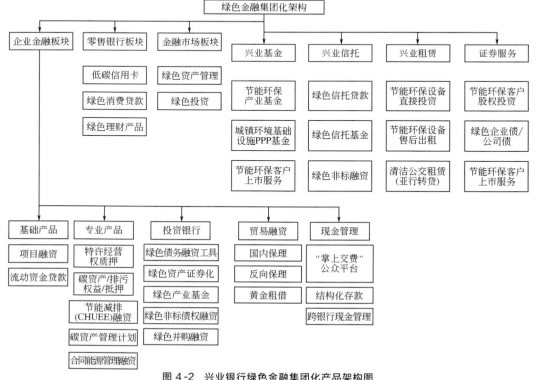

图4-2　兴业银行绿色金融集团化产品架构图

2016 年，兴业银行在研发整合集团成员产品的基础上，发布"绿色金融集团化产品架构体系"，极大丰富了产品种类，拓宽了客户群体，增强了筹融资能力。

4.2.3　邮储银行绿色金融案例

近年来，邮储银行秉承绿色发展理念，将绿色理念融入集团管理体系与业务发展体系当中，逐步建立绿色金融业务管理体系和绩效考评体系，提升绿色信贷授信规模，设立绿色分行，并创新绿色金融产品和模式，取得了一系列阶段性成果。

为切实提升银行信贷资产环境风险管理能力，将环境因素真正纳入银行授信资产的审核和风控管理流程，从 2019 年起邮储银行与公众环境研究中心（IPE）展开探讨与合作，探索运用 IPE 蔚蓝地图环境数据库的动态数据和环境信用评价方法，通过大数据的形式对授信企业进行环境风险评估与监测。

2020 年，邮储银行升级打造金睛系统，结合包括蔚蓝地图在内的海量环境数据开展动态监控，协助信贷员和客户经理进行贷前、贷中和贷后管理，快速高效识别企业的环境信用风险。通过环境大数据和金融科技的应用，邮储银行提升了信贷管理的效率，降低信贷风险。邮储银行还积极引导借贷企业提升自身环境管理能力，赋能企业通过核算与披露，提升环境绩效，促进企业绿色转型和可持续发展。在双碳战略的大背景下，近期邮储银行进一步与 IPE 合作，通过 IPE 与专业机构合作开发的企业温室气体核算平台，率先探索开展被投企业、贷款企业的碳排放核算。

4.3　绿色债券与绿色资产证券化

4.3.1　绿色债券的界定

根据 2020 年人民银行、发展改革委、证监会三部委《关于印发〈绿色债券支持项目目录（2020 年版）〉的通知（征求意见稿）》，绿色债券是指将募集资金专门用于支持符合规定条件的绿色产业、绿色项目或绿色经济活动，依照法定程序发行并按约定还本付息的有价证券。2020 年 11 月，上海证券交易所和深圳证券交易所分别发布了关于绿色公司债券上市的业务指引，明确要求：绿色公司债券募集资金确定用于绿色项目的金额应不低于募集资金总额的 70％。随着绿色债券市场的兴起和投资者的关注，如何定义和界定绿色项目已成为一个广受各方关注的问题。

4.3.1.1　国内外绿色债券标准简介

（1）《绿色债券原则》

为适应国际绿色债券的蓬勃发展，绿色债券原则执行委员会与国际资本市场协会于 2014 年合作推出了自愿性指导方针《绿色债券原则》。《绿色债券原则》主要从募集资金用途、项目评估和筛选流程、募集资金管理、信息披露四个方面为发行人提供指引。其中，作为核心要素，《绿色债券原则》列举了可再生能源、能效提升、污染防治等十类支持的绿色项目目录。目前，《绿色债券原则》已成为全球最具权威性的绿色债券标准之一。

（2）《气候债券标准》

《气候债券标准》由气候债券组织制定，为绿色债券市场的各个参与者提供了一系列指导文件。《气候债券标准》中列举了八大类绿色项目，每一类绿色项目又进一步细分为若干项目类型。目前，气候债券组织针对部分项目已经制定了相应的评估认证标准，其中包括太阳能、风能、地热能、轨道交通、居民建筑等 11 个子项；部分项目认证标准已在开发过程中，其中包括水电、生物质能、波浪和潮汐能、水运、农业用地等 12 个子项；剩余子项的认证标准开发工作尚未开始。

（3）《绿色债券支持项目目录》

中国 2015 年正式建立绿色债券制度框架。中国人民银行于 2015 年 12 月发布了《中国人民银行公告〔2015〕第 39 号》以及配套的《绿色债券支持项目目录》（由中国金融学会绿色金融专业委员会编制），明确了六大类及三十一小类环境效益显著项目的界定条件，成为国内第一个绿色债券标准。在碳达峰碳中和的背景下，我国绿色发展内涵不断丰富，产业政策和相关技术标准持续更新，中国人民银行、国家发展改革委、证监会于 2021 年 4 月联合发布了《绿色债券支持项目目录（2021 年版）》。相比于 2015 年版，2021 年版目录对绿色债券支持领域和范围进行科学统一界定，对国内两个绿色债券支持项目的范围进行了统一，并逐步实现国内与国际通行标准和规范的趋同（表 4-1）。这是中国的绿色债券支持项目目录的首次更新，也是标志着绿色债券分类标准统一的重要文件。目前，《绿色债券支持项目目录（2021 年版）》已成为我国绿色项目界定的直接依据，为绿色项目的筛选与认证提供了技术性指导，主要应用于除绿色企业债之外的绿色债券发行认证领域。

表 4-1　2015 年版和 2021 年版《绿色债券支持项目目录》比较

2021 年版《绿色债券支持项目目录》						
一级	节能环保产业	清洁生产产业	清洁能源产业	生态环境产业	基础设施绿色升级	绿色服务	合计 6 项
二级	6	4	2	2	6	5	合计 25 项
三级	14	8	4	5	11	6	合计 48 项
四级	62	19	26	28	38	31	合计 204 项
2015 年版《绿色债券支持项目目录》						
一级	节能	污染防治	资源节约与循环利用	清洁交通	清洁能源	生态保护和适应气候	合计 6 项
二级	4	3	6	7	7	4	合计 31 项
三级	6	3	7	11	7	4	合计 38 项

（4）《绿色债券发行指引》

2015 年 12 月，国家发展改革委办公厅发布了《绿色债券发行指引》（发改办财金〔2015〕3504 号），主要用于支持绿色企业债的项目筛选和认证评估工作。《绿色债券发行指引》明确了能源、交通运输、低碳建筑、工业与能源密集型商业等十二类重点支持项目，并对绿色企业债的发行审核提出了具体要求。同时，对社会资本参与绿色项目建设、债券品种创新（发行绿色项目收益债、可续期或超长期债）、符合条件的股权投资企业与绿色基金发行绿色债券,专项用于投资绿色项目建设、绿色基金股东或有限合伙人发行绿色债券,扩大绿色投资基金资本规模等行为予以政策性支持。

(5)《绿色债券影响报告》

2019 年 6 月,国际资本市场协会(ICMA)发布了《绿色债券影响报告》(Green Bond Impact Reporting),包括《统一框架手册》(Handbook-Harmonized Framework)、六大类绿色项目的披露方法与指标和《绿色债券影响报告编写指南》(Position Paper on Green Bonds Impact Reporting)。ICMA 针对环境影响的披露框架汇总了六大类绿色项目(可再生能源、能效提升、可持续水资源与废水管理、废物管理和资源效率提升、清洁交通以及绿色建筑)的披露方法与指标(表 4-2),并提出了绿色与社会影响报告的编制指南与模板(表 4-3),供发行人参考。

表 4-2　环境披露框架

项目类别	核心指标
可再生能源	年温室气体减排量 年可再生能源发电量 可再生能源装置的处理量 ……
能效提升	年节能量 年温室气体减排量 ……
可持续水资源与废水管理	年节水量 年污水处理量 年污泥处理量 ……
清洁交通	年温室气体减排量 年清洁汽车购置数量 年清洁汽车的总运输乘客量 年能源、燃料减少量 ……
废物管理和资源效率提升	年废弃物回收/处理量 年温室气体减排量 ……
绿色建筑	年温室气体减排量 年建筑节水量 年建筑垃圾产生量 ……

表 4-3　示例摘要模板框架

项目名称	投资项目的名单
项目类别	社会债券目录及二级目录 • 可负担的基础生活设施 • 基本服务需求 • 可负担的住宅 • 创造就业 • 食品安全 • 社会经济发展和全力保障

续表

项目名称	投资项目的名单
项目对应的 SDGs 目标	目标1：在世界各地清除一切形式的贫穷 目标2：消除饥饿，实现粮食安全，改善营养和促进可持续农业 ……
目标人群	各类项目所针对的不同人群
资金分配信息	投放金额 资金使用年限 ……
社会指标	新增就业人数 助学人数 ……

4.3.1.2　中国绿色债券监管制度

相比于国际市场内部自下而上自发形成，我国的绿色债券市场监管体系是由相关监管机构推动建立的，各层面均对绿色债券交易市场进行了具体限定。我国绿色债券市场主要受三个层面的监管：①法律规范（高效力位阶，框架性条款和原则性条款为主）；②部门规章（中等效力位阶，用以列明具体实施细则、领域）；③行业规范（较低效力位阶，更细化实施细则，并辅以列明行业特殊规范、限制、要求等）。

（1）法律规范

绿色债券作为债券的特殊化形式，主要受《中华人民共和国证券法》《中华人民共和国公司法》和《中华人民共和国中国人民银行法》三部法律的监管。其中，债券的发行主体在《中华人民共和国证券法》第二章及第三章有明确规定，信息披露的要求在第五章单列一章进行了规定。《中华人民共和国公司法》亦在第七章对债券的发行条件、募集方法做出规定。《中华人民共和国中国人民银行法》则赋予了中国人民银行对金融机构以及其他单位和个人在银行间债券市场或公开债券市场的行为进行检查、监督及管理的权力。

（2）部委规章

代表性部委规章即为上面提到的三部委发布的《绿色债券支持项目目录》。除了以肯定性方式列举了能被定义为绿色环保项目的领域外，亦以尾注方式陈述了发行要求和限制。

（3）行业规定

代表性行业规定为上海证券交易所（简称上交所）与深圳证券交易所（简称深交所）各自发布的《上海证券交易所公司债券发行上市审核规则适用指引第2号——特定品种公司债券（2021年修订）》（2021年7月13日生效）和《深圳证券交易所公司债券创新品种业务指引》（2020年11月27日生效）。尽管根据名称，两文将绿色债券定义为特种债券或创新性债券，但文中亦明文要求绿色债券的发行"应符合普通公司债券的发行条件、上市或挂牌条件、信息披露、投资者适当性管理、债券持有人权益保护等方面的要求以及本指引关于特定债券品种的相关规定"。上交所及深交所除按照普通公司债券审核内容进行审核外，对特定债券品种是否符合上述指引的相关要求等进行审核。并为了与普通债券进行区分，对绿色债券发行的申报材料、发行要求等进行了进一步细化和明确，如"……可以与普通公司债券及其他特定债券品种同时申报，明确各自的申报金额及募集资金用途"，"发行人发行特定债券品种的,应符合本指引关于主体或债项信用评级的相关要求"等。

4.3.2　绿色债券与一般信用债的区别

绿色债券与一般信用债主要存在以下五点区别。

① 资金投资方向。与传统债券不同,绿色债券所募集资金应主要投资于绿色产业项目,鼓励设立专门的账户实现专款专用。

② 债券期限。由于某些对于生态环境的投资需要较长时间才能形成回报,因此债券存续期限通常会覆盖整个建设期和运营期,目前市面上已发行的绿色债券大多为中长期融资债券。

③ 披露要求。由于发行人需向投资人和社会证明募集资金使用途径是在绿色项目并产生了真实的绿色效益,因此监管机构通常对于绿色债券环境信息披露有着更高的要求,并鼓励由独立第三方专业机构在发行前进行绿色认证或评估,在存续期对环境信息披露及环境效益进行第三方鉴证。

④ 更容易获得政府支持。由于绿色项目所带来的正外部性,绿色项目更容易获得政府机构的政策支持,绿色债券发行也更容易获得优惠条件。

⑤ 绿色债券的投资者。绿色债券会吸引某些愿意为环境效益支付溢价的绿色投资者。

4.3.3　绿色债券的发行流程和支持领域

"绿色"属性的认证是绿色债券与一般债券的最大区别,2021 年以前市场缺乏统一的界定和规范,2021 年,在《绿色债券支持项目目录(2015 年版)》和《绿色产业指导目录(2019 年版)》的基础上,出台了《绿色债券支持项目目录(2021 年版)》。该目录对国内绿色债券支持项目的范围进行了统一,删除了化石能源清洁利用的相关类别,逐步实现了与国际通行标准和规范的接轨。

2021 年版目录主要沿用《绿色产业指导目录》的结构,六大领域分类保持一致,项目数量及内容都十分接近,只是二级、三级目录的分类方法有所调整,与国际主流绿色资产分类标准和节能环保行业常用统计分类方式保持了一致。另外,2021 年版目录是对 2015 年版目录的调整与扩充,两者一级目录虽然都分为六大领域,但调整较大。总体上,2015 年版目录中的节能、污染防治整合到 2021 年版目录中的节能环保产业这个领域;资源节约与循环利用大体对应 2021 年版目录的清洁生产领域;清洁交通整合到 2021 年版目录的基础设施绿色升级领域;生态保护和适应气候变化整合到 2021 年版目录的生态环境产业领域。表 4-4 对比了 2021 年新版和 2015 年版《绿色债券支持项目目录》。

表 4-4　2021 年新版与 2015 年版《绿色债券支持项目目录》对比

一级分类	二级分类	较 2015 年版《绿色债券支持项目目录》
1.节能环保产业	1.1 能效提升	增加 1.1.1 高效节能装备制造
	1.2 可持续建筑	增加 1.2.1 绿色建筑材料
	1.3 污染防治	增加 1.3.1 先进环保装备制造
	1.4 水资源节约和非常规水资源利用	
	1.5 资源综合利用	增加 1.5.1 资源循环利用装备制造
	1.6 绿色交通	增加 1.6.1.3 绿色船舶制造

续表

一级分类	二级分类	较 2015 年版《绿色债券支持项目目录》
2. 清洁生产产业	2.1 污染防治	增加 2.1.3 工业园区污染治理 增加 2.1.4 无毒无害原料替代与危险废物处理
	2.2 绿色农业	
	2.3 资源综合利用	增加 2.3.2 工业园区资源综合利用
	2.4 水资源节约和非常规水资源利用	删除 2.3 煤炭清洁利用
3. 清洁能源产业	3.1 能效提升	增加 3.2.1 新能源与清洁能源装备制造
	3.2 清洁能源	删除 4.5 清洁燃油
		删除 5.6 水力发电（大型项目之外的水力发电项目）
4. 生态环境产业	4.1 绿色农业	
	4.2 生态保护与建设	
5. 基础设施绿色升级	5.1 能效提升	
	5.2 可持续建筑	
	5.3 污染防治	
	5.4 水资源节约和非常规水资源利用	
	5.5 绿色发展	删除 4.1 铁路交通（客运铁路建设）
	5.6 生态保护与建设	
6. 绿色服务	6.1 咨询服务	增加 6.1 咨询服务
	6.2 运营管理服务	增加 6.2 运营管理服务
	6.3 项目评估审计检查服务	增加 6.3 项目评估审计检查服务
	6.4 监测检测服务	增加 6.4 检测检查服务
	6.5 技术产品认证和推广	

　　绿色债券的发行流程类似于普通债券，但更加重视治理、可追踪性和透明度，旨在增强投资者对债券绿色资质的信心，防止对发行人的"漂绿"指控。与普通债券相比，绿色债券发行人应特别注意有关各发行步骤的指引。

　　绿色金融债券发行需要做好以下五个方面。

　　（1）前期准备工作

　　前期准备工作对于绿色金融债券的成功发行及后续投放至关重要，在总体环境效益目标的指导下，需对潜在绿色项目进行摸底和储备，并据此确定绿色金融债券的发行规模。与此同时，搭建规范的内部管理框架，为发行以及后续募集资金投放奠定制度保障。

　　（2）开展第三方认证

　　人民银行鼓励进行第三方认证，2016 年首批发行绿色金融债券的银行也都提交了发行前第三方认证报告，这在绿色金融债券市场发展的初期非常必要。引入独立第三方进行认证，对绿色标准及执行情况、绿色项目决策流程、资金使用流程以及项目储备情况等进行核查，可以从独立第三方角度确保绿色债券区别于普通债券，切实专项支持绿色信贷业务发展，避免道德风险和逆向选择。此外，在绿色金融债券发行后，第三方认证机构会持续参与评估过程，可以让市场检验绿色金融债券发行后的成效，保障相关信息的公开透明，也有助于发行人后续发行绿色金融债券。

（3）准备申报材料

与发行普通债券相比，绿色金融债券的申报材料要求有一定程度的豁免和简化，提高了发行人的申报效率。主要是承销协议、评级报告及法律意见书可以不在申报环节提供，后续发行前备案补充即可，简化了申报工作流程。另外，在申报环节还豁免了发行公告/发行章程、偿债计划及保障措施。绿色金融债券申报材料增加了两方面专业性内容，即专业评估或认证机构出具的评估认证意见，和募集资金投向绿色产业项目的承诺函，后者与其他专项金融债券发行申报要求类似。

（4）做好路演和发行

绿色金融债券的路演和发行安排与普通金融债券基本类似，在路演推介环节可以增加有关绿色金融债券定义和投资亮点的介绍，也可将发行人在绿色信贷业务方面的相关情况和特色进行展示。需要提醒关注的是，在募集资金到账后内部管理需要马上跟进，包括资金使用跟踪、后续专项管理等，主要是确保后续披露报告、认证和审计过程都更加顺畅。

4.3.4 碳中和债

2021年3月18日，银行间市场交易商协会公布《关于明确碳中和债相关机制的通知》（下称《通知》），明确了碳中和债的定义、募集资金管理、项目评估与遴选、信息披露等事项。

根据《通知》定义，碳中和债是指募集资金专项用于具有碳减排效益的绿色项目的债务融资工具，需满足绿色债券募集资金用途、项目评估与遴选、募集资金管理和存续期信息披露四大核心要素，属于绿色债务融资工具的子品种。

募集资金用途方面，碳中和债募集资金应全部专项用于清洁能源、清洁交通、可持续建筑、工业低碳改造等绿色项目的建设、运营、收购及偿还绿色项目的有息债务，募投项目应符合《绿色债券支持项目目录》或国际绿色产业分类标准，且聚焦于低碳减排领域。碳中和债募投领域包括但不限于五大类：清洁能源类项目（包括光伏、风电及水电等项目）；清洁交通类项目（包括城市轨道交通、电气化货运铁路和电动公交车辆替换等项目）；可持续建筑类项目（包括绿色建筑、超低能耗建筑及既有建筑节能改造等项目）；工业低碳改造类项目（碳捕集、利用与封存、工业能效提升及电气化改造等项目）；其他具有碳减排效益的项目。

项目评估与遴选方面，发行人应在发行文件中披露碳中和债募投项目具体信息，确保募集资金用于低碳减排领域。如注册环节暂无具体募投项目的，发行人可在注册文件中披露存量绿色资产情况、在建绿色项目情况、拟投绿色项目类型和领域，以及对应项目类型环境效益的测算方法等内容，且承诺在发行文件中披露定量测算环境效益、披露测算方法及效果等信息，鼓励披露碳减排计划。

我国首批碳中和债已经于 2021 年 2 月发行，均为 2 年及以上中长期债务融资工具，发行金额 64 亿元，投向风电、水电、光伏、绿色建筑等低碳减排领域。

为助力"双碳"目标实现，更好地为绿色产业升级提供服务，债券市场不断探索创新模式。2021 年 4 月 28 日，交易商协会推出可持续发展挂钩债券，2021 年 7 月，各大交易所也首次发行可持续发展挂钩主题的公司债，以支持企业融资，助力传统行业加快转型升级和可持续发展。

可持续发展挂钩债券是目标导向型的融资工具，对发行主体、发行方式等不设限制，债券募集资金可用于一般用途，无特殊要求，可以实现传统非金融企业债务融资工具的融资功能，提升债券市场在助力和鼓励企业推进可持续发展等方面的作用。作为创新品种，其特殊之处在于债券结构设计，可持续发展挂钩债券条款与预设的可持续发展目标实现情况挂钩，发行人是否完成关键绩效会影响到债券结构设计。可持续发展挂钩债券会设置关键绩效指标（KPI）和可持续发展绩效目标（SPT），债券会因 KPI 是否达到 SPT 而产生相应的触发事件，发行人达到预期目标，正常还本付息；未达到目标，则根据实际情况对利率、期限等要素进行调整。

可持续发展挂钩债券的推出进一步丰富了投资者可配置的产品范围，较高的信息披露要求既约束发债主体有计划地实现可持续发展目标，也便于投资人全面理解和评估债券情况，有助于吸引多元化的投资人和更多社会资本进行绿色领域的投资，对支持社会可持续发展、推动社会的绿色低碳转型有着积极意义。

4.3.5 绿色资产证券化助力企业直接融资

4.3.5.1 绿色资产证券化分类

绿色资产证券化在交易结构、现金流归集、信用增级等方面与一般资产证券化并无区别，主要不同在于其募集资金必须投向绿色产业，用于绿色产业项目的建设、运营、收购，或偿还绿色产业项目的银行贷款等债务。基于不同维度，绿色资产证券化主要可分为以下几类，具体见图 4-3。

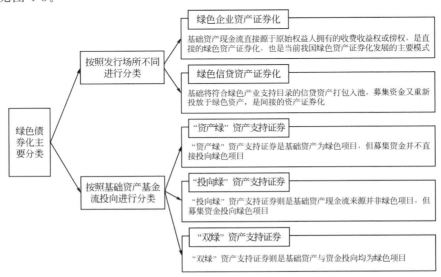

图 4-3   绿色资产证券化基于维度分类

4.3.5.2　绿色资产证券化助力企业融资方式

（1）探索扩大绿色循环经济资产证券化

由民生银行主导的汇富华泰资管-中再资源废弃电器电子产品处理基金收益权资产支持专项计划，是全国首单央企绿色循环经济资产证券化项目。其底层资产为废弃电器电子产品处理基金收益权。民生银行在此单项目中担任监管银行、托管银行、保管银行、优先级机构投资者等多种角色。这一创新案例打开了绿色专项基金收益资产证券化和循环经济两个主题下的创新空间。就循环经济而言，工业园区循环化改造是传统产业改造和区域整体绿色化改造的重要内容，其中不乏可以挖掘的底层资产。就专项基金而言，为加快绿色经济发展，不少地区都成立了专项基金，将专项基金的收益权作为底层资产进行挖掘，将进一步扩大专项基金的投资和受益范围。

（2）探索绿色政府和社会资本合作项目（PPP项目）与资产支持证券（ABS）/资产支持票据（ABN）的结合

以兴业银行主导的巴彦淖尔市临河区绿化景观升级改造PPP项目后端PPP-ABN为例。该项目以PPP项目收益为基础资产，包括政府付费资金为项目基础资产，注册发行不超过4.5亿元的十年期资产支持票据，其中优先级份额4亿元通过公开市场发行，劣后级0.5亿元由发起机构巴彦淖尔市怡春绿化管理有限公司或其关联企业认购。项目增信方式有两种：一是由上市公司内蒙古蒙草生态环境（集团）股份有限公司提供差额补足；二是实现超额覆盖，累计十年运营期政府应付款8.71亿元，本期资产支持票据优先级本金为4亿元，较高的超额覆盖倍数，进一步保障后续还本付息。PPP项目与生态项目有着较好的契合度。考虑到PPP项目运营期限较长，以绿色PPP项目对应的收益权、收费权为底层资产发行ABS/ABN，对于项目各方持续投入该类项目具有良好的促进作用。

（3）探索清洁能源项目作为底层资产的绿色ABS/ABN

平安凯迪以生物质发电业务而享有的电费收入所对应的电力上网收费权为基础资产，在深圳证券交易所发行绿色ABS。中电投融和融资租赁有限公司曾以光伏发电项目、水力发电项目、风力发电项目、分布式能源项目、生物质能源回收利用项目收益权为底层资产发行绿色ABN。随着碳排放压力增加，清洁能源的替代步伐需要加快。以清洁能源项目对应的收益权和收费权为底层资产发行绿色ABS/ABN，能够实现清洁能源项目的滚动投资，加快能源结构调整。

（4）探索绿色供应链金融资产证券化

2019年6月，以首创股份作为核心企业的"中国中投证券-国富保理-首创股份1期绿色供应链金融资产支持专项计划"成功发行。作为我国首单绿色供应链资产证券化产品，该项目计划规模为50亿元，在2019年6月发行的首期规模为0.96亿元。供应链是以客户需求为导向，以提高质量和效率为目标，以整合资源为手段，实现产品设计、采购、生产、销售、服务等全过程高效协同的组织形态。"中国中投证券-国富保理-首创股份1期绿色供应链金融资产支持专项计划"的成功发行填补了我国在绿色供应链ABS领域的空白。

（5）探索绿色扶贫资产证券化

2019年7月，华创证券发行了"华创-安顺汽运客运收费收益权绿色扶贫资产支持专项计划"，原始权益人为贵州省安顺汽车运输公司，募集资金1.3亿元，用于购置新能源汽车及发展公共交通事业，其中 6 个优先级证券发行规模 1.23 亿元，1 个次级证券发行规模 0.07 亿元，发行期限最长为 6 年，每年还本付息。该产品基础资产为安顺汽运在未来 6 年的客运收费收益权，基础资产现金流 100% 来源于绿色项目所产生的收入。2018 年安顺客运公路客运线可节约标准煤 1.45 万吨，减排二氧化碳 2.13 万吨、一氧化碳 636.86t、氮氧化物 12.33t，环境效益明显。值得一提的是，安顺汽运所处的贵州省安顺市西秀区属于国家深度贫困地区，该资产证券化产品的发行不仅满足了企业绿色发展的需要，也为当地精准扶贫事业提供了支持。

（6）探索应付账款 ABN 的绿色化实践

蔷薇保理-建发房产供应链应付账款资产支持票据 50 亿储架项目，其基本的结构是，以蔷薇保理持有的建发房地产公司应付账款组合（对蔷薇保理而言是资产）为基础资产，以未来现金流收益为支持，以蔷薇商业保理有限公司作为原始权益人和资产服务机构。此外，建设银行及招商证券为主承销商，建信信托为发行载体管理机构，福建天衡联合律师事务所担任法律顾问、联合资信担任评级机构。这一案例充分展示了以保理公司为中介的供应链 ABS/ABN 创新模式和创新的可能性。以保理为中介的 ABS 可以实现资产负债表优化等多种功能，对于大型企业、央企优化资产负债表具有不可替代的作用，对于绿色供应链上下游小微企业的融资难问题，也给出了较好的解决方案。因而，建议在绿色制造类企业、绿色建筑企业、绿色领域的城投公司等主体中进行复制。

4.4　绿色保险

绿色保险是市场经济中管理环境风险的工具。狭义来看，国际上较具有代表性的绿色保险以环境污染责任险和巨灾保险为主。广义而言，国际金融市场尚未针对绿色保险制定统一的定义标准，这表明了绿色保险产品还存在着广阔的探索与创新发展空间，而"绿色保险"的概念也需要在更多的研究与实践中被定义及完善。绿色保险可以被引申到更为广阔的领域。具体而言，在保障生态安全与绿色发展、促进节能减排、实现气候变化的适应与应对过程中，所用到的兼顾风险管控和资金运用的手段，都可以作为绿色保险的创新发展方向。

4.4.1　环境责任险

环境污染责任保险是以企业发生污染事故对第三者造成的损害依法应承担的赔偿责任为标的的保险。排污单位作为投保人，依据保险合同按一定的费率向保险公司预先交纳保险费，就可能发生的环境风险事故在保险公司投保，一旦发生污染事故，由保险公司负责对污染受害者进行一定金额的赔偿。

我国环境污染责任保险试点工作起步于 2007 年。2013 年，环境保护部与保监会印发《关于开展环境污染强制责任保险试点工作的指导意见》，要求各地开展环境污染强制责任保险试点。2020 年 10 月底，深圳市出台了全国首部绿色金融法规，法规要求建立环境污染强制责任保险制度，将从事涉及重金属、危险废物、有毒有害物质等高环境风险的企业纳入应当投保环境污染强制责任保险的范围。截至 2020 年 12 月，全国 31 个省（区、市）均已开展环境污染强制责任保险试点。

环境污染责任保险是社会化治理制度的核心组成部分，保险机制参与环境治理和生态建设，有助于提升企业环境风险管理水平。通过开展"保险＋科技＋服务"已经成为保护生态文明长效工作机制的重要组成部分。例如，人保财险在无锡创新环境污染责任险"无锡模式"，开创了环境污染责任险"保险＋服务"的先河，国务院总理李克强对"保险＋服务"模式给予肯定批示，要求认真总结经验，扩大试点；该模式又在衢州、湖州、嘉兴等地进一步升级，整合安全、健康、科技、信贷等领域，形成了一系列创新模式。除环境污染责任保险外，保险公司还稳步推进远洋船东保赔险、沿海内河保赔险、燃油污染责任险、内河危化品污染责任保险等污染风险保障类产品的承保工作（表 4-5）。

表 4-5　提供环境风险保障的典型保险产品

产品分类	产品名称	保障风险
责任保险	环境污染责任保险	企业发生污染事故对第三者造成的损害依法应承担的赔偿责任和清污费用
	安全生产与环境污染责任保险	企业发生安全生产事故和污染事故对第三者造成的损害依法应承担的赔偿责任和清污费用
	道路危险货物承运人责任保险	运载危险货物发生污染事故对第三者造成的损害依法应承担的赔偿责任和清污费用
船舶保险	沿海内河船舶污染责任险	沿海内河船舶漏油造成的损害依法应承担的赔偿责任和清污费用
	远洋船东保赔险	远洋船舶漏油造成的损害依法应承担的赔偿责任和清污费用
特殊保险	石油井喷控制费用保险	为控制石油井喷事故造成的费用支出

注：数据来源：摘自《保险业聚焦碳达峰碳中和目标　助推绿色发展蓝皮书》。

4.4.2　服务能源结构调整的典型保险产品

由于清洁能源生产环境恶劣、生产条件不稳定、大规模运用新技术等因素，清洁能源行业隐含着复杂多样的风险。针对太阳能光伏、风电、水电、抽水蓄能、特高压等清洁能源产业生产、建设和运营期间的不同风险特性，保险行业主要提供两大类保险产品和嵌入式服务。服务能源结构调整的典型保险产品见表 4-6。

表 4-6　服务能源结构调整的典型保险产品

产品分类	产品名称	保障风险
财产保险	太阳能光伏电站建设期和运营期物资损失险	太阳能光伏电站建设期和运营期间的财产损失
	建筑工程险	清洁能源电站建设过程中的财产损失和第三者责任
	安装工程险	清洁能源设备、特高压工程安装过程中的财产损失和第三者责任

续表

产品分类	产品名称	保障风险
财产保险	机器设备损失险	清洁能源电站、变电站/换流站设备的财产损失
	利润损失保险	发电设备停止运行造成的利润损失
	光伏日照指数保险	日照强度不达标影响发电量
	风电指数保险	发电量不达标造成的利润损失
	海上风电专属保险	超设计风速导致机械损坏和利润损失
保证保险	太阳能光伏组件效能保险	光伏组件输出功率衰减造成发电损失
	光伏组件质量保险	光伏组件产品质量
	风机质量保证保险	风电设备产品质量
	发电量保证保险	发电量不达标造成的利润损失
特殊风险保险	核物质损失险	核电厂的财产损失
	核电厂责任保险	核电厂运营过程中发生意外事故造成第三者责任
	核电站建筑安装工程一切险	核电厂开展建设安装工程过程中的财产损失的第三者责任

注：数据来源：摘自《保险业聚焦碳达峰碳中和目标 助推绿色发展蓝皮书》。

（1）传统型保险产品方面

水电、风电、光伏等行业设备造价昂贵，直接暴露在自然环境中，具有事故频发、损失重大的风险特点，保险公司提供包括涉及太阳能光伏电站建设期和运营期物资及三者损失的建筑工程险、安装工程险和机器设备损失险等产品，保障了能源类行业面临的物质损失风险。人保财险针对山西省的地形地貌以及灾害特点，推出光伏组件生产和光伏电站运营保险菜单式服务承保清单，最大限度地满足了扶贫电站的安全保障需求，保障了国家扶贫资金的安全，该案例入选国务院扶贫办"2019年金融扶贫优秀案例"。

（2）创新型保险产品方面

针对清洁能源行业的产品质量风险和利润波动风险，保险行业为产业上下游企业提供产品质量类保险、发电量保证类保险、利润损失类保险以及设备供应链保险等产品，助升清洁能源产业抗风险能力。针对光伏产品质保期较长的问题，推出光伏组件效能保险，最长能保障光伏组件30年以上的输出功率衰减造成发电损失，该产品一举打破了国外保险公司垄断，有力地支持了国内光伏组件企业的全球化市场开拓，也保证了下游企业的运营质量；针对发电状态不稳定的问题，推出光伏日照指数保险，保障日照强度发电量；推出风电指数保险，保障风速发电量；推出海上风电专属保险，保障超设计风速导致机械损坏和利润损失。针对产业链较长，占用资金量大的问题，保险行业推出设备供应链保险产品，积极向生产企业上下游延展保险服务，利用保险增信功能，降低企业融资成本，不占用银行授信额度；推出保证金保险服务，替代投标保证金，降低清洁能源工程资金占用。

（3）嵌入式服务方面

为精准解决光伏产业链企业日常经营中面临的各类风险，保险行业依托分布式光伏云网整合的分布式光伏全产业链资源，嵌入光伏云网平台，直接面向分布式光伏业主、投资商、生产商、运营服务商、金融机构，提供便捷、精准的保险服务，助力光伏产业链健康发展。

4.4.3　服务于绿色交通发展的典型保险产品

我国交通运输领域碳排放年均增速保持在 5% 以上，已成为温室气体排放增长最快的领域，交通运输领域碳排放占全国终端碳排放约 15%。交通运输领域在节能减碳方面拥有极大潜力。降低交通领域碳排放不仅在于交通领域本身，而是涉及交通行业的全产业链条，包括载运工具自身的能源经济性和能耗强度、运输能耗、能源供给等。汽车作为交通运输的重要工具之一，其低碳转型对于交通领域实现碳达峰碳中和至关重要。

（1）新能源汽车保险方面

近年来，随着国家绿色出行政策的不断深化，新能源汽车产销量、保有量都出现井喷式增长，已经成为重要的交通出行工具。新能源汽车面临的如碰撞、倾覆风险和救援需求与传统燃油汽车类似，主要通过机动车辆保险获得相应保障；然而作为新技术的产物，新能源汽车有着独特的核心技术和风险因素，所需保障内容不同于传统汽车。通过近几年的积累，保险业初步具备了开发新能源汽车保险产品的数据基础，在深入研究、充分调研的基础上，在银保监会的指导下，2021 年保险业协会组织行业力量，通过产学研联合攻关的方式，启动了新能源汽车专属条款的开发工作。目前已初步形成条款草案，将在征求行业和社会意见后适时推出。在新能源汽车电池保险方面，保险业已经开展了纯电动车三电部分（电池、电机、电控）的延保试点，项目承保过程中对电池类型、电极材料特性、充放电性能、续航里程、驾驶环境等因素风险进行了充分论证。在充电桩保险方面，针对充电桩（站）实际经营应用中面临的多种风险，保险公司推出了充电桩财产保险和充电桩充电安全责任保险，从财产损失和第三者责任赔偿责任方面，为新能源汽车企业充电基础设施提供全面的风险保障。目前，行业已形成了车险、电池保险、充电桩保险三位一体的全面保障。

（2）轨道交通建设工程保险方面

保险公司对轨道交通建设工程提供承保支持，除了对施工过程中遇到的自然灾害和意外事故提供经济补偿外，还通过"保险＋服务"的形式，提供保前和保中全流程风控服务，对安全隐患提出改进措施，有力地支持了绿色交通的发展。护航绿色交通发展的典型保险产品具体见表 4-7。

表 4-7　护航绿色交通发展的典型保险产品

产品分类	产品名称	保障风险
车辆保险	新能源机动车辆	新能源汽车车辆损失
财产保险	地铁工程建筑工程一切险	轨道交通工程中的财产损失和第三者责任
	充电桩财产保险	充电桩财产损失
责任保险	充电桩充电安全责任保险	充电桩意外事故造成第三者损失
	车辆延长保修责任保险	新能源车辆延长保修责任
	公众责任险	公共交通站台等固定设施运营的第三者责任
	承运人责任险	公共交通车辆运营中对乘客安全的保障责任
综合保险	公交运营综合保险	经营公交车的单位在运营过程中的车辆损失、财产损失、第三者责任等
	充换电站综合保险	充换电站在运营过程中的财产损失和第三者责任

注：数据来源：摘自《保险业聚焦碳达峰碳中和目标　助推绿色发展蓝皮书》。

4.4.4　服务于绿色建筑的典型保险产品

据中国建筑节能协会发布的《中国建筑能耗研究报告（2020）》显示，2018年，在全国碳排放量的比重分布中，建筑全过程的碳排放量占到51.3%，仅建筑运行阶段的碳排放量就占到21.9%。当前建筑领域的节能减排对于实现碳中和目标至关重要。绿色建筑是能够节约能源、提高资源利用率，为人类提供安全、高效的环境，并且使人与环境以及建筑相互适应、相互融合的新型建筑。绿色建筑产业链作为一种全新的理念，不仅仅是传统建筑产业链的延续，更是以绿色建筑作为上下游产业发展的重要节点，具有推动传统产业结构的转型与升级，促进新兴产业发展的作用，其对提高社会效益和经济效益发挥着不容忽视的作用。

绿色建筑保险可以对企业建筑开发项目的事前、事中、事后进行阶段性风险保障，开发前有助于项目投融资过程中的增信，开发中发挥风险管理作用，开发后针对保险范畴的损失进行及时补损。综合而言，绿色建筑保险有利于以市场化手段助力绿色建筑达成预期价值，推动建筑的"绿色化"从设计环节平稳过渡至运行环节。

（1）国际保险产品

资料显示，当前主流的国际绿色建筑保险产品主要可以分为绿色建筑财产保险和绿色建筑职业责任保险两类。绿色建筑财产保险产品以绿色建筑资产本身及附属设施、材料、装备为标的；绿色建筑职业责任保险产品则是以各类绿色建筑专业人员的职业责任风险为标的。2006年，美国的消防员基金（Fireman's Fund）保险公司开始提供名为GreenGard（绿色卫士）的绿色建筑保险，为美国商用建筑提供绿色建筑风险保障，代表着市场上绿色建筑保险产品初次面世。

（2）国内保险产品

2019年4月2日，人保财险以北京市朝阳区崔各庄奶东村企业升级改造项目为试点，引入绿色建筑保险，对项目的启动阶段、设计阶段、施工阶段、运行阶段的重要节点进行风险防控。若保险建筑最终未取得合同约定的绿色运行星级标准，保险公司将采取实物修复和货币补偿的方式，保障项目方的权益。此试点项目在绿色金融创新模式指导下，充分调动社会资源，积极培育市场力量。2020年4月9日，中国建筑节能协会发布了绿色建筑质量性能保险试点方案，希望通过探索、试点、示范和引领作用，突破城市建筑质量管理与政府管理的责任风险，实现政府和保险业的共赢发展。

绿色卫士装修污染责任险是聚焦于绿色建筑的创新型产品，实行全流程风险管控，提供施工时污染物评估、完工后污染物检测、出险后污染物治理等服务。此份保险致力于保障业主房屋装修后室内空气质量安全、符合居住标准，避免因为新装修后产生的污染物（甲醛、三苯、TVOC、氡等）对业主，尤其是儿童的身体健康危害，并可对建筑物内因空气污染引起的人身伤亡和财产损失进行赔付。2018年9月27日，深圳市福田区政府、深圳保监局、平安产险深圳分公司、深圳经济特区金融学会绿色金融专业委员会达成战略合作，共同启动绿色卫士装修污染责任险，对福田区的新建或翻新公众场所进行承保。

赋能建筑行业绿色转型的典型保险产品见表4-8。

表 4-8　赋能建筑行业绿色转型的典型保险产品

产品分类	产品名称	保障风险
财产保险	建筑工程一切险	绿色建筑建设过程中的财产损失和第三者责任
	安装工程一切险	绿色建筑设备安装过程中的财产损失和第三者责任
	企业财产保险	绿色建筑运营过程中的财产损失
	家庭财产保险	绿色建筑运营过程中的财产损失
责任保险	绿色建筑性能责任保险	绿色建筑的预定星级目标与实际评定星级之间的偏差风险
	施工企业安全生产责任保险	绿色建筑施工中发生生产安全事故造成的从业人员人身伤亡和第三者人身伤亡
	工程质量潜在缺陷保险	绿色建筑工程质量潜在缺陷的修复费用和开发商的赔偿责任

注：数据来源：摘自《保险业聚焦碳达峰碳中和目标　助推绿色发展蓝皮书》。

4.4.5　支持绿色低碳技术推广的保险产品

实现碳中和的路径中，低碳技术的发展和进步发挥着重要作用。能源生产端实现清洁发电需要依赖技术工艺的不断进步，以期实现清洁能源的度电成本低于传统的火电成本，并进一步实现规模化使用。在能源消费端，工业领域需要低碳技术改造推动电气化率以及能源使用效率的提升。交通领域则依赖于技术进步改变生产工艺流程，以实现用电能和氢能源替代传统的化石能源。工业生产由于脱碳难度大，需要依赖碳捕捉技术实现减排。

（1）研发费用损失保障方面

针对绿色技术研发经费相关风险，保险业设计了"科技型企业研发费用损失保险"，保险期限为研发周期，一旦企业的研发成果未能通过后续试验或未能形成新产品，保险公司将依据保险合同给予约定的保险金额赔付。同时，保险公司还引入服务资源，帮助企业规范科研环节管理，提高科研成功率。

（2）知识产权风险保障方面

通过推出专利执行保险、专利被侵权损失保险、专利质押融资还款保证保险等保险产品，为知识产权的确权、维权、用权提供保险保障。专利执行保险是对专利权人通过法律程序排除他人对该专利权的侵权行为过程中的调查费用、法律费用和直接损失进行补偿；同时在出现侵权案件后，保险公司将给予客户索赔指引并提供法律咨询服务。专利被侵权损失保险是当出现侵权案件时，保险公司为被保险人提供咨询服务，协助立案、取证，估算被保险人损失金额，先行预付赔款，然后由保险公司代为追偿损失，将民营企业从知识产权侵权案件的诉讼流程中解脱出来；且借助保险公司在法律方面的专业优势，能够提高胜诉的可能性。专利质押融资还款保证保险是保险公司与商业银行联动，设计专利权质押融资保证保险贷款产品，由企业以授权专利为标的向保险公司投保，保险公司聘请专业机构对专利权开展评估，合理确定专利权价值，保险公司、商业银行分别根据企业实际经营情况及风控情况确定保额及质押率，由银行向客户发放贷款。

（3）产品质量安全风险保障

产品质量安全责任保险保障包括生产者、销售者应当承担的修理、更换、退货责任以及产品存在缺陷造成人身损害、缺陷产品以外的其他财产损害赔偿责任风险。产品质量保证保险保障制造商、销售商或修理商因其制造、销售或修理的产品质量有内在缺陷而给消费者带来的经济损失。保险公司通过承保前严格的资信审查、保险期内完善的产品质量检查与监督以及理赔后的严格追偿等三重防范机制，努力控制可能引起投保企业在产品质量上失信违约或疏忽的各种主观和客观因素，进而实现其风险控制目标，协助推动绿色技术创新应用。

（4）首台套装备保险

我国的清洁能源、污水处理及回收利用、大气污染防治、固体废物处理等绿色技术的运用仍然在创新推广阶段，潜在用户对一些高新技术产品的性能、质量不了解，导致了相关企业整套高价值的技术装备市场推广难的问题，在一定程度上限制了我国绿色技术创新、推广和绿色企业走出去的步伐。为了实现我国从制造业大国向制造业强国转变，推动经济转型升级提供强大的动力，装备制造业的自主创新需要一个长期有效的鼓励机制，首台套保险因此而生。首台套保险既保障因质量缺陷造成的用户财产损失或人身伤亡风险，也保障因质量缺陷导致用户需要修理、更换或退货的风险。通过将两个险种打包承保，平滑了赔付风险，一方面为保险公司提供可持续的保障打下了基础；另一方面通过为企业的新技术落地提供全面的风险保障，解决了新型绿色环保装备前期销售推广难的问题，促进绿色产业科技迭代发展（表4-9）。

表4-9　支持绿色低碳技术推广的典型保险产品

产品分类	产品名称	保障风险
责任保险	研发费用损失保险	绿色技术研发失败的研发费用补偿
	专利执行保险	通过法律程序排除他人对该专利权的侵权行为过程中的调查费用、法律费用和直接损失
	专利被侵权保险	预赔付通过法律程序排除他人对该专利权的侵权行为过程中的调查费用、法律费用和直接损失
	产品质量安全责任保险	生产者、销售者应当承担的修理、更换、退货责任以及产品存在缺陷造成人身损害、缺陷产品以外的其他财产损害的赔偿责任
	首台套重大技术装备保险	绿色首台套重大技术装备在销售后的产品质量风险和责任风险
	重点新材料首批次应用保险	首批次应用绿色新材料在销售后的产品质量风险和责任风险，绿色专利质押人不能还款的信用风险
保证保险	专利质押融资还款保证保险	绿色专利质押人不能还款的信用风险
	产品质量保证保险	制造商、销售商或修理商因其制造、销售或修理的产品质量有内在缺陷而给消费者带来的经济损失

注：数据来源：摘自《保险业聚焦碳达峰碳中和目标　助推绿色发展蓝皮书》。

4.4.6　我国重点城市巨灾保险试点及产品

巨灾保险是指对因发生地震、飓风、海啸、洪水等自然灾害，可能造成巨大财产损失和严重人员伤亡的风险，通过保险形式，分散风险。巨灾保险对于积累灾前资金储备，实现巨灾风险跨期分散，推动国家灾害管理的稳定和长久机制建设具有重要意义。

2006 年，国务院《关于保险业改革发展的若干意见》使得巨灾保险重新进入大众视野。2016 年，随着《建立城乡居民住宅地震巨灾保险制度实施方案》《中国保险业发展"十三五"规划纲要》《地震巨灾保险条例》等一系列政策的陆续出台，巨灾保险再次受到关注，步入发展阶段。自 2017 年 6 月 22 日，中国再保险集团主办"首届巨灾风险与保险高峰论坛暨中国再保险巨灾研究中心成立大会"，利用大数据等前沿科技进行巨灾风险管理、推出新型保险产品的工作在我国拉开了序幕。

我国重点城市巨灾保险试点基本情况见表 4-10。

表 4-10　我国重点城市巨灾保险试点基本情况

地区	落地时间	保费来源	保障
深圳市	2014 年 5 月	当地政府	多种自然灾害及其次生灾害造成的人身伤害、房屋损失补偿。每人最多获得 10 万元赔偿；房屋损失补偿按实际损失进行补偿；每户最高获得 2 万元赔偿。保险人为灾害发生时处于深圳市行政区域范围内的所有自然人
宁波市	2014 年 11 月	当地政府	因巨灾造成人身伤亡的医疗费用、残疾救助金、身故救助金及其他相关费用，最高赔偿限额均为每人最高 10 万元。以及家庭财产损失救助赔偿，最高赔偿限额为每户 2000 元
广东 14 个地市	2016 年 7 月	由省市两级财政出资,每个试点地市预算 3000 万元,保费在 3000 万元以内的,按照省级与地市 3:1 的比例分担,超过 3000 万元的部分由地市承担	气象部门采用"一市一方案"的原则,承保公司针对当地的特点和地市政府的需求,量身定制个性化的保险方案。保险责任范围为发生率较强的地震,巨灾指数保险赔付触发机制基于气象、地震等部门发布的连续降雨量、台风等级、地震震级等参数,进行分层赔付
河北张家口	2016 年 6 月	政府全额出资,省级财政补贴比例为 70%,市级财政补贴比例为 30%	因破坏性地震导致的房屋直接损失、大灾损失及公共安全突发事件损失。人身伤亡最高 20 万元,住房损失最高 10 万元,财产损失最高 5000 元

续表

地区	落地时间	保费来源	保障
重庆	2017 年	重庆巨灾保险保费由参保区县财政承担	在基本保障范围内,每人每次灾害投保金额不低于 10 万元,其中医疗救助费用投保金额不低于 1 万元

注:数据来源:摘自《保险业聚焦碳达峰碳中和目标 助推绿色发展蓝皮书》。

4.4.7 服务于生态碳汇能力提升的保险产品

实现"双碳"目标要严格保护各类重要生态系统,开展生态碳汇资源培育、生态保护修复,有效发挥现有森林、草原、湿地、耕地、海洋等碳库的固碳作用。森林是陆地生态系统的主体和重要资源,是我国最重要的碳汇资源之一,对"双碳"目标的达成起着举足轻重的作用。我国森林面积共 2.2 亿公顷,其中人工林面积 7954 万公顷,居世界首位。林业和草原具有生态、经济和社会等多种功能,在推进绿色发展中具有天然优势和不可取代的作用。助力生态碳汇能力提升的典型保险产品见表 4-11。

表 4-11 助力生态碳汇能力提升的典型保险产品

产品分类	产品名称	保障风险
农业保险	森林综合保险	公益林或商品林遭受各类灾害造成的损失
	森林火灾保险	公益林或商品林遭受火灾造成的损失
	商业性林业碳汇价格保险	市场林业碳汇项目价格波动造成保险碳汇的实际价格低于目标价格的损失
	天然草原保险	天然草原遭受各类灾害造成的损失
	林果保险	林果遭受各类灾害造成的损失
	景观绿化林木保险	景观绿化林木遭受各类灾害造成的损失
保证保险	林权抵押贷款保证保险	林权抵押贷款不能偿还的信用风险

注:数据来源:摘自《保险业聚焦碳达峰碳中和目标 助推绿色发展蓝皮书》。

4.5 绿色基金与绿色 PPP

4.5.1 绿色基金分类

绿色基金是绿色金融非常重要的一个版块,绿色基金包括绿色产业投资基金、绿色产业并购基金、PPP 环保产业基金等多种方式。绿色基金可以成为绿色可持续发展的新动力,用于雾霾治理、污染防治、清洁能源、绿化和风沙治理、资源循环利用、低碳交通、绿色建筑、生态保护和气候适应等领域。2020 年 7 月 15 日,由财政部、生态环境部、上海市共同发起设立的国家绿色发展基金股份有限公司在上海正式揭牌运营。

目前国内的绿色基金大致可以分为以下三种。

（1）交易所环保主题基金

契约型开放式基金，主要投资于从事或受益于环保主题的上市公司。其主要分为三类：股票型、指数型和混合型。这种类型的基金稳定性较低，更加灵活。与此同时，可能面临着操作复杂、财产混同的风险。

（2）环保产业并购基金

环保类上市公司参与或设立，主要在环保领域进行投资。目前，我国环保产业并购基金主要特点包括：并购基金资金一般在 10 亿元以上，组织合作形式上主要以有限合伙制为主，设立上主要采取"上市公司＋PE"模式。这种类型相比于前面的契约型更加稳定，但相应地灵活性便有所欠缺。且它面临多重征税，整个流程也较为复杂。

（3）PPP 模式环保产业基金

PPP 模式和环保产业基金的结合，目前该种形式基金模式包括：①环保产业母基金，通过"财政出资＋社会资金"设立环保产业母基金，再通过母基金出资设立子基金投入到环保领域；②环保产业子基金，通过"政府引导基金＋社会资金"设立；③政府投资基金，各级政府财政出资并撬动社会资金参与设立投资基金。这类资金投资范围更加广阔，只有部分资金用于环保产业。它的稳定性适中，灵活性也中等。

在政府的积极推动下，各省份的绿色基金不断涌出，具体见表 4-12。

表 4-12　近年我国新增绿色产业引导基金列表

基金名称	管理机构	注册地区	成立时间	目标规模/亿元
四川城乡绿色发展引导基金	自管	四川	2016 年 5 月 19 日	——
张家口绿色发展基金	水木资本	河北	2016 年 6 月 16 日	
镇江绿色发展基金	自管	江苏	2016 年 6 月 16 日	30.00
安徽省节能环保基金	瑞力投资	安徽	2016 年 6 月 25 日	4.50
齐齐哈尔工业暨节能减排基金	博资创新	黑龙江	2016 年 6 月 24 日	20.00
新都前海农行绿色基金	前海金融控股	四川	2016 年 6 月 26 日	20.00
滴银新都绿色基金	前海金融控股	四川	2016 年 6 月 26 日	19.50
中农绿色健康基金	中农高科技	广东	2016 年 7 月 13 日	5.00
佛山云浮氢能源基金	自管	广东	2016 年 7 月 18 日	30.00
如皋新能源汽车基金	中融信托	江苏	2016 年 7 月 28 日	
宜昌绿色发展投资基金	自管	湖北	2016 年 9 月 2 日	100.00
磐安县绿色产业基金	自管	浙江	2016 年 9 月 8 日	——
广州绿色产业基金	南粤基金	广东	2016 年 10 月 18 日	——
中睿移动能源产业基金	中睿资产	山西	2017 年 1 月 26 日	32.35
石家庄市大气污染防治基金	自管	河北	2017 年 4 月 10 日	30.00

续表

基金名称	管理机构	注册地区	成立时间	目标规模/亿元
视城绿色发展基金	自管	河北	2017 年 5 月 19 日	—
江苏省生态环保基金	华融中财	江苏	2017 年 7 月 26 日	800.00
原苏绿色发展基金	深圳富海鑫湾投资	广东	2017 年 10 月 27 日	1.40
高祖绿色港口产业基金	自管	广东	2017 年 12 月 12 日	10.00
京津冀大气污染防治基金	中国节能	北京	2017 年 12 月 18 日	500.00
贵港新能源汽车基金	自管	广西	2017 年 12 月 27 日	500.00
郑州都市生态农业专项建设基金	自管	河南	2018 年 3 月 7 日	300.00
盐城市节能环保产业基金	金茂资本	江苏	2018 年 3 月 20 日	—
北京区块链生态基金	自管	北京	2018 年 5 月 19 日	10.00
国金佐誉新能源汽车基金	自管	浙江	2018 年 7 月 31 日	5.00
银河湖州绿色基金	自管	浙江	2018 年 7 月 31 日	5.00
湖州绿色产业引导基金	自管	浙江	2018 年 7 月 31 日	10.00
盐城市新能源产业基金	悦达金泰	江苏	2018 年 9 月 17 日	2.01
工业及国企绿色基金	自管	贵州	2018 年 9 月 17 日	300.00
甘肃绿色生态产业基金	甘肃国投	甘肃	2018 年 9 月 28 日	400.00
大同能源产业基金	自管	山西	2018 年 10 月 27 日	100.00
长江经济带生态基金	自管	—	2018 年 11 月 1 日	3000.00
旌德中安绿色健康产业基金	北京安芙兰投资	安徽	2018 年 1 月 11 日	1.00

4.5.2　绿色产业基金发展模式

作为资金来源广泛的绿色基金，包括绿色产业基金和绿色担保基金，在推动绿色产业发展过程中更是具有举足轻重的作用。绿色产业项目多数处于发展初期，与传统成熟行业相比风险较高，与绿色信贷等融资渠道的要求不符合，绿色产业基金作为绿色信贷的重要补充，日益成为绿色金融体系中不可或缺的环节。

此外，绿色产业作为国家重点扶持、照顾和鼓励的行业，未来发展潜力巨大，逐渐成为各地政府引导基金投资的热点，各类金融机构也逐渐加大投入，通过市场化的产业基金，将资金导入绿色产业，与政府拨款相比更加灵活高效，进一步解决清洁能源、节能环保等绿色产业的资金短缺问题。国内绿色产业近年来进入发展快车道，先后成立了多支以绿色产业为投资标的的产业基金。

（1）模式一：行业内高新技术企业＋政府引导基金

蔚来汽车与湖北长江产业基金的合作属于这种模式的典型案例，长江基金成为蔚来新能源产业发展基金的基石投资人。该基金专注于电动汽车关联产业中处于成长期或成熟期的新能源、汽车及科技企业投资，并进行产业化发展。此外，还在武汉东湖新技术开发区建设长江蔚来智能化新能源汽车产业园，总投入不少于人民币 200 亿元，产值目标为 1000 亿元。

目前，各级政府均积极设立各个产业的政府产业引导基金，介入到新兴产业或者传统产业转型中，对相关企业进行股权投资以及并购投资，实现地方产业结构的调整。

根据清科集团旗下私募通数据统计，截至 2016 年初，国内共成立 780 只政府引导基金，基金规模达 21834.47 亿元。2015 年新设立的政府引导基金为 297 只，基金规模 15089.96 亿元，分别是 2013 年引导基金数量和基金规模的 2.83 倍和 5.24 倍。七大战略新兴产业和基础设施成为这些引导基金的主要投资领域。在此背景下，资本和实业充分利用政府引导基金这一低成本资金来源，成为一种有效的融资途径。

随着目前各类绿色产业市场集中度越来越高，通过绿色产业基金培育技术领先管理科学的实力型企业做大做强十分重要，一方面对市场上的绿色企业起到筛选作用，另一方面对于政府引导基金管理机构或者金融机构而言是新的利润增长点。

出于产业基金以利润为先导目标的前提，主要用于扶持已有市场基础、具有一定盈利性的行业或企业，包括各种可再生能源发电、新能源汽车、污水处理等。这些行业都属于重资产行业，对资金需求量大，企业必须做大做强才能形成市场竞争优势，从而降低建设与运营成本，并逐渐形成核心技术壁垒与人才优势，因此也对创新金融服务的介入有着迫切的需求。行业内高新技术企业与政府引导基金双方面的需求促使这种合作模式在各个省份均成为绿色产业基金的主要运作模式之一。

（2）模式二：行业内大型央企牵头

广东可再生能源产业基金、中广核产业投资基金管理有限公司第三期产业投资基金、光大中船新能源产业投资基金都是行业内大型央企牵头发起的产业投资基金。中广核是由国务院国资委监管的大型清洁能源企业，根据战略规划，到 2020 年中广核集团清洁能源电力装机容量达到 9000 万千瓦，约占国家 2020 年一次能源消费的 3%，具有强大的技术生产能力和资本优势。

而光大中船新能源产业投资基金主要发起人为中国光大实业（集团）有限责任公司、中船投资发展有限公司，母公司中国光大集团和中船重工均是我国重要央企，并且已在新能源等绿色产业进行布局，成立产业基金有助于这类央企开展绿色产业的并购业务。

此外，根据国务院文件，由于绿色产业基金资产总值的 60% 需要投入到绿色产业项目中，在其获取收益的同时，与其他产业基金相比，更侧重于将生态发展和经济收益相结合。

行业内央企介入，在布局绿色新兴产业，整合产业资源的同时，也是其履行社会责任的重要体现，有助于央企社会声誉的提升。而且，央企旗下通常拥有上市平台，由其发起的产业基金投资的绿色产业项目的退出渠道更为顺畅。并且，出于其行业本身的丰富资源，由行业内大型央企发起的绿色产业基金是相关投资者关注的热点。

（3）模式三：金融机构＋行业内知名公司

中国新能源产业基金、信银金风风电产业基金、东鼎新能源产业基金的发起机构均采用了"金融机构＋行业内国内知名公司"的模式。

其中，信银金风风电产业基金的发起机构是典型的私募股权基金投资管理机构和风电行业龙头企业金风科技，并且金风科技早在 2007 年就已上市。

在这种合作模式中，金融机构针对绿色产业领域上市公司的细分行业特点个性化需求，为上市公司进行横向和纵向整合，提高行业资源集中度，以市场化手段，将优质资源向优势企业配置，能够降低相关行业潜力企业的运营成本，提升盈利能力。

对金融机构自身来说，与上市公司合作成立绿色产业并购基金，既能够借助上市公司行业内资源进行管理运作，又能够以上市公司平台作为退出渠道。因此这种结合上市公司技术、商业模式优势和金融机构融资优势的业务模式，也更受到投资者青睐。

4.5.3   交易所环保主题基金

目前环保主题基金主要分为三类：环保指数型基金、环保主题股票型基金和混合型环保主题基金。

环保指数型基金，主要是广发中证环保产业、天弘中证环保产业、申万菱信中证环保产业、新华中证环保产业、鹏华中证环保产业、工银瑞信环保产业、广发中证环保产业 ETF，以及海富通中证低碳基金。

环保主题股票型基金中，鹏华环保产业、汇添富环保行业、建信环保产业、华夏节能环保、长信低碳环保行业量化等产品都基本是以中证环保产业指数基金为业绩基准，业绩比较基准一般会"以指数收益率×（80%～90%）"，而景顺长城环保优势业绩基准是"中证环保产业指数收益率×40%＋沪深 300 指数收益率×40%＋中证全债指数收益率×20%"；诺安低碳经济、嘉实环保低碳的基准则是中证内地低碳经济主题指数。

混合型环保主题基金主要有富国低碳环保、兴全绿色投资、富国低碳新经济、天治低碳经济、鹏华健康环保、诺安低碳经济、嘉实环保低碳、景顺长城环保、汇丰晋信低碳先锋等。

4.5.4   环保产业并购基金

4.5.4.1   节能环保产业并购重组的主要特点

（1）并购主体以上市公司为主

节能环保产业并购重组以上市公司为主力军。目前，节能环保产业上市公司普遍采用"上市公司＋私募股权基金（PE）"模式（即上市公司联手 PE 成立并购基金的模式），主导国内节能环保产业并购重组。并购基金的资金来源除了上市公司的自有资金外，还有通过 PE 募集的社会资金，依托杠杆效应推动节能环保产业加速整合。另外，在政府与社会资本合作（PPP）大潮下，衍生出一种新的投资模式，即"PPP＋PE"模式。PE 机构筹集社会资金，以 PPP 方式投资市政环保基础设施以及其他环境领域项目。借助"PPP＋PE"模式，规模相对较小的技术型企业与大型产业投资基金合作，助推企业品牌迅速成长，使得这些企业又成为上市公司的并购对象。

（2）并购模式以横向、纵向并购和打造平台公司为主

节能环保产业上市公司并购主要有横向并购、纵向并购和打造平台公司三种模式。对于业务条线单一的节能环保产业上市公司，横向并购能够打开细分领域的市场，为企业开辟新的发展路径，实现主业发展或区域扩张。例如，瀚蓝环境收购冠创中国，实现跨区域发展；中原环保收购五龙口污水处理厂，提升污水处理能力。纵向并购则有助于上市公司延伸产业链条，突破原有发展瓶颈，提升公司综合竞争力。例如，永清环保连续将 IST 公司及 MC2 公司纳入旗下，在土壤修复领域形成了囊括研发、设计、修复药剂生产到工程施工各个环节

的完整产业链；聚光科技收购鑫佰利，从监测业务进一步拓展到环境治理业务。近年来，节能环保产业并购模式还有一个突出特点是打破常规的横向、纵向并购，转而以打造平台公司为新的方向。例如，启迪桑德、碧水源等多家节能环保领域龙头公司都以打造综合性环保服务商作为发展目标。

（3）海外并购规模屡创新高

在资本驱动下，海外并购热潮不断，并购规模持续扩大。以"资本换技术"是大部分民营环保企业开展海外并购的初衷。例如，天翔环境先后收购美国圣骑士及德国贝尔芬格水处理技术公司，通过海外并购引进污水、污泥处理方面的全套先进技术，从而提升企业竞争力。相比于民营企业通过海外并购获得技术，国有企业更倾向于采用海外并购、投资运营海外公司的方式以促进本土企业做大做强。例如，2016 年 3 月，北控集团以 14.38 亿欧元完成对 EEW 公司 100％股权的收购。通过国际化收购兼并，不仅迅速掌握先进技术，而且提升企业的市场竞争力。国内环保企业在开展海外并购过程中，也面临着一系列挑战，例如，缺乏对海外市场的深度认识、缺乏有效的对接渠道、对地域文化了解不够深入、沟通机制不够顺畅、管理模式难以满足海外发展要求等。

4.5.4.2　节能环保产业并购重组的驱动力

（1）政策刺激助推节能环保产业上市公司做大做强

一是国家明确节能环保产业的战略性地位。2010 年 10 月，《国务院关于加快培育和发展战略性新兴产业的决定》明确将节能环保产业纳入国家战略性新兴产业，表明国家对发展节能环保产业的高度重视。《中华人民共和国国民经济和社会发展第十三个五年规划纲要》明确提出，到 2020 年，节能环保产业的一个发展目标是培育一批具有国际竞争力的大型节能环保企业集团。在此背景下，节能环保产业并购重组是大势所趋。

二是国家为节能环保产业发展营造良好的市场环境。2013 年 8 月，《国务院关于加快发展节能环保产业的意见》提出，通过健全节能环保法规和标准，强化监督管理，形成促进节能环保产业快速健康发展的激励和约束机制。另外，并购重组政策的优化进一步推动节能环保产业并购重组的大规模实施。2014 年，国务院发布《关于进一步优化企业兼并重组市场环境的意见》，同年中国证监会发布《上市公司重大资产重组管理办法》和《关于修改上市公司收购管理办法的决定》，这些政策为节能环保产业发展的整合、升级和发展提供了有力支持。总之，政策支持是节能环保产业并购重组的第一驱动力，为节能环保企业借助资本市场力量做大做强打下了基础。

（2）市场主体增多促使节能环保产业并购重组交易趋于活跃

随着国家相关政策的相继出台，我国节能环保产业呈现出快速发展的趋势，市场主体数量持续增加。一方面，企业进入节能环保产业的壁垒较低，在政策利好的刺激下，从事节能环保事业的一大批小微企业相继成立。另一方面，在资本市场上市的节能环保类公司数量持续增加。

（3）资金面宽松为节能环保产业并购重组提供适宜的金融条件

从 2012 年开始，市场利率不断下行，大量民间资本流向资本市场为节能环保产业并购重组创造条件。2016 年前三季度，我国 19 家上市公司参与设立环保产业并购基金，总规模近 400 亿元。其中，一半以上的产业并购基金规模超过 10 亿元，例如，江南水务、环能科技、＊ST 华赛等共同设立的禹泽环境产业基金规模达到 50 亿元；大禹节水成立的产业投资基金规模为 50 亿元；大量并购基金的存在为节能环保企业在资本市场并购重组提供了条件。

4.5.4.3　环保并购基金发展模式

第一种模式是与券商联合设立并购基金，如中山公用携手广发证券，中山公用全资子公司中山公用环保产业投资有限公司（下称"公用环保"）与广发证券全资子公司广发信德投资管理有限公司（下称"广发信德"）共同发起设立"广发信德·中山公用并购基金"。总规模预计为 20 亿元，其中广发信德认缴出资 3 亿元、公用环保认缴出资 2 亿元，其余对外募集。投资主线为节能环保、清洁技术、新能源等行业。

例如渤海股份投资设立环境产业基金。渤海水业股份有限公司与天风证券下属天风天睿投资共同发起设立"锐城环境产业基金"（暂定名），预计规模 5 亿元。主要对环保产业链优质标的进行股权投资和培育，推动产业并购重组，促进与环保节能相关的互联网、大数据、云计算、物联网企业和环保相关高端制造业的并购投资，推动产业链上下游延伸及协同发展。

第二种模式是联合银行业成立并购基金，例如盛运环保与兴业银行成立规模为 6 亿元的并购夹层基金，通过股权增资方式，用于招远、凯里、拉萨、枣庄 4 个垃圾发电项目建设。

第三种模式是联手 PE 设立并购基金，此种模式占大多数。如上风高科与盈峰资本、易方达资产等共同设立 30 亿元的环保并购基金；先河环保与上海康橙投资合作发起设立 5 亿元"上海先河环保产业基金"；再升科技与福建盈科创业投资发起设立"再升盈科节能环保产业并购基金"；东湖高新与联投集团、光大浸辉合作设立 24 亿"东湖高新环保产业并购基金"等。

4.5.5　PPP 模式环保产业基金

4.5.5.1　基本概念

环保产业基金可分为区域性环保产业基金和单一产业环保产业基金。区域性环保产业基金，例如建银城投环保基金，主要投资方向为上海市的可替代能源与清洁技术、高边际收益的生产型企业、环保新材料及新材料技术、环保运输、节能减排等服务、咨询、环保物流等。单一产业环保产业投资基金则是主要投资于某一环保产业的投资基金，例如土壤修复产业投资基金。这两种环保产业投资基金，都可以自由选择项目，出于金融机构追逐利润的本性，它们挑选的项目都会是高利润项目。

PPP 模式即 public-private partnership，是指政府与私人组织之间，为了提供某种公共物品和服务，以特许权协议为基础，彼此之间形成一种伙伴式的合作关系，并通过签署合同来明确双方的权利和义务，以确保合作的顺利完成，最终使合作各方达到比预期单独行动更为有利的结果。PPP 环保产业基金既具有典型 PPP 模式特征，又具有区域性环保产业基金特征。

PPP 环保产业基金，主要适合于在流域水环境保护领域、城市环境保护基础设施领域运用。与一般 PPP 项目不同，PPP 环保产业基金对应的不是单一项目，而是一个项目包，项目包内包含的项目来自多个产业，这些产业链可以互相衔接、互相呼应，从而使中低利润的环保项目可以通过产业链互相呼应的设计来降低风险，提高项目包整体收益。项目包内分为高、中、低利润项目群，将中低利润项目与高利润环保项目捆绑在一起，通过各产业链的互相呼应来降低风险、提高整个项目包的整体收益。

另外，PPP 模式环保产业基金与一般产业基金不同，它具有贯穿 PPP 模式的以项目为基础、以合同为核心、以特许经营权的让渡为手段，集项目融资、建设与运营为一体的特征。该基金的项目包是已经在合同中规定了的，通过特许经营权让渡和合同管理，为该项目包专门组建的项目公司不能只挑拣高利润项目，必须接受环境目标，以及为达到该环境目标所必须实施的所有项目，含中低利润项目和无利润项目。

4.5.5.2　发展优势

PPP 环保产业基金最大的特色就是可以解决中低利润环保项目的融资困境，而且这种创新的 PPP 环保产业基金可以实现政府资本、社会资本和环保企业三方的利益共赢。

PPP 环保产业基金对环保企业具有显著的吸引优势。PPP 环保产业基金不仅可以解决政府在中低利润环保项目中的融资困境，还可以有益于环保企业的利润增加，因此，对环保企业也是具有较强吸引力的。这种创新的 PPP 环保产业基金模式对环保企业的吸引力主要表现在以下方面。

（1）将融资、建设与运营结合在一起

一般来说，产业基金只是做融资，不涉及项目的建设与运营，只是获得融资利润。而 PPP 模式则是将项目融资、建设与运营结合在一起。例如，当一个环保企业获得一个污水处理厂建设运营的特许许可，它需要专门为该特许经营的项目设立一个项目公司，然后，这个项目公司既作为融资平台，又作为建设与运营的机构。

（2）可实现环保产业从游牧狩猎时代向定居农耕时代转换

环保产业，特别是环境污染治理和环保设施建设、运营，与一般产业的不同之处，就是必须到污染发生的当地去治理运营。例如钢铁行业，可以在唐山生产，然后把产品卖到全国。但环保产业，如果把污染治理作为它的产品，必须到污染当地去生产供给。很多污染治理的项目，如流域的污染治理、地下水的污染治理、土壤的污染治理，往往是环保企业在一个地方拿到项目后，花费几个月或者一年的时间治理好，就必须换一个地方去拿项目。一些环保企业家形象地称之为环保产业的"游牧时代"，打一枪换一个地方。这种游牧经营的方式对环保企业的资源是一种较大的消耗，也影响环保企业的长期稳定的发展，很多环保企业家希望可以结束环保企业的"游牧时代"，转入"定居农耕时代"。这种将一个区域的所有环保项目中高、中、低利润项目打捆打包的 PPP 环保产业基金，虽然整体项目包的利润可能不如挑拣的高利润环保项目，但因为可以集融资、建设与运营为一体，而且还可以在一个地区拿下整个项目包内的许多个项目，可以在一个地区长期做项目，避免了做一个项目换一个地方的资源损耗，实现从游牧狩猎向定居农耕的转换，对大型环保企业来说是一种利益增进方式。

4.5.5.3　典型案例分析

流域治理基金虽然在国外已经实施，但是在我国仍然是试点阶段。纵观目前已有的项目，采取流域治理基金的案例寥寥可数。本章节以贵州赤水河流域治理基金为例着重讲解区域流域环保产业的基金模式。

对于流域发展可持续性而言，发展项目一般为有较大投资需求的环境治理项目、环境友好型的营利性项目以及公益性的非营利性项目。因此，单纯依靠传统 PPP 模式来筹集资金具有一定难度，据此需要创新引用 PPP 产业基金形式来扩大融资渠道。有学者针对贵州赤水河流域设计了一种基于 PPP 模式的环保基金机制，如图 4-4 所示。

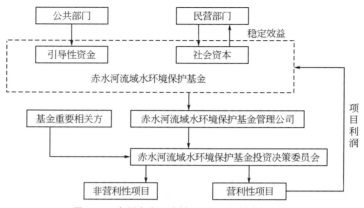

图 4-4 贵州赤水河流域 PPP 环保基金机制图

该机制的基本思路是由政府部门牵头，联合其他利益相关方共同成为基金发起方，投入引导性资金，进而以政府以及其他发起方的信用为杠杆，通过产业基金的模式吸引社会资本进入基金，并通过基金运作获得一定利润回报。

从资金来源来看，该保护基金的资金来源于引导性资金和社会资本。引导性资金作为整个基金的种子资金，主要来源于政府。通过与基金潜在的投资项目对接，以贴息、担保等方式提高项目的收益率。

从管理运作来看，成立赤水河流域水环境保护基金管理公司负责基金的运作管理，成立赤水河流域水环境保护基金投资决策委员会参与投资项目的决策，以保障基金投资项目选择的合理性。

从盈利模式来看，基金主要有两方面投资：一方面是营利性项目，例如碳汇林业、优质生态农业等，以保障基金总体的投资回报；另一方面，基金也将投入到财政所无法承担的非营利性项目建设，例如城乡铺路、架桥、互联网基站建设等，以促进赤水河流域生态保护和社区居民发展。两条投资线路双管齐下，保障 PPP 模式下的水环境保护基金的可持续性发展。

4.6 绿色金融指数

"指数"是反映特定经济系统总体或局部在不同时间、空间下变化情况的统计测度，是在理论和科学统计方法基础上，对无法直接量化或不能简单加总的复杂经济现象的定量反映。由于经济现象的复杂多变，相应的指数也呈现出多样化的形式、功能和计算方法。科学、合理、透明的绿色金融指数体系，能够反映出绿色金融市场整体以及各个局部的发展态势，提高国际可比性，有助于明确绿色金融的发展目标，为政府和监管者提供科学的决策依据。同时，指数的建立也为更丰富的产品开发提供了基础。因此，探索和构建绿色金融指数及指数体系，是衔接理论研究与实践的关键环节。

4.6.1 绿色金融指数的体系框架

绿色金融将可持续发展理念融入市场主体的经营管理、投资和交易决策以及市场监管过程中，通过金融产品与服务的开发和应用，引导资源向绿色环保和可持续发展相关产业集聚，是金融市场在绿色经济领域的应用和延伸。

绿色金融指数体系包括市场主体绿色绩效指数、绿色产品指数、绿色金融市场发展指数三大类。绿色绩效指数是构建绿色产品指数的基础，也反映了市场对绿色理念的认识与认同。联合国责任投资原则组织（UN-PRI）提出的 ESG（Environment，Social，and Governance，即环境、社会和治理）框架是影响最为广泛的绿色绩效评价体系，支撑着全球规模巨大的社会责任投资。绿色金融产品指数包括绿色股票、债券和综合指数，在欧美市场发展较为成熟，并衍生出大量指数基金等产品。绿色金融市场发展指数通过分析绿色金融市场资金配置效果及市场流动性，反映市场总体发展情况。

绿色金融体系涵盖了企业、金融机构、投资者以及中介机构等市场主体，由各类金融产品与服务构成的客体，以及市场环境三个维度，而作为反映特定市场状况的量化测度，绿色金融的指数及指数体系也可以相应地从上述三个维度入手，进行分析与归纳。

4.6.2 主体维度：企业与金融机构绿色绩效指数

绿色金融市场的主体，包括融资企业，以及金融机构和投资者，是绿色理念、绿色发展目标的践行者。相关主体在经营和投资行为中，对资源节约、环境保护及可持续发展的关注，是绿色金融市场区别于普通金融市场的基本特征。在"主体"的维度上，绿色金融指数根据分析对象和功能的不同，可以进一步分为两类：反映企业生产经营过程绿色绩效的指数，以及反映金融机构践行绿色责任的指数。

（1）生产企业绿色绩效指数

企业绿色绩效指数，是对相关企业生产、经营过程中造成的环境影响进行的量化度量，不仅能够反映绿色理念在企业间的认知与落实情况，还可以为绿色金融产品开发提供依据，是绿色金融健康、有序、规模化和多元化发展的重要基础。

在企业绿色绩效指数体系中，由联合国责任投资原则组织（UN-PRI）提出的 ESG 框架影响最为广泛。PRI 号召投资者将"社会责任"引入投资决策，强调从环境友好（E）、维护社会正义（S）及强化公司治理（G）三个维度，评估投资决策（表 4-13）。ESG 是一个倡议性的投资决策框架，PRI 并未对其具体的内容和评估方法作出统一的规定，而只是提示性地列举了影响企业环境绩效的部分考量因素，且其中大部分也都难以直接量化，因此在应用过程中常常采用主观打分的方式，将定性的信息定量化。具体而言，首先根据 ESG 框架体系设定考察内容，其次针对各项内容，调研现有的"最佳实践"。在此基础上，评估被考核企业或机构在各个方面与"最佳实践"的差距，并进行打分。最后，对各项分值赋以权重，并计算综合分值。由于不同机构对 ESG 框架应包含的具体内容存在认识上的差异，对"最佳实践"以及分项权重的设定也可能存在差异，因此 ESG 指数并没有统一的标准。事实上每个投资机构都可能有自己的 ESG 评估方法和指数。社会责任投资者通过设定 ESG 单项或综合评分的最低限制，来筛选潜在的投资标的。

随着责任投资的不断发展，ESG 框架的理念受到了金融市场越来越高的关注。表 4-13 列出了 ESG 框架的主要内容。截至 2014 年底，欧洲责任投资基金总值 9.8 万亿欧元，占全部基金总值的 25%；美国责任投资基金 6.6 万亿美元，占比 18%。MSCI、S&P、STOXX 等指数机构，以及汇丰、花旗等跨国金融机构也都以 ESG 指数为基础进行样本筛选，构建绿色股票、债券指数等。责任投资在我国的发展尚处在起步阶段，尽管有个别基金和资管宣称在投资过程中考虑 ESG，近期也推出了中证 ESG 指数、上证 180 公司治理指数等涉及 ESG 的指数，但总体来看 ESG 在我国还没有形成有影响力的体系。企业环境表现的检测和信息披露机制的缺位，是 ESG 体系发展阻滞、应用受限的重要原因，也限制了市场在 ESG 框架基础上进一步开发绿色金融产品指数。

表 4-13　ESG 框架主要内容

环境因素	社会因素	公司治理因素
• 减缓和适应气候变化； • 控制危险品、有毒物质、核废物； • 提高资源利用效率； • 提高环境可持续性	• 劳动力多元化与平等； • 保护人权； • 消费者权益保护； • 动物权利保护	• 现代企业治理机构； • 劳资关系维护 • 股东权利保护； • 会计准则

企业绿色绩效指数在绿色金融市场有着基础性的重要作用，是判断企业、项目以及产品是否符合"绿色性"的标准，更是开发绿色股票、债券指数过程中，标的筛选的重要依据。但由于现有的指数构建方法存在主观性较强、对环境绩效与财务表现之间的相关关系研究不足等问题，导致其在应用过程中的针对性较弱，作为责任投资的标的筛选的依据具有一定随意性，难以发挥更大的作用（如无法根据绿色绩效直接确定资产组合权重）。随着绿色金融市场的快速发展，抓紧夯实市场基础，完善企业环境监测与信息披露机制，构建绿色绩效指数体系，对于促进我国责任投资的发展，以及激发绿色股票、债券指数等的开发，都有非常重要的作用。

（2）金融机构绿色绩效指数

金融机构是绿色金融市场的另一类重要主体。通过指数量化的评估金融机构落实绿色责任的效果，有利于在金融市场和机构之间凝聚开展绿色金融业务的共识、沟通发展经验，并敦促更多机构更好地开展绿色金融服务。表 4-14 列出了部分国际金融机构绿色业务评价案例。

表 4-14　国际金融机构绿色业务评价案例

个人或机构	报告	基本内容
马赛尔·杰肯	金融可持续发展与银行业：金融部门与地球的未来	将银行对待环境保护的态度分为抗拒、规避、积极和可持续发展四阶段，并建立了一个五个维度的指标体系。通过调研，对全球 34 家知名银行进行了绿色金融发展评价
世界自然基金会（WWF）、银监会、普华永道会计师事务所（PWC）	中外银行绿色绩效比较	采用调查问卷的形式，对国家开发银行、工商银行等 12 家中国银行与花旗银行等 10 家赤道银行开展绿色金融的行为进行了比较评价

续表

个人或机构	报告	基本内容
可持续发展工商理事会（WBCSD）、联合国环境规划署（UNEP）	金融业的环境绩效评价体系	定性衡量了四种类型金融机构在环境保护、可持续发展领域的表现
中国生态环境部环境与经济政策研究中心	绿色信贷报告	采用专家打分法，从绿色信贷战略、绿色信贷管理、绿色金融服务、组织能力建设、沟通与合作五个维度对我国 50 家中资银行绿色信贷实地成效和信息披露水平进行评价
绿色家园等 9 家民间组织	中国银行业环境记录	利用社会责任报告等公共信息，对我国 14 家中资上市银行和 3 家在华外资赤道银行（花旗、汇丰、渣打）的绿色金融情况进行了定性分析
碳信息披露组织（CDP）	CDP 年度报告	针对全球包括金融机构在内的 5000 多家公司碳披露情况的指标体系
英国国家可持续发展中心	关于银行绿色服务渠道的评价分析	构建了评价银行渠道与绿色金融关系的指标，评价网点、电子机器以及虚拟银行三种渠道形式在节约能源、环境保护的绩效

注：数据来源：曾学文等，中国绿色金融发展程度的测度分析，中国延安干部学院学报，2014 年 7 卷 6 期。

4.6.3　客体维度：绿色金融产品指数

在"客体"的维度上，指数主要用于反映特定一种或几种产品的市场价格总体表现，如股票指数、债券指数等。大多采用加权的方式计算得到，是金融市场最常见的指数类型。由于其直接反映标的资产的市场价格变化，因而也成为各类主题投资基金设定投资组合的工具，具有分散风险、降低成本、提高投资组合透明度等特点。

（1）金融产品指数的国际经验

在绿色金融市场，产品指数主要包括绿色股票指数、绿色债券指数、综合指数，以及碳排放价格指数等。其中绿色股票及债券指数通过在各类传统的股票或债券指数总体样本中，筛选属于特定绿色产业，或达到一定绿色标准的子样本，核算其加权平均的价格指数；或者保持原有总体样本不变，但根据各企业绿色绩效调整指数计算权重，提高环境表现较优的标的在指数计算及资产配置中的比重。

欧美市场在绿色金融产品指数的开发和绿色指数基金产品方面，已经开展了大量的实践，并取得了一定成效，不仅有指数编制机构推出的大类绿色产品指数，还有资产管理机构的定制指数，详见表 4-15。而基于这些指数，也已经衍生出相当数量的指数投资基金和 ETF 指数基金类产品等，在提高绿色金融市场流动性、扩大投资者群体等方面产生了重要的作用。

表 4-15　全球主要绿色股票指数一览表

指数开发机构	指数
富时（FTSE）	富时社会责任指数系列 FTSE4Good Index Series
	富时环境市场 FTSE Environmental Market
	富时 CDP 碳战略 FTSE CDP Carbon Strategy
道琼斯（Dow Jones）	道琼斯可持续发展 DJ Sustainability
标准普尔（S&P）	标准普尔生态 S&P Eco
	标准普尔全球清洁能源 S&P Golbal Clean Energy
	标准普尔替代能源 S&P Alternative Energy
	标准普尔高效碳 S&P Carbon Efficient
明晟（MSCI）	明晟环境社会治理/社会责任投资 MSCI ESG/SRI
	明晟气候、环境 MSCI Climate,Environment
汇丰银行（HSBC）	汇丰气候变化 HSBC Climate Change
彭博（Bloomberg）	彭博清洁能源 Bloomberg Clean Energy
威尔德希尔（Wilderhill）	Wilderhill 新能源创新 Wilderhill New Energy Innoviation（NEX）
纳斯达克（NASDAQ）	NASDAQ OMX 绿色经济 NASDAQ OMX Green Economy
Markit	Markit 碳排放量披露 Markit Carbon Disclosure
RepuTax	RepuTax 气候变化发展指数

（2）绿色金融产品指数在我国的发展

我国金融机构目前已经推出了 17 只绿色股票指数，包括上证碳效率 180 指数、中证 ECPI-ESG 可持续发展 40 指数等综合性绿色股票指数，以及节能环保、新能源、新能源汽车等环保产业指数等。绿色债券指数主要有中央结算公司与中节能咨询有限公司合作编制的中债-中国绿色债券系列指数，以及中债登公司与气候债券倡议组织（CBI）、中节能咨询有限公司合作编制的中债-中国气候相关债券指数（表 4-16）。

表 4-16　我国绿色股票与债券指数一览表

类别	指数	
股票指数		
ESG	中证财通中国可持续发展 100（ECPI ESG）指数	ESG 100
	中证 ECPI ESG 可持续发展 40 指数	ESG 40
	上证 180 公司治理指数	责任指数
环保产业	中证内地低碳经济主题指数	内地低碳
	中国低碳指数	中国低碳
	中证环保产业 50 指数	环保 50

续表

类别	指数	
环保产业	上证环保产业指数	上证环保
	中证环保产业指数	中证环保
	中证水杉环保专利 50 指数	环保专利
环境治理	中证环境治理指数	环境治理
	中证阿拉善生态主题 100 指数	生态 100
	中证水环境治理主题指数	水环境
新能源	中证新能源汽车指数	新能源车
	中证新能源指数	中证新能
	中证核能核电指数	中证核电
绿色环境	上证 180 碳效率指数	
	中证海绵城市主题指数	
债券指数		
贴标绿债	中债-中国绿色债券指数	中债绿债
	中债-中国绿色债券精选指数	
气候债	中债-中国气候相关债券指数	中债气候

注：数据来源：秦二娃、王骏娴，"绿色股票指数"的发展，当代金融家，2016 年 8 期。

　　2021 年 8 月 2 日，"国证香蜜湖绿色金融指数发布暨深圳市绿色金融机构授牌仪式"在深圳证券交易所上市大厅举办。国内首只反映绿色金融产业发展的股票指数——国证香蜜湖绿色金融指数（代码 980052）成功发布。

4.6.4　市场维度：绿色金融市场发展指数

　　将绿色金融市场及其发展环境作为一个整体，进行全局性、系统性的评价，有助于全面了解绿色金融发展的时空阶段，跟踪和评价绿色金融相关政策的总体效果，对于宏观层面的分析以及政策制定有着非常重要的参考价值。然而由于目前不论是国际还是国内，绿色金融相关统计数据透明度和可得性均不足，导致绿色金融市场发展指数等定量分析的研究成果较为有限。

　　对市场总体发展情况的评估可以从两个角度入手：评估绿色金融实现资金配置目标的效果，以及评估绿色金融市场环境。

　　动员和激励更多社会资本投入到绿色产业，是绿色金融体系的主要目标。债务融资工具（绿色信贷、绿色债券）、权益融资工具（绿色股票、绿色发展基金）的发行总规模，在一定程度上反映了绿色金融市场引导资金的效果。此外，绿色保险投保金额、碳配额价值等指标，也反映了绿色金融市场相应领域的资源配置规模。

　　市场流动性是反映市场环境的重要指标，表明市场对绿色金融产品的接受程度。基于绿色信贷、债券、股票等基础资产，衍生出的绿色信贷 ABS、绿色指数投资产品、绿色主题投资基金等衍生产品和服务，主要功能便是提高市场总体的流动性，因此依据这些衍生产品发行规模、资产规模构建指数，也从另一个方面体现出绿色金融市场的发展情况。

由于不同的产品在功能、风险结构，以及权责特征等方面都存在差异，因此简单加总缺乏明确的经济意义，需要通过指数化、标准化，以及赋权方法，构建综合指数。具体方法的选择取决于指数的应用：在跨地区、跨市场对比时往往将绝对量折算成相对指标，进而对指标进行标准化，并通过熵权法、主观赋权法等方法设定权重，计算综合指标；在跨期分析时，则不需折算成占比指标，而可以直接指数化并通过主观赋权方法进行赋权，计算综合指数。

4.7   绿色评级

绿色评级是指考虑环境污染影响、生态系统影响以及自然资源的可持续利用三大方面因素后的信用评级体系。一是环境污染影响，包括对人类需要的水、空气、土壤及食物生产等方面的污染影响或污染防治；二是生态系统影响，包括物种保护、气候影响等生态链条体系的影响，例如建设水库、修建铁路公路可能阻断生物迁徙，碳排放可能引起气候变化，导致自然环境改变而造成生命物种灭绝等；三是自然资源的可持续利用，包括对水、石油、天然气等不可再生资源的有效利用。

4.7.1   企业主体绿色评级

企业主体绿色评级可以体现企业社会责任，为绿色企业树立品牌形象，提升竞争优势，开拓绿色债券、绿色信贷等融资渠道，帮助非绿色企业发现问题并及时整改。同时，企业主体评级可以与日常环境监管相结合，帮助环保监管部门更全面地了解辖区内企业环境状况，变被动管理为主动提升。

4.7.1.1   绿色评级方法学

联合赤道是国内信用领军行业——联合信用管理有限公司的控股子公司，旨在推进环境信用体系建设、开展绿色金融第三方认证、拓展环境影响评价及环保咨询领域业务。它是中国本土唯一具有环境影响评价资质的绿色金融第三方评估认证机构，发布了《企业主体绿色评级方法体系》《绿色债券评估认证方法体系》两项研究成果。这是国内绿色金融领域首个也是唯一完整的"主体＋债项"绿色程度评估认证方法体系，主要提供绿色债券第三方评估认证、企业主体绿色评级及其他绿色金融咨询服务。

《企业主体绿色评级标准体系》界定了绿色企业的范围，制定了绿色企业的入围准则及企业环境表现评价指标体系。企业主体绿色评级依据企业主营业务环境改善贡献度确定其绿色等级的可入围级别，综合企业环境改善贡献度和环境表现确定企业最终绿色等级。《绿色债券评估认证方法体系》从项目绿色等级、资金使用与管理、项目评估筛选及信息披露等方面评估绿色债券的综合表现，最终对绿色债券的绿色等级进行量化评级。这套系统最大的特点是增加了项目的绿色程度评价。

　　联合赤道围绕企业主体的环境正负外部性开展企业主体绿色评级相关研究工作,科学构建企业主体绿色评级标准体系。表 4-17 列出了评级的相关步骤。联合赤道企业主体绿色评级是在污染影响、生态影响和资源可持续利用等绿色因素方面对被评价主体进行一致可比的有效评价,全面评估企业主体的环境正负外部性。评估人员进行企业主体绿色评级时,首先确定企业主营业务,判定企业主营业务所属行业环境改善贡献度;之后,根据企业环境表现评价指标体系,评估人员计算企业合规、合法、诚信经营得分;最后,综合企业环境改善贡献度和环境表现得分,将企业的绿色等级由高到低依次评为深绿、中绿、浅绿。非绿色企业主要根据其环境表现得分由高到低依次评为蓝色、黄色、红色。黑色等级代表企业环境表现差或符合"一票否决制"规则情形。等级评定及释义具体见表 4-18。

表 4-17　企业主体绿色评级步骤

序号	工作安排	时间安排/日	完成工作	备注
1	签订协议	T	成立评价小组;制订工作计划	T 为协议签订时间
2	评价准备	$T+2$	开展前期研究;提供资料清单	委托人按照资料清单提供相关资料
3	尽职调查	$T+5$	评价小组制订尽职调查工作计划,开展实地调查	尽职调查周期一般为 2~3 个工作日
4	初评阶段	$T+10$	评价小组整理资料和相关数据,完成评价工作初稿,给出初评等级	实地尽调完成后,一般 5 个工作日给出初评等级
5	评定阶段	$T+13$	报告初稿经过三级审核形成评级报告终稿。确定最终给出的绿色等级	内部三级审核周期为 3 个工作日
6	正式报告	$T+15$	向委托人出具企业绿色评级报告并颁发绿色企业认证证书	大约 15 个工作日出具企业绿色评价报告并为绿色企业颁发绿色企业认证证书

注:上述工作安排时间节点可根据资料情况及现场工作安排进行调整。

表 4-18　企业主体绿色评级分类

颜色等级		符号	释义
绿色	深绿	AAA	企业环境改善贡献度大,环境表现良好及以上
			企业环境改善贡献度大,环境表现优秀
	中绿	AA	企业环境改善贡献度很大,环境表现一般
			企业环境改善贡献度较大,环境表现良好
			企业环境改善贡献度一般,环境表现优秀

颜色等级		符号	释义
绿色	浅绿	A	企业环境改善贡献度一般
			企业环境表现良好或一般
非绿色	蓝色	B	企业环境表现优秀
	黄色	C	企业环境表现良好
	红色	D	企业环境表现一般
	黑色		企业环境表现差

4.7.1.2　绿色评估体系

绿色评估适用于可再生能源、能源效率、交通、绿色建筑以及水资源项目或计划等。目前涉及绿色评估的准则主要是欧洲评估准则中的欧洲评估指南 EVA8——房地产评估与能源效率及其他技术文件中的可持续性与评估、澳大利亚和新西兰土地污染评估准则等。其中，2016 年发布的欧洲评估准则中，包含了关注可持续发展的绿色评估技术文件。中国目前尚未形成规范的绿色评估准则，绿色评级工具——绿色建筑评价标准也在不断发展完善中。

（1）国内外绿色评级工具

目前国际上较为完善的绿色评估体系主要是绿色建筑评估标准，比较典型的有美国的 LEED、英国的 BREEAM、日本的 CASBEE、德国的 DGNB 等，具体见表 4-19。其中，德国的 DGNB 评价体系发展到 DGNB-NS 评价体系后，更加注重全方位的可持续发展，主要体现在从环境、经济、社会功能、施工技术和开发过程五个方面对街区进行可持续性评价，强调街区开发与发展的多元性和复杂性。此外，还提出了街区尺度全生命周期碳排放的计算和评价方法。由表 4-19 可以看出，虽然每个国家的绿色建筑评估体系各具特色，但都离不开能耗、环境质量等可持续发展指标。

表 4-19　绿色评级工具

国家	绿色评估体系	机构	主要内容
美国	LEED	美国绿色建筑协会	用以评估建筑绩效是否为复合永续型。主要从可持续的场地规划、保护和节约水能源、高效的能源利用和可更新能源的利用、材料和资源问题、室内环境质量 5 个方面对建筑物进行综合考察打分,综合最后得分,将评估的建筑物分为白金、金、银等认证级别来反映建筑物的绿色水平
英国	BREEAM	英国建筑研究院	称为英国建筑研究院绿色建筑评估体系,是世界上第一个也是全球广泛使用的绿色建筑评估方法,取"因地制宜、平衡效益"的核心理念,兼具"国际化"和"本地化"特色

续表

国家	绿色评估体系	机构	主要内容
日本	CASBEE	可持续建筑协会	是评价和划分建筑环境性能等级的一种方法,有优秀、很好、好、比较差、差 5 个等级。在评估中独特地引入了"假想空间"和"BEE"(建筑物环境效益)两个概念,突破了以往的评估模式,不仅注重降低环境负荷与减少资源消耗,还注重提供优质的建筑空间和生活品质
德国	DGNB	德国可持续建筑委员会	DGNB 是一项低碳可持续性评价体系,覆盖了建筑行业的整个产业链,致力于为建筑行业的未来指明方向
中国	绿标	中国建筑科学研究院和上海市建筑科学研究院	主要包括总则、术语、基本规定、节地与室外环境、节能与能源利用、节水与水资源利用、节材与材料资源利用、室内环境质量、施工管理、运营管理、提高与创新 11 章内容,为绿色建筑的评价提供了科学依据,也为勘察设计、施工监理和运行管理人员开展绿色建筑工作提供了参考
加拿大	GB TOOL	加拿大自然资源部	指体系共分为 4 个层次,由 6 大领域、120 多项指标构成,基本上涵盖了建筑环境评价的各个方面,包括舒适性、室内环境质量、持久性等评价范畴,注重生命周期的全过程评价
法国	HQE	高质量环境协会(巴黎)	法国绿色建筑评价体系旨在指导建筑业在实现室内外舒适健康的基础上最小化建筑活动对环境的影响
荷兰	GreenCalc	荷兰国家公共建筑管理局	以"环境指数"指标评价建筑的可持续发展性。基于所有建筑的持续性耗费都可折合成金钱的原理(隐形环境成本),计算建筑的耗材、能耗、用水以及建筑可移动性
新加坡	Green Mark	新加坡建设局	这项认证为自愿性质,由高到低分为白金级、超金级、黄金级和认证级 4 个评级标准
澳大利亚	Nabers GSC ABGRS	可持续能源发展机构	澳大利亚国内第一个较全面的绿色建筑评估体系,主要对建筑能耗及温室气体排放进行评估,通过对参评建筑打星值来评定其对环境影响的等级

（2）中国绿色建筑评价标准

目前我国普遍认可的绿色建筑评价标准（简称绿标），其中部分内容参考了公共建筑评价标准以及居住建筑节能设计标准，这套标准包括国家标准〔《绿色建筑评价标准》（GB/T 50378—2019）〕和地方标准。国内对于绿色建筑的研究主要集中于对建筑整个生命周期的讨论，这一点在绿标国家标准的变更中体现得较为明显。2019 版绿标与 2014 版相比，最明显的变化是重新定义了"绿色建筑"的含义，新定义为：在全寿命期内，节约资源、保护环境、减少污染，为人们提供健康、适用、高效的使用空间，最大限度地实现人与自然和谐共生的高质量建筑。同时对绿色建筑的星级进行了重新划分，增加了对不同星级的强制性技术要求，还增加了关于绿色金融说明。

4.7.2　绿色债券信用评级

绿色评级是绿色金融体系的基础性内容之一，目前国际市场尚未建立面向绿色债券的绿色评级体系，只是引入了第三方认证。第三方绿色认证主要解决的是绿色债券是否"绿"的问题，信用评级则主要是评估发行人对绿色债券的偿债能力大小，评级级别的高低直接反映了企业发行债券的违约风险高低，是债券发行定价的重要参考因素之一。如果信用评级机构能深入分析绿色程度与债券违约风险之间的关系，并能评估绿色因素对债券违约风险的影响，就可以把对"绿色"的评估推进到可量化，使之成为债券定价的依据。

4.7.2.1　评级原则

绿色债券信用评级模型应当具备客观性、可比性和可推广性。客观性主要针对评级模型的量化指标方面；可比性主要指评级模型得出的结果能在绿色债券与普通债券之间进行无差别对比；可推广性则主要体现在评级模型的灵活度。据此，建立独立模型时应遵循以下原则。

（1）量化优先原则

债券信用评级模型由定量指标和定性指标两部分构成。普通债券信用评级模型中的定量指标可再分为行业指标、主体经营指标和财务指标。其中，行业指标包括行业增长前景、商业周期、行业进入壁垒等，主体经营指标包括业务销售情况、市场份额及竞争力体现、经营稳定性等，财务指标包括资产结构指标、盈利能力指标、流动性指标及偿债能力指标等。而在定性指标主要是针对企业的内部治理和管理以及外部支持等难以量化的部分，通常采用专家打分法的方法。

构建独立的绿色债券信用评级模型应尽量减少主观性因素，增加客观性因素的得分占比。由于定性指标的打分采用专家打分法，存在较高的主观性，因此在建立独立绿色债券信用评级模型时应当遵循量化优先原则，尽量使用可以量化的元素，以提升模型的客观性水平。

（2）不分离构建原则

完全分离构建是现阶段境外债券评级机构的主流手段之一。其具体做法是，将绿色债券的绿色元素单独提取并构建模型进行打分，同时给予有别于普通债券的绿色等级；而对其中的非绿色元素则沿用与普通债券相同的传统评级模型，并给予与普通债券同样的信用等级。这就意味着，绿色等级并不能完全反映绿色债券及发行人的信用状况，其信用状况依然取决于传统信用评级。这就导致了绿色债券与普通债券之间并未得到实质上的信用区分。

分离构建在本质上属于对绿色债券关于"绿色"的单方面有效性的前瞻意见，并非传统意义上的信用评级。例如，评级公司穆迪于 2016 年发布的绿色债券评估方法，从职能组织、募集资金用途、募集资金使用披露、募集资金管理和持续报告披露五个方面对绿色债券发行人进行综合评估，尽管这一方法填补了国际评级机构在绿色债券评估方面的空白，但也更倾向于对"绿色程度"的评估，无法反映绿色债券的信用资质，更无法做到普通债券与绿色债券之间的信用区分。

（3）可动态调整原则

可动态调整原则的内涵，主要是指由于绿色债券所对应的绿色项目本身是具备生命周期的，而生命周期的不同运行阶段会体现出不同的外部效应，因而当外部效应产生变化时，债券评级模型应当能随之做出动态调整，其相应的信用等级或信用评分也应跟随变化。绿色项目外部效应变化的来源主要分为两类：一是直接环境改善的有利影响，导致绿色项目所产生的外部边际效用呈递减状态；二是为了鼓励绿色债券发行人，相应的激励政策出台所带来的外部影响。

根据来源和确定性，调整原则可分为两个层次：一是直接的环境受益，大部分绿色项目的效应体现是渐进式的，随着其存续期的拉长，外部效应跟随显现，但也有部分绿色项目的设立是为了应对局部事件造成的环境风险，因而可给周边环境带来极大的改善，其外部效应则呈脉冲式增长后回落，就后一种绿色项目，绿色债券评级模型应能做出动态调整，使信用评分合理平滑化；二是在绿色项目存续期内出台的新的激励政策或规划指引，应能充分反映到后续绿色债券的信用评分之中，即受评主体的信用评估状况，政策出台前后应当具备一定的区分度。

4.7.2.2　穆迪绿色债券评估方法

穆迪的绿色债券评估方法根据 5 大因素及其子因素对绿色债券进行评估，分配相应权重以反映其相对重要性，并由此得出综合等级。5 大因素分别为：组织、募集资金用途、募集资金使用披露、募集资金管理、持续报告与披露。

上述 5 个因素除了"募集资金用途"这个因素以外，其他 4 个因素均由 5 个子因素构成。这 5 个因素被赋予的权重分别是：组织（15%）、募集资金用途（40%）、募集资金使用披露（10%）、募集资金管理（15%）和持续报告与披露（20%）。并按照 1～5 分给予评分。对于因素 1、3、4、5，根据其满足子因素标准的个数进行评分。比如说，以上 4 个因素为了获得 1 分，就必须满足全部 5 个子因素的标准，如果满足其中 4 个子因素标准，则得 2 分，以此类推。而对于因素 2，则需要根据定性和定量的等级来进行评估。具体见表 4-20。

表 4-20　穆迪评级因素

募集资金用途（40%）	洁净水
	可持续土地使用
	可持续废弃物管理
	可持续水资源管理
	清洁交通
	生物多样性保护
募集资金用途（40%）	可再生能源
	气候变化适应
	能源效率

续表

	监测和跟踪报告
持续报告与披露(20%)	报告与信息披露的频率和质量
	环境影响
	治理
组织(15%)	组织使命
	募集资金的配置框架
	项目评估
募集资金管理(15%)	募集资金配置和跟踪
	临时投资操作
	审计
	项目信息披露情况
募集资金使用的披露(10%)	融资操作
	对外部保障的依赖

每个因素最后的得分乘以该因素的权重然后得出一个综合加权系数分。这个综合加权系数分对应表 4-21 中相应区间分给出的评级符号。表 4-21 对评级符号进行了说明。

表 4-21 权重和评级符号及意义

权重分说明				
GB1	GB2	GB3	GB4	GB5
≤1.5	1.5~2.5	2.5~3.5	3.5~4.5	>4.5

评级符号及意义		
等级	评价	说明
GB1	完美	绿色债券发行者采取了一个极好的方法去经营、管理发行债券筹集的资金,使之投入到环保项目中去,并能持续发布报告。预期能实现极好的环保效果
GB2	很好	绿色债券发行者采取了一个很好的方法去经营、管理发行债券筹集的资金,使之投入到环保项目中去,并能持续发布报告。预期能实现很好的环保效果
GB3	好	绿色债券发行者采取了一个好的方法去经营、管理发行债券筹集的资金,使之投入到环保项目中去,并能持续发布报告。预期能实现好的环保效果
GB4	一般	绿色债券发行者采取了一个一般的方法去经营、管理发行债券筹集的资金,使之投入到环保项目中去,并能持续发布报告。预期能实现的环保效果一般
GB5	差	绿色债券发行者采取了一个差的方法去经营、管理发行债券筹集的资金,使之投入到环保项目中去,并能持续发布报告。预期能实现差的环保效果

穆迪使用记分表作为绿色债券发行的评估工具,它考虑到了绿色债券评估中最重要的一些指标。每个因素的权重代表一个近似的结果,可能会有偏差。

4.7.3　企业及上市公司环境动态绩效评价

公众环境研究中心(IPE)在积极响应 2013 年环境保护部(现生态环境部)、国家发展和改革委员会、中国人民银行、中国银监会以环发〔2013〕150 号印发的《企业环境信用评价办法(试行)》的号召下,依据《中华人民共和国环境保护法》《企业信息公示暂行条例》等法律、行政法规,结合蔚蓝地图数据库研究开发了动态环境信用评价体系。

该评价体系根据各级环保部门公开的环境监管信息(包括但不限于企业环境违法违规行为、行政处罚处理、处罚决定、整改要求与期限等),采取实时动态记分制。蔚蓝地图环境数据库及时收录参评企业的环境行为信息,按照记分标准和评价方法得出评分结果,并加入城市污染源监管信息公开指数(PITI)对分数进行调节,同时对于已经整改到位并对社会公众作出整改说明的企业,在企业环境信用风险评价过程中,也会充分考量其积极的环境行为表现,以此确定最后各评价对象的环境信用风险系数。

环境信用评价模型数据基础包含企业 990 万家、企业环境数据逾 20 亿条,其中重点对有环境监管记录的 210 万家企业进行风险评价。评价系统所采用的数据主要覆盖污染防治、环境管理、社会监督等方面。评价数据来自各级环保、水利、住建、发改等部门的监管记录、企业自行在线监测数据、已官方核实的公众举报数据、各级政府信用信息披露数据等。

企业动态环境信用分值是根据企业的环境监管记录统计分析而获得,是以环境合规为主、结合环境管理能力和节能减排表现等信息,对企业进行的量化环境信用评分。企业动态环境信用原始分值为 0,当企业发生环境违规问题时,根据违规情节严重程度扣减相应分值,根据违规问题整改进展等情况,扣减的信用可以得到相应修复;此外,当企业存在政府相关部门认定的良好环境表现的情况时,如政府环境信用等级为绿色,或者重污染环境绩效评级为 A 级或绩效引领性企业时,可获得正向激励分值。

企业环境信用风险实行量化得分制,根据分值分布划分为低、较低、较高和高四个等级,分别用绿色、蓝色、黄色和红色标示。

自 2021 年起,公众环境研究中心(IPE)在原企业动态环境信用评价的基础上开发了上市公司环境绩效评价,并与澎湃新闻联合发布中国上市公司环境绩效动态榜单。旨在基于环境大数据,研判环境风险和机遇,发现绿色投资机会,推动企业践行环境责任,完善环境治理,以市场动力促进绿色转型和低碳发展。

上市公司环境绩效榜单为实时动态榜单,评价对象为全部 A 股上市公司。评价的数据包括上市公司自身及其关联企业环境监管记录情况,相关环境信息披露情况。上市公司绩效分值基于纳入计算的关联企业动态环境信用分值及其持股比例加权计算而得。排行榜除对所有上述上市公司进行大排名外,还根据中国证监会发布的上市公司行业清单,对各行业分类评价,形成行业分榜单。

4.8　碳金融

全球气候金融市场分布广泛，金融产品和工具伴随金融创新发展和传统金融继承种类多样化。主要包括碳远期、碳期权、碳期货、碳掉期、碳排放权质押、碳信托、借碳交易、碳配额托管、碳保险等（表 4-22）。

表 4-22　全球主要碳交易所和碳金融工具

区域	名称	碳金融工具
欧洲	欧洲气候交易所（ECX）	EUA、ERU 和 CER 类期货产品、期权产品，EUA 和 CER 类现货产品、期货期权产品
	欧洲能源交易所（EEX）	电力现货，电力、EUA
	北欧电力库（NP）	电力、EUA 和 CER 类现货、期货、远期和期权产品
	BlueNext 交易所	EUA、CER、ERU 类现货产品，EUA 和 CER 类期货产品
	Climex 交易所	EUA，CER，VER，ERU 和 AAU
美洲	绿色交易所（Green Exchange）	EUA 类现货、期货和期权产品，CER 类期货和期权产品，RGGI，加利福尼亚州碳排放配额和气候储备行动（CAR）的期货和期权合约
	芝加哥气候交易所（CCX）	北美及巴西的六种温室气体的补偿项目信用交易（已停止交易）
	芝加哥气候期货交易所（CCFE）	CER 类期货和期权，CFI 期货，欧洲 CFI 期货，ECO 指数期货，RGGI 期货和期权
	蒙特利尔气候交易所（MCeX）	加拿大减排单位 MCeX 期货合约
	巴西期货交易所（BM&F）	多个 CER 的拍卖
大洋洲	澳大利亚气候交易所（ACX）	CER，VER，REC
	澳大利亚证券交易所（ASX）	REC
	澳大利亚金融与能源交易所（FEX）	环境等交易产品的场外交易（OTC）服务
亚洲	新加坡贸易交易所（SMX）	碳信用期货以及期权
	新加坡亚洲碳交易所（ACX-change）	远期合约或已签发的 CER 或 VER 的拍卖
	印度多种商品交易所有限公司（MCX）	两款碳信用产品合约——CER 和 CFI
	印度国家商品及衍生品交易所有限公司（NCDEX）	CER

注：EUA 为欧盟碳排放配额；ERU 为欧盟联合履约减排单位；CER 为核证减排量；VER 为自愿减排交易单位；AAU 为指定数量单位；RGGI 为区域温室气体减排额；CFI 为碳排放权金融工具合约；ECO 为生态；REC 为可再生能源证书。

4.8.1　碳远期

碳排放权远期交易是指远期交易参与人双方签订远期合同,约定在未来某一时间,就一定数量的碳排放配额或 CCER 进行商品交割的一种交易方式,远期交易在本质上属于未来的现货交易,目前我国上海、广东、湖北均推出了碳远期交易(表 4-23)。

表 4-23　我国开展的碳远期交易产品类型

项目	上海碳远期	广东碳远期	湖北碳远期
交易平台	上海环境能源交易所	场外交易场内结算	湖北碳排放权交易所
合约规范	标准化合约交易场所统一制定:数量、交货时间	交易双方协商确定:交易品种、交易价格、数量、交货时间	标准化合约交易所统一制定:数量、交货时间
交易品种	上海碳配额	广东碳配额或 CCER	湖北碳配额
履约方式	实物交割;现金交割;对冲平仓	实物交割	实物交割;对冲平仓
价格形成	询价交易	交易双方协商	协商议价

4.8.2　碳期权

碳期货是以碳买卖市场的交易经验为基础,应对市场风险而衍生的碳期货商品,标的物为二氧化碳排放量。碳金融衍生产品,对碳金融和低碳经济的发展具有重要作用。

碳期货是指以碳排放权现货为标的资产的期货合约,对于买卖双方而言,进行碳期货交易的目的不在于最终进行实际的碳排放权交割,而是套期保值者利用期货自有的套期保值功能进行碳金融市场的风险规避,将风险转嫁给投机者。有期货公司研究认为,我国的碳期货市场潜力巨大,如以欧盟碳期货交易量是现货 30 倍的标准测算,我国碳期货交易量可能达到 4000 亿吨左右。2021 年 4 月 19 日,广州期货交易所正式揭牌,将在证监会指导下首推碳期货产品。碳期权是指在将来某个时期或确定的某个时间,能够以某一确定的价格出售或者购买温室气体排放权指标的权利。

4.8.3　碳期货

碳期权交易是一种买卖碳期权合约权利的交易。碳期权的买方在支付权利金后便取得履行或不履行买卖期权合约的选择权,而不必承担义务;碳期权的卖方在收取买方的期权金之后,在期权合约规定的特定时间内,只要期权买方要求执行期权,期权卖方必须按照事先确定的执行价格向买方买进或卖出一定数量的碳期货合约。卖出期权合约的一方称为期权卖方,卖出期权未平仓者称为期权空头;买入期权合约的一方称为期权买方,买入期权未平仓者称为期权多头。表 4-24 介绍了部分碳期权产品。

表 4-24　碳期权产品

产品名称	产品说明
排放配额期权 （EUA Options）	排放配额期权是以欧盟碳排放体系下 EUA 期货合约为标的，持有者可在到期日或者之前履行该权利
经核证减排量期权 （CER Options）	通过清洁生产机制产生的 CER 的看涨期权或看跌期权。由于国际碳减排单位一致且认证标准及配额管理规范相同，市场衍生出了 CER 和 EUA 期货的价差期权（Spread Option）
减排单位期权 （ERU Options）	在联合履约的机制（JI）下，以发达国家之间项目开发产生减排单位（ERU）期货为标的的期权合约
区域温室气体排放配额期权（RGGI Options）	美国区域温室气体应对行动计划下，以二氧化碳排放配额期货合约为标的的期权合约。RGGI 期权合约为美式期权，期权将在 RGGI 期货合约到期前第三个月交易日期满。最小波动值为每排放配额 0.01 美元。RGGI 期权合约于 2008 年开始在纽约商品交易所（NYMEX）场内进行交易
碳金融期权合约 （CFI Options）	以 CFI 期货为标的的期权合约。碳排放权金融工具-美国期权（CFI-US Options）是以届满期开始于 2013 年的温室气体排放期货合约为标的，该温室气体排放限额必须符合一个潜在准予的美国温室气体总量控制和排放交易项目
加利福尼亚限额期权 （CCA Options）	以加利福尼亚州政府限定碳配额 CCA 期货合约为标的的期权
核发碳抵换额度期权 （CCAR-CRT Options）	以 CRT 期货合约为标的的期权。气候储备（CRTs）是由气候行动储备宣布基于项目的排放减少和加利福尼亚气候行动登记的抵消项目减量额度

4.8.4　碳掉期

碳掉期交易，又称碳互换，是指交易双方依据预先约定的协议，在未来某一时期，相互交换配额和核证自愿减排量的交易，能够为碳市场交易参与人提供一个在场外对冲价格风险、开展套期保值的手段，同时也可以为企业管理碳资产间接创造流动性。2015 年 6 月 15 日，中信证券股份有限公司、北京京能源创碳资产管理有限公司、北京环境交易所正式签署了国内首笔碳排放权场外掉期合约，交易量 1 万吨，是全国首笔碳排放权场外掉期合约交易。

4.8.5　碳排放权抵押/质押融资

碳排放权抵押/质押是指为担保债务的履行，符合条件的配额合法所有人（简称出质人）以其所有的配额抵押/出质给符合条件的抵押权人/质权人，并通过交易所办理登记的行为，即控排企业将碳排放权作为抵押物或质押物进行融资，由于法律属性尚未明确，目前多以质押的方式展开。

我国碳交易市场不断发展，碳排放权抵押/质押政策不断完善。我国碳交易市场 2011 年出台试点政策，2013 年起陆续在 8 省 9 市试点运行。2014 年 9 月，兴业银行武汉分行、湖北宜化集团和湖北碳排放权交易中心落地全国首单碳排放权质押贷款项目。2021 年 6 月，中国人民银行绍兴市中心支行、绍兴市生态环境局联合发布《绍兴市碳排放权抵押贷款业务操作指引（试行）》，明确相关市场主体的碳排放权可进行抵押贷款，引领各地区陆续开展相关业务。随着全国碳排放权注册登记系统（简称中碳登）落户湖北，全国统一的碳排放权交易市场于 2021 年 7 月 16 日在上海正式启动。2021 年 12 月 23 日，生态环境部等 9 部门发布关于开展气候投融资试点工作的通知中提到，鼓励试点地方金融机构在依法合规、风险可控前提下，稳妥有序探索开展包括碳资产质押贷款、碳保险等碳金融服务，推动碳金融体系创新发展。

4.8.6　碳信托

碳信托是指信托公司通过开展碳金融相关的信托业务，服务于限制温室气体排放等技术和项目的直接投融资、碳权交易和银行贷款等金融活动。例如由上海证券有限责任公司与上海爱建信托有限责任公司联合发起设立的"爱建信托·海证一号碳排放交易投资集合资金信托计划"，是国内首个专业信托金融机构参与的、针对 CCER 的专项投资信托计划。2015 年 4 月 8 日，该信托计划在上海环境能源交易所以协议转让方式完成了上海碳市场首笔 CCER 交易，也是金融机构首次参与 CCER 购买的活动。

2018 年 7 月，中航信托携手某世界 500 强能源公司、上海盈碳环境技术咨询有限公司，共同发起了"中航信托·航盈碳资产投资基金集合资金信托计划"，认购上海盈碳企业管理合伙企业 10 亿元有限合伙份额，通过有限合伙参与国内碳配额购买及回购义务，盘活控排企业的碳配额资产，增强碳资产流动性。

4.8.7　借碳交易

借碳交易是指符合条件的配额借入方存入一定比例的初始保证金后，向符合条件的配额借出方借入配额并在交易所进行交易，待双方约定的借碳期限届满后，由借入方向借出方返还配额并支付约定收益的行为。借出方能够盘活存量碳资产，获取稳定收益，借入方能够通过管理借入的碳资产进一步挖掘其价值。

2015 年 8 月 6 日，上海市首单借碳交易业务花落申能，申能财务公司和外高桥三发电、外高桥二发电、吴泾二发电、临港燃机分别作为借碳双方签署借碳合同。

4.8.8　碳配额托管

碳配额托管是一种资产托管手段，控排企业与托管机构约定接受托管的碳配额标的、数量和托管期限，并可能获取相应的资产托管收益，而托管机构则利用自身专业的资产管理手段实现资产增值。深圳碳排放权交易所、广州碳排放权交易所等都推出了碳配额托管。

4.8.9　碳保险

碳保险主要分为两大类：一类是对碳交易过程中产生的价格风险、信用风险、流动性风险、政策风险等提供风险规避和担保；另一类是利用保险使次级各行业进行低碳减排，包括新能源汽车保险、绿色建筑保险、企业绿色商业保险等。2016 年 11 月 18 日，我国首单碳保险在武汉落地，由华新集团为填补 115 万吨的碳排放配额缺口，与平安保险达成协议。

参考文献

［1］ 王遥，徐洪峰.中国绿色金融研究报告（2020 年）［M］.北京：中国金融出版社，2020.

［2］ 中国人民银行.绿色金融改革创新试验区第四次联席会议在江西南昌召开［N］.2021-4-29［2021-9］. https：//www.pbc.gov.cn/goutongjiaoliu/113456/113469/4241159/index.html.

［3］ 中国人民银行.中国区域金融运行报告（2021）［N］.2021-6-8［2021-9］.https：//www.pbc.gov.cn/ goutongjiaoliu/113456/113469/4264899/index.html.

［4］ 饶淑玲.绿色金融的气候风险管理［J］.中国金融，2020，（9）：68-69.

［5］ 湖州南太湖绿色金融与发展研究院.绿金知识［N］.2019-11-14［2021-9］.https：//mp.weixin.qq. com/s/qFTdYP3RVTzBuI8_75ghAg.

［6］ 中债资信.国内外如何界定绿色债券？［N］.2017-10-30［2021-9］.https：//mp.weixin.qq.com/s/ QfKY3mDNvnCoxiUnUM-ZJw.

［7］ 债券池.一文读懂绿色债券［N］.2021-3-17［2021-9］.https：//mp.weixin.qq.com/s/7bECI8C2i7 PAlD3y57_WAg.

［8］ 世经研究.绿色资产证券化助力企业绿色融资［N］.2021-5-18［2021-9］.https：//mp.weixin.qq.com/ s/FJl3bTiYxVrOMECymmzGLw.

［9］ KPMG.绿色债券发行过程［N］.2016-3［2021-9］.https：//assets.kpmg/content/dam/kpmg/pdf/ 2016/04/green-bonds-process-c.pdf.

［10］ 王柯鉴.国内外绿色金融研究综述［J］.合作经济与科技，2021，（16）：54-57.

［11］ 王子璇，沈晓莉，吴陈萱.绿色金融研究文献综述［J］.合作经济与科技，2021，（14）：64-68.

［12］ 李建涛，梅德文.绿色金融市场体系：理论依据、现状和要素扩展［J］.金融论坛，2021，26（6）： 17-26，38.

［13］ 赵天奕，冯一帆.绿色金融改革创新试验区政策梳理及经验启示［J］.河北金融，2021，（4）：11-14.

［14］ 高雨萌.绿色金融体系政策概述［J］.冶金财会，2021，40（2）：9-19.

［15］ 方智勇.商业银行绿色信贷创新实践与相关政策建议［J］.金融监管研究，2016，（6）：57-72.

［16］ 中央财经大学绿色金融财经研究院.全球视角下的创新型绿色保险产品综述［N］.2021-2-13［2021- 9］.https：//iigf.cufe.edu.cn/info/1012/3895.htm.

［17］ 中国保险业协会.保险业聚焦碳达峰碳中和目标　助推绿色发展蓝皮书［N］.2021-6-15［2021-9］. https：//mp.weixin.qq.com/s/oOPwidV8gUTkkSfE66XMRw.

［18］ 天富资本.绿色产业基金的发展模式与发展策略［N］.2018-4-13［2021-9］.https：//mp.weixin.qq. com/s/v0YhDqiNAMCbr2iHuzBPAQ.

［19］ 安国俊.绿色基金：政府与社会资本合力推动绿色发展［N］.2016-8［2021-9］.https：// www.financialnews.com.cn/yw/gd/201608/t20160825_102634.html.

［20］ 中央财经大学绿色金融国际研究院.绿色基金与 PPP 发展评价［N］.2020-7-17［2021-9］.https：// mp.weixin.qq.com/s/x-2jYKcsjVBGjQSBFPQPqA.

［21］ 华英会.环保 PPP 模式、环保产业基金模式、区域流域环保产业基金模式［N］.2017-12-13［2021-9］. https：//mp.weixin.qq.com/s/Z-JSETuoV7ibkqQSgbYplw.

［22］ 碳道.绿色指数之股票指数简介［N］.2017-6-23［2021-9］.https：//mp.weixin.qq.com/s/fOzf3- IPld16vtj8EvIfew.

［23］ 诚信为盈.企业主体绿色评级［N］.2017-9-15［2021-9］.https：//mp.weixin.qq.com/s/BLK43OoD W0ABgMxgB18r8g.

［24］ 胡蓉.PPP 环保产业基金的应用研究［J］.经济师，2020，（2）：42，44.

［25］ 余婷，段显明，葛察忠，等.中国绿色股票指数的现状分析与发展建议［J］.环境保护，2018，46 （18）：42-46.

［26］ 赵亚楠.浅析 PPP 模式在环保产业中的应用［J］.节能与环保，2018，（9）：62-63.

［27］ 李永坤，朱晋.节能环保产业并购重组的驱动力、主要问题及改进建议［J］.南方金融，2017，（9）：64-69.

［28］ 蓝虹，刘朝晖.PPP 创新模式：PPP 环保产业基金［J］.环境保护，2015，43（2）：38-43.

［29］ 鲁政委，唐维祺.绿色金融指数：海内外综览［N］.2016-10-11［2021-9］.https：//mp. weixin. qq. com/s/-IFbi5nnDo27CwJLRLd _ aw.

［30］ 汪秋霞，郭化林.国外绿色评估准则对我国的启示［J］.中国内部审计，2018，（11）：91-93.

［31］ 新世纪评级.绿色债券信用评级探究［N］.2016-12-8［2021-9］.https：//mp. weixin. qq. com/s/c _ ayYsd9IibnLWMNslR6Dg.

［32］ 千际投行.气候金融体系和金融产品工具体系概述［N］.2021-4-29［2021-9］.https：//mp. weixin. qq. com/s/M2C5eS5AM55puTlpVGB7yA.

［33］ 任宝祥.宏观视角下的碳资产管理体系解构［N］.2021-8-12［2021-9］.https：//mp. weixin. qq. com/s/1uARJuK0IxMnXcJ3EWiYNA.

［34］ 柠檬情怀.企业产品碳足迹核算的方法与步骤［N］.2021-5-13［2021-9］.https：//mp. weixin. qq. com/s/xygWYXYeGPpO4CHfZpG8bQ.

［35］ 曾学文，刘永强，满明俊，等.中国绿色金融发展程度的测度分析［J］.中国延安干部学院学报，2014，7（6）：105，112-121.

［36］ 丁婷.为增色金融，国内银行精炼"绿色"画功［J］.现代商业银行，2020，（17）：67-68.

［37］ 朱云伟.银行业绿色金融实施现状研究——以中国工商银行为例［J］.现代金融导刊，2020，（2）：33-37.

［38］ 丁辉.中国气候投融资政策体系建设的要素研究［D］.合肥：中国科学技术大学，2020.

［39］ 河北金融学院课题组，王宁.我国金融发展减贫效应的实证分析［J］.金融理论探索，2018，（3）：36-44.

［40］ 云祉婷，王晨宇，谢凤泽.我国绿色资产证券化产品种类与应用场景［J］.金融纵横，2020，（6）：87-92.

［41］ 马英博.基于国际经验的绿色债券标准研究［D］.广州：暨南大学，2018.

［42］ 绿色金融债发行实务及运作案例［J］.债券，2016，（7）：28-31.

［43］ 王玉玲，向飞，解子昌.保险助力绿色建筑与绿色金融协同发展［J］.建设科技，2020，（20）：44-47.

［44］ 丁玉龙.我国巨灾保险各地试点情况综述［N］.中国保险报，2017-11-09.

第5章
二氧化碳捕集、利用与封存技术与生态碳汇

5.1　二氧化碳捕集、利用与封存技术

二氧化碳捕集、利用与封存技术（CCUS）是指将 CO_2 从工业过程、能源利用或大气中分离出来，直接加以利用或注入地层以实现 CO_2 永久减排的过程。碳捕 CCUS 是一项新兴的、具有大规模 CO_2 减排潜力的技术，有望实现化石能源的低碳利用，被广泛认为是应对全球气候变化、控制温室气体排放的重要技术之一。CCUS 按技术流程分为捕集、运输、利用与封存四个环节。

5.1.1　捕集技术

为减少 CO_2 排放，实现 CO_2 资源化利用或进行封存，首先需要将化石燃料电厂、钢铁厂、水泥厂、炼油厂、合成氨厂产生的 CO_2 进行捕集分离。CO_2 捕集分离是碳捕集、利用与封存技术的第一步。捕集环节主要涉及捕集、吸收两大模式，根据 CO_2 捕集系统的技术基础和适用性，CO_2 捕集技术通常分为燃烧前捕集技术、燃烧后捕集技术、富氧燃烧技术等，如图 5-1 所示。

燃烧前捕集技术主要通过高压下化石燃料与氧气生成水煤气，而后 CO 与水蒸气反应生成 CO_2 和 H_2，提升浓度后进行捕集；燃烧后捕集技术主要是从燃烧后的气体中直接捕捉、吸附、分离 CO_2；富氧燃烧技术可利用高纯度氧气替代空气进行助燃，并辅以烟气循环，提升 CO_2 纯度和浓度。三种技术路线对比如图 5-2 所示，当前燃烧后捕集技术应用最广，捕集效率最高的富氧燃烧技术将在 2025 年开启大规模示范。

在吸收模式中，化学吸收技术主要通过化学反应进行吸收，根据溶剂不同可分为有机胺法、氨吸收法、热钾碱法、离子液体吸收法等；物理吸收技术一般用水、有机溶剂（不与溶解的气体反应的非电解质）以及有机溶剂的水溶液作为吸收剂进行吸收，CO_2 与液体溶剂不发生明显的化学反应；生物吸收技术则利用植物、微生物等的光合作用进行 CO_2 吸收，

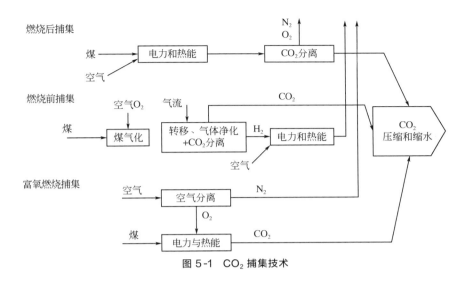

图 5-1　CO₂ 捕集技术

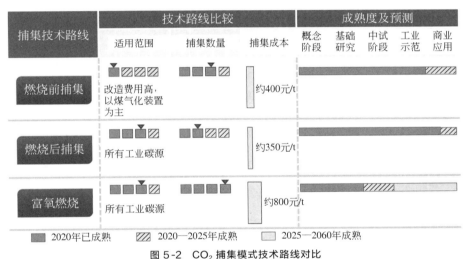

图 5-2　CO₂ 捕集模式技术路线对比

未来将主要与生物燃料制备配合使用；膜分离技术通过利用不同气体组分对膜的渗透率差异实现气体分离。在实际应用方面，短期仍将以化学吸收为主，长期来看膜分离有望与化学吸收模式结合使用，成为主流模式。CO₂ 吸收模式技术路线对比如图 5-3 所示。

5.1.2　运输技术

CO₂ 运输是指将捕集的 CO₂ 运送到可利用或封存场地的过程。根据运输方式的不同，分为罐车运输、船舶运输和管道运输，其中罐车运输包括汽车运输和铁路运输两种方式。目前，罐车方式已经全面实现商业应用，灵活、适应强、投资较低。管道方式的运输成本低、CO₂ 运量大、距离远、安全性高、规模效应明显，但初始投资最高，存在管道腐蚀问题。船舶方式在初始投资、输送量、输送距离与灵活性方面均介于罐车和管道之间，运量较大、运输距离远、长距离运输成本较低，目前仅处于中试阶段，如图 5-4 所示。

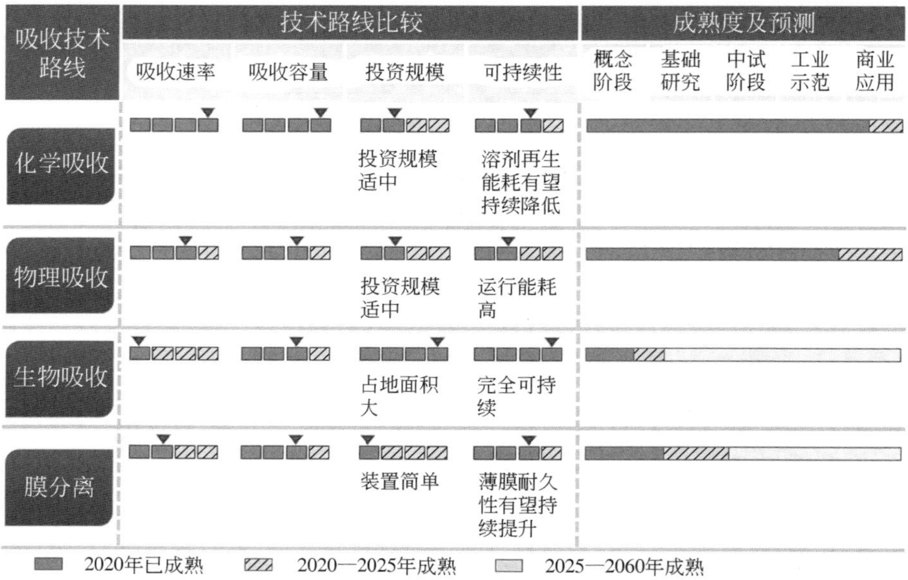

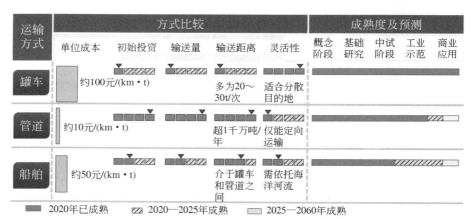

图 5-3 CO$_2$ 吸收模式技术路线对比

图 5-4 CO$_2$ 运输方式对比

5.1.3 利用与封存技术

5.1.3.1 CO$_2$ 利用技术

CO$_2$ 利用是指通过工程技术手段将捕集的 CO$_2$ 实现资源化利用的过程。将捕获的 CO$_2$ 进行合理利用不仅能减缓温室效应的压力，而且能回收捕集 CO$_2$ 的成本，创造一定的经济价值。根据工程技术手段的不同，可分为 CO$_2$ 地质利用、CO$_2$ 化工利用和 CO$_2$ 生物利用等。其中，CO$_2$ 地质利用是将 CO$_2$ 注入地下，进而实现强化能源生产、促进资源开采的过程，如提高石油、天然气采收率，开采地热、深部咸（卤）水、铀矿等多种类型资源。

在 CCUS 技术利用环节中合理选择 CO$_2$ 转化利用路径，不仅可以完全转化碳捕获过程中捕集的 CO$_2$，还可以产生相当比例的经济收益，这是 CCUS 技术成功实施、实现碳中和目标的关键。根据碳捕获环节中捕集的 CO_2 特征，优化组合 CO_2 转化利用路径，合理分配各路径比例，可以建立既能满足 CO_2 捕集利用封存，又具有经济可持续性的碳中和路径。

（1）CO_2 化工利用

CO_2 的化工利用是指以 CO_2 为原料，与其他物质发生化学转化，产出附加值较高的化工产品，这是真正消耗 CO_2 的过程。CO_2 分子很稳定，难以活化，但在特定催化剂和反应条件下，仍能与许多物质反应，生产化工原料产品，创造经济价值。CO_2 的化工利用的产品不仅具有较高的附加值，也具有较大的应用市场。

在传统化学工业中，CO_2 大量用于生产纯碱、小苏打、白炭黑、硼砂以及各种金属碳酸盐等大宗无机化工产品，这些无机化工产品大多主要用作基本化工原料。另外，合成尿素和水杨酸是最典型的 CO_2 资源化利用，其中尿素生产是最大规模的利用；有研究采用浓氨水喷淋烟气吸收 CO_2 并生产碳酸氢铵肥料，同时实现 CO_2 的捕获和利用。在有机化工利用方面，各种有机化工产品的开发研究也十分迅速，主要聚焦在能源、燃料以及大分子聚合物等高附加值含碳化学品。包括 CO_2 与 CH_4 在催化剂作用下重整制备合成气，CO_2 与 H_2 在催化剂的作用下可制取低碳烃，合成不同的醇类、醚类以及有机酸，CO_2 与环氧烷烃反应可合成碳酸乙烯酯和碳酸丙烯酯等，CO_2 的化工利用途径如图 5-5 所示。

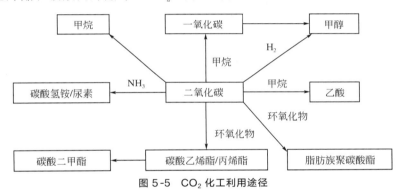

图 5-5　CO_2 化工利用途径

在煤化工项目大规模工业化和商业化，CO_2 的减排日益迫切的形势下，将 CO_2 的产品链与精细化工产业链相结合，可以在实现节能减排目标的同时提高现有化工过程的经济效益。

（2）CO_2 生物利用技术

生态系统中植物的光合作用是吸收 CO_2 的主要手段，因此利用植物吸收 CO_2 是最直接的一种手段，并具有固有的有效性和可持续性。目前研究主要集中在微藻固碳和 CO_2 气肥使用上。

CO_2 微藻生物制油技术备受关注，目前微藻固碳技术主要以微藻固定 CO_2 转化为液体燃料、化学品、生物肥料、食品和饲料添加剂等。微藻制油是利用微藻光合作用，将 CO_2 转化为微藻自身生物质从而固定碳元素，再通过诱导反应使微藻自身碳物质转化为油脂，然后利用物理或化学方法把微藻细胞内的油脂转化到细胞外，进行提炼加工，从而生产出生物柴油，被认为是"第三代生物柴油技术"。其优点有以下几个方面：①光合作用效率高，生长周期短，倍增时间为 3～5 天，有的藻甚至一天可以收获两季，可充分利用滩涂、盐碱地、沙漠、山地丘陵进行大规模培养，也可利用海水、咸水、废水等非农用水进行培养；②微藻生长过程中吸收大量 CO_2，具有 CO_2 减排效应，理论上每生产 1t 微藻可吸收 1.83t CO_2；③利用微藻生产生物柴油的同时，副产大量藻渣生物质，可进一步生产蛋白质、多糖、色素、碳水化合物等的原料，广泛用作高值化学品、保健品、食品、饲料、水产饵料等，提高经济效益。当然，微藻制油也有缺点：①大规模微藻生物质资源获得比较困难；②微藻制油生产成本较高；③大规模培养占地面积较大、基础建设投资较高、加工过程能耗物耗较大。

CO_2 气肥技术是将来自能源和工业生产过程中捕集的 CO_2 调节到一定浓度注入温室，来提升作物光合作用速率，以提高作物产量。我国拥有世界最大面积的种植大棚，CO_2 气肥技术应用前景比较乐观。

此外，受天然生物固碳的启发，解析天然生物固碳酶的催化作用机理，创建全新的人工固碳酶和固碳途径，可实现高效的人工生物固碳。如重组固氮酶催化 CO_2 甲烷化、催化 CO_2 还原为 CO 和甲酸，以及甲酸脱氢酶在辅因子 NADH 作用下催化 CO_2 还原并转化为甲酸。

在常温常压下，将太阳能、电催化与生物固碳技术相结合，建立一个微生物电合成（MES）系统，培养混合微生物在阴极表面形成生物膜，包括孢子菌和梭状芽孢杆菌这两种生物电化学产乙酸菌，通过生物电化学提供电子，还原 CO_2 为乙酸等产物。

（3）CO_2 驱油技术

CO_2 驱油是一种把 CO_2 注入油层中以提高油田采收率的技术，如图 5-6 所示。CO_2 驱油技术主要有混相驱替和非混相驱替。混相驱替是原油中的轻烃被 CO_2 萃取或气化出来，形成混合相，使表面张力降低，进而提高原油采收率。非混相驱替也是降低了表面张力，提高了采收率，是由于 CO_2 溶于原油中，从而降低了原油黏度造成的。实际工程中，非混相驱替技术的应用较少，因为理想的技术是采用混相驱替。以 CO_2 驱油有广阔的应用前景，需求量巨大，能实现大量的 CO_2 消纳。

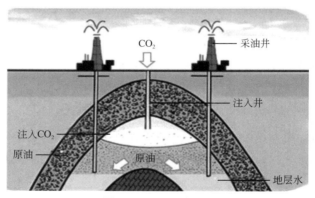

图 5-6　CO_2 驱油原理

5.1.3.2　CO_2 封存技术

CO_2 封存是指通过工程技术手段将捕集的 CO_2 注入深部地质储层，实现 CO_2 与大气长期隔绝的过程。按照封存位置不同，可分为陆地封存和海洋封存；按照地质封存体的不同，可分为咸水层封存、枯竭油气藏封存，如图 5-7 所示。或者通过工业流程将其凝固在无机碳酸盐之中。

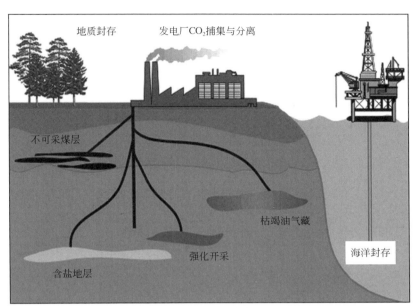

图 5-7　CO_2 封存

（1）地质封存

地质封存方法是直接将 CO_2 注入地下的地质构造当中，如油田、天然气储层、含盐地层和不可采煤层等。根据 IPCC 的研究来看，CO_2 性质稳定，可封存相当长的时间。若地质封存点选择准确，注入到其中的 CO_2 的 99％ 都可封存 1000 年以上。

把 CO_2 注入油田或气田用以驱油或驱气可以提高采收率，有实践证明，使用强化采油（EOR）技术可提高 30％～60％ 的石油产量；注入无法开采的煤矿可以把煤层中的煤层气驱出来，即所谓的提高煤层气采收率。目前，世界上大部分油田仍采用注水开发，针对此方法需要进一步提高采收率和水资源缺乏的问题，国外近年来大力开展了 CO_2 驱油提高采收率（EOR）技术的研发和应用。这项技术不仅能满足油田开发的需求，还可以解决 CO_2 的封存问题，保护大气环境。

若要封存大量的 CO_2，最适合的地点是咸水层。咸水层一般在地下深处，富含不适合农业或饮用的咸水，这类地质结构较为常见，同时拥有巨大的封存潜力。不过与油田相比，人们对这类地质结构的认识还较为有限。

（2）海洋封存

由于 CO_2 可溶解于水，通过水体与大气的自然交换作用，海洋一直以来都在"默默"吸纳着人类活动产生的 CO_2。海洋中封存 CO_2 的潜力理论上说是无限的。但实际封存量仍取决于海洋与大气的平衡状况。注入越深，保留的数量和时间就越长。目前 CO_2 的海洋封存主要有两种方案：一种是通过船或管道将 CO_2 输送到封存地点，并注入 1000m 以上深度的海水中，使其自然溶解；另一种是将 CO_2 注入 3000m 以上深度的海洋，由于液态 CO_2 的密度大于海水，因此会在海底形成固态的 CO_2 水化物或液态的 CO_2 "湖"，从而大大延缓了 CO_2 分解到环境中的过程。但是，海洋封存也许会对环境造成负面的影响，例如过高的 CO_2 含量将杀死深海的生物、使海水酸化等，人们对海洋封存的了解还是太少。

（3）矿石碳化

矿石碳化是利用 CO_2 与金属氧化物发生反应生成稳定的碳酸盐从而将 CO_2 永久性地固化起来，CO_2 矿石碳化技术路径见图 5-8。这些物质包括碱金属氧化物和碱土金属氧化物，如氧化镁（MgO）和氧化钙（CaO）等，一般存在于天然形成的硅酸盐岩中，例如蛇纹岩和橄榄石。这些物质与 CO_2 化学反应后产生诸如碳酸镁（$MgCO_3$）和碳酸钙（$CaCO_3$，石灰石）等物质。由于自然反应过程比较缓慢，因此需要对矿物做增强性预处理，但这是非常耗能的，据推测采用这种方式封存 CO_2 的发电厂要多消耗 $60\% \sim 180\%$ 的能源。并且由于受到技术上可开采的硅酸盐储量的限制，矿石碳化封存 CO_2 的潜力可能并不乐观。

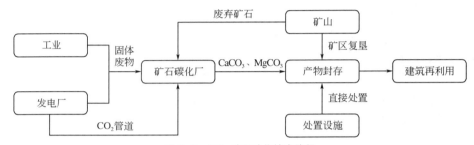

图 5-8　CO_2 矿石碳化技术路径

除了对传统化石能源产生的 CO_2 的捕集并实现封存利用，生物质能碳捕集与封存（BECCS）和直接空气碳捕集与封存（DACCS）作为负碳技术受到了越来越多的关注。BECCS 是指将生物质燃烧或转化过程中产生的 CO_2 进行捕集、利用或封存的过程，DACCS 则是直接从大气中捕集 CO_2，并将其利用或封存的过程。

综上所述，封存与利用环节中主要涉及地质封存与利用、化学利用、生物利用三大模式。在众多技术路线中，地质封存与利用模式中固碳潜力最高的 5 种技术为：①石油开采（EOR）技术，即主要是向油层中注入 CO_2 作为驱油剂，通过混相效应等原理将地层原油驱替到生产井；②铀矿浸出增采（EUL）技术，即可通过 $CO_2 + O_2$ 地浸采铀工艺进行绿色采铀；③深部咸水开采（EWR）技术，即将 CO_2 注入矿化度大于 $10g/L$ 的深部咸水层，驱替开采；④煤层气开采（ECBM）技术，即通过 CO_2 驱替将不可采煤层中的 CH_4 等气体采出；⑤页岩气开采（ESGR）技术，主要通过 CO_2 驱替将吸附和游离在页岩中的天然气采出。化学利用模式中固碳潜力最高的技术是重整制备合成气技术，即利用 CO_2 与甲烷重整反应生成 CO 和 H_2。生物利用模式中固碳潜力最高的技术是生物燃料技术，即通过微藻培植等模式利用 CO_2 制备燃料。

5.2　CCUS 现状及经济效益分析

我国对 CCUS 技术的研究起步较晚，2006 年北京香山会议学术讨论会上，与会专家首次提出 CCUS 的概念，并建议近期 CO_2 减排必须与利用紧密结合，主要利用途径是 CO_2 强化采油和资源化利用。建议受到高度重视，中国政府通过国家自然科学基金、国家重点基础研究发展计划（"973"计划）、国家高技术研究发展计划（"863"计划）、国家科技支撑计划和国家重点研发计划、国家科技专项等支持了 CCUS 领域的基础研究、技术研发和工程示范等。目前，全球变暖形势严峻，CCUS 作为一项有望实现化石能源大规模低碳利用的新兴技术，是控制温室效应、实现人类社会可持续发展的重要技术选项。

十余年来，CCUS 产业技术取得较大进步，新型技术不断涌现，技术种类不断增多，体现在从捕集到利用再到封存各个产业链条的新技术不断涌现，技术种类亦不断增多并日趋完善，如图 5-9 所示。

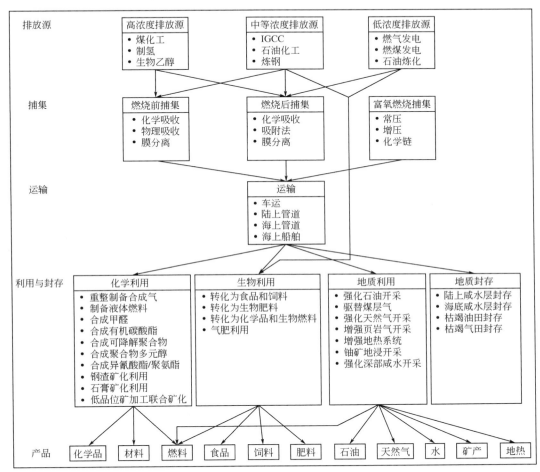

图 5-9　CCUS 技术流程及分类示意图

5.2.1　CCUS 现状

5.2.1.1　国内外对 CCUS 贡献评估

CCUS 作为快速、有效降低碳排放量的负碳技术，在全球范围内受到愈发广泛的关注，国际社会已形成共识。早在 20 世纪 70 年代，国外就已经开始对碳捕集进行相关研究。国际能源署（IEA）在 2016 年报告中提出的解决全球气候变化的主要手段是：发展清洁能源（包括可再生能源和核能），提高能效（包括最终使用燃料、电力效率和最终使用燃料转换）和碳捕集与封存（CCS）。联合国政府间气候变化专门委员会（IPCC）《决策者第五次评估报告摘要》指出，如果没有 CCS，绝大多数气候模式运行都不能实现缓解气候变化的目标；重要的是，如果不采用 CCS 技术，在 2050 年前实现 0.045％ CO_2 当量的成本会增加 138％。

根据 IPCC、IEA、国际可再生能源机构（IRENA）多个机构的研判，CCUS 碳减排量持续增加到 2030 年，CCUS 在不同情景中的全球减排量为 1 亿～16.7 亿吨/年，平均为 4.9 亿吨/年；2050 年为 27.9 亿～76 亿吨/年。平均为 46.6 亿吨/年，如图 5-10 所示。

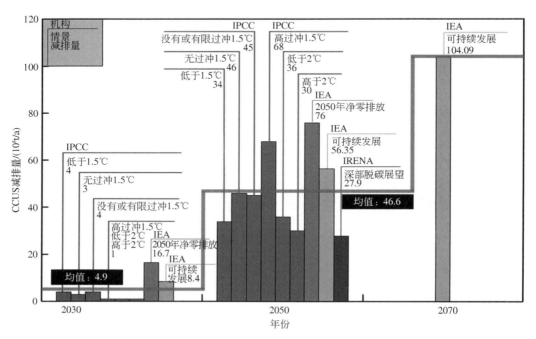

图 5-10　国外权威机构对 CCUS 减排量的预测

联合国政府间气候变化专门委员会（IPCC）在《IPCC 全球升温 1.5℃特别报告》中指出，2030 年不同路径 CCUS 的减排量为 1 亿～4 亿吨/年，2050 年不同路径 CCUS 的减排量为 30 亿～68 亿吨/年。IPCC 在第五次评估报告（2014 年）中指出，CCS 对于全球温室气体减排具有非常重要的意义，绝大多数不考虑 CCS 技术的模型，都无法在 2100 年实现 450×10^{-6} CO_2 当量浓度的目标。《IPCC 全球升温 1.5℃特别报告》对 90 种情景进行了评估，几乎所有情景都需要 CCS 的参与才能够将温升控制在 1.5℃范围内。90％的情景要求全球封存量在 2050 年达到 36 亿吨/年。2020 年全球的 CO_2 捕集和封存量约为 4000 万吨/年，为了实现 IPCC 提出的 1.5℃情景，2050 年的捕集和封存量需要增加约 100 倍。

在实现 1.5℃目标的四种情景中，仅有终端能源需求大幅度下降的情景没有使用 CCUS。在其他三种情景中，2020—2100 年间，CCUS 技术要逐步实现 3480 亿吨的累积减排量。BECCS 的部署在 2030 年仍然有限（3 亿吨，情景中位数水平）。在将全球温升限制在 1.5℃且没有或仅有限过冲的路径中，到 2030 年全球净人为 CO_2 排放量在 2010 年的水平上减少约 45％，在 2050 年左右全球 CO_2 达到净零排放，BECCS 规模约为 45 亿吨。在不高于或略超过 1.5℃的路径中，使用 CCS 能够让天然气发电的份额在 2050 年达到约 8％。国际能源署（IEA）可持续发展情景（sustainable development scenario）的目标是全球于 2070 年实现净零排放，CCUS 是第四大贡献技术，占累积减排量的 15％。IEA 可持续发展情景中，CCUS 的重要性随时间不断增加，通过水泥、钢铁和化工行业 CCUS 减排量占各行业的总排放量的 1/4～2/3，如图 5-11 所示。

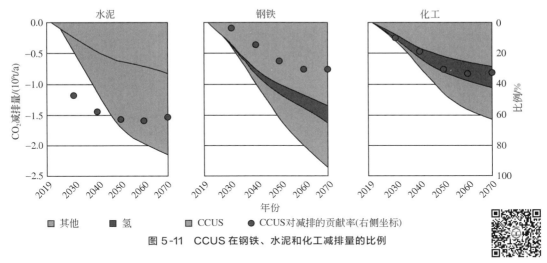

图 5-11　CCUS 在钢铁、水泥和化工减排量的比例

图 5-11 彩图

5.2.1.2　国外 CCUS 项目开展现状

近年来，全球范围内 CCUS 工业示范项目数目逐步增多、规模逐步扩大，发展势头良好。根据 Global CCS Institute 发布的报告 *Global Status of CCS* 2020，截至 2020 年底，全球有 28 个处于运行阶段的大规模 CCUS 项目，其中有 14 个分布在美国，4 个分布在加拿大，3 个分布在中国，2 个分布在挪威，巴西、沙特阿拉伯、阿拉伯联合酋长国、卡塔尔、澳大利亚各有 1 个项目，装机容量约为 4000 万吨/年，具体信息见表 5-1。此外，全球有 37 个大规模 CCUS 项目处于在建或开发阶段。

表 5-1 可以看出，国外已投运的大型 CCUS 工业示范项目中，碳捕集类型为工业分离，集中在天然气处理、化工生产、炼油以及制氢等行业，仅有 2 个项目为电力行业的燃烧后捕集类型。对于工业分离过程来说，工艺过程中可能包含有 CO_2 脱除工序，可以减少额外投入，降低捕集成本，有利于 CCUS 的开展。在 37 个在建或开发阶段的大规模 CCUS 项目中，燃烧后捕集项目增加到了 13 个，并包括 1 个富氧燃烧项目。在碳封存利用类型中，22 个项目中捕集到的 CO_2 用于驱油，其余项目则是直接地质封存，CO_2-EOR 已是成熟的 CO_2 封存利用方式。

表 5-1　国外处于运行状态的 CCUS 项目

设施名称	状态	国家	投运时间	行业	最大捕集能力/(Mt/a)	捕集类型	封存类型
Terrell Natural Gas Processing Plant (formerly Val Verde Natural Gas Plants)	运行中	美国	1972 年	天然气处理	0.4	工业分离	EOR
Enid Fertilizer	运行中	美国	1982 年	化肥生产	0.2	工业分离	EOR

续表

设施名称	状态	国家	投运时间	行业	最大捕集能力/(Mt/a)	捕集类型	封存类型
Shute Creek Gas Processing Plant	运行中	美国	1986 年	天然气处理	7	工业分离	EOR
Sleipner CO₂ Storage	运行中	挪威	1996 年	天然气处理		工业分离	专用地质封存
Great Plains Synfuels Plant and Weyburn-Midale	运行中	美国	2000 年	合成天然气	3	工业分离	EOR
Core Energy CO₂-EOR	运行中	美国	2003 年	天然气处理	0.35	工业分离	EOR
Snhvit CO₂ Storage	运行中	挪威	2008 年	天然气处理	0.7	工业分离	专用地质封存
Arkalon CO₂ Compression Facility	运行中	美国	2009 年	乙醇生产	0.29	工业分离	EOR
Century Plant	运行中	美国	2010 年	天然气处理	5	工业分离	EOR 和地质封存
Bonanza BioEnergy CCUS EOR	运行中	美国	2012 年	乙醇生产	0.1	工业分离	EOR
PCS Nitrogen	运行中	美国	2013 年	化肥生产	0.3	工业分离	EOR
Petrobras Santos Basin Pre-Salt Oil Field CCS	运行中	巴西	2013 年	天然气处理	4.6	工业分离	EOR
Lost Cabin Gas Plant	暂停运行	美国	2013 年	天然气处理	0.9	工业分离	EOR
Coffeyville Gasification Plant	运行中	美国	2013 年	化肥生产	1	工业分离	EOR
Air Products Steam Methane Reformer	运行中	美国	2013 年	制氢	1	工业分离	EOR
Boundary Dam Carbon Capture and Storage	运行中	加拿大	2014 年	发电	1	燃烧后捕集	EOR
Uthmaniyah CO₂-EOR Demonstration	运行中	沙特阿拉伯	2015 年	天然气处理	0.8	工业分离	EOR
Quest	运行中	加拿大	2015 年	制氢油砂升级	1.2	工业分离	专用地质封存
Abu Dhabi CCS(Phase 1 being Emirates Steel Industries)	运行中	阿拉伯联合酋长国	2016 年	钢铁制造	0.8	工业分离	EOR

续表

设施名称	状态	国家	投运时间	行业	最大捕集能力/(Mt/a)	捕集类型	封存类型
Petra Nova Carbon Capture	停止运行	美国	2017 年	发电	1.4	燃烧后捕集	EOR
Illinois Industrial Carbon Capture and Storage	运行中	美国	2017 年	乙醇生产-乙醇厂	1	工业分离	专用地质封存
Gorgon Carbon Dioxide Injection	运行中	澳大利亚	2019 年	天然气处理	4	工业分离	专用地质封存
Qatar LNG CCS	运行中	卡塔尔	2019 年	天然气处理	1	工业分离	专用地质封存
Alberta Carbon Trunk Line (ACTL) with Nutrien CO_2 Stream	运行中	加拿大	2020 年	化肥生产	0.3	工业分离	EOR
Alberta Carbon Trunk Line (ACTL) with North West Redwater Partnership's Sturgeon Refinery CO_2 Stream	运行中	加拿大	2020 年	石油精炼	1.4	工业分离	EOR

不得不提到的是美国 Petra Nova Carbon Capture 项目，该项目是世界最大的 CCUS 项目，建设耗资超过 10 亿美元，年捕集 140 万吨 CO_2，并输送到 100km 外的老油田 West Ranch（1938 年）进行驱油。项目投资方在 2017 年 1 月投运前曾做过测算，为了维持其正常运行，石油价格必须保持在 75 美元/桶才能达到利润平衡点。而过去的 5 年，石油价格基本都在 75 美元以下，由于经济性原因，该项目已于 2021 年 1 月 29 日停运。该案例警示我们，今后 CCUS 项目的实施必须以经济上可持续为前提条件。

5.2.1.3 国内 CCUS 项目开展现状

中国已投运或建设中的 CCUS 示范项目约为 40 个，捕集能力为 300 万吨/年，项目分布见表 5-2。多以石油、煤化工、电力行业小规模的捕集驱油示范为主，缺乏大规模的多种技术组合的全流程工业化示范。2019 年以来，主要进展如下。

表 5-2 中国 CCUS 项目分布情况

项目类型	分布地区	项目名称
驱油	河北	中石化中原油田 EOR 项目
	吉林	中石油吉林油田 EOR 项目
	黑龙江	大庆油田 EOR 项目
	上海	中石化华东油田 EOR 项目

续表

项目类型	分布地区	项目名称
驱油	山东	中石化胜利油田 EOR 项目 中石化齐鲁石油化工 EOR 项目
	陕西	延长石油煤化工 CO_2 捕集与驱油示范项目 长庆石油 EOR 项目
	新疆	新疆油田 EOR 项目
咸水层封存	内蒙古	国家能源集团煤制油 CCS 项目
	新疆	准东 CO_2 驱水封存野外先导性试验
驱煤层气	山西	中联煤 CO_2 驱煤层气项目（柳林） 中联煤 CO_2 驱煤层气项目（柿庄）
捕集（包括化工利用）	北京	北京琉璃河水泥窑尾气碳捕集项目 华能天然气电厂烟气燃烧后捕集装置 华能高碑店电厂捕集项目
	天津	华能绿色煤电 IGCC 电厂碳捕集项目 国电集团天津北塘热电厂碳捕集项目
	山西	CO_2 甲烷大规模重整项目 铜渣及除尘灰直接矿化利用烟气 CO_2 项目 电石渣矿化利用 CO_2 项目
	内蒙古	钢铁渣综合利用实验室项目
	吉林	吉林 CO_2 基生物降解塑料项目 华能长春热电厂捕集项目
	上海	华能石洞口电厂捕集示范项目
	江苏	清洁能源动力系统 IGCC 电厂捕集项目
	浙江	$300m^3/h$ 烟气 CO_2 化学吸附中试平台 中海油丽水 36-1 气田 CO_2 分离项目
	安徽	安徽海螺集团水泥窑烟气 CO_2 捕集纯化示范项目
	湖北	华中科技大学 35MW 富氧燃烧技术研究与示范
	广东	华润海丰电厂碳捕集测试平台
	海南	CO_2 加氢制甲醇项目
	重庆	中电投重庆双槐电厂碳捕集示范项目
	四川	矿化脱硫关键技术与万吨级工业试验
	陕西	国华锦界电厂燃烧后 CO_2 捕集与封存全流程示范项目
地浸采铀	内蒙古	通辽 CO_2 地浸采铀项目

① 捕集。国家能源集团国华锦界电厂新建 15 万吨/年燃烧后 CO_2 捕集项目；中海油丽水 36-1 气田开展 CO_2 分离、液化及制取干冰项目，捕集规模 5 万吨/年，产能 25 万吨/年。

② 地质利用与封存。国华锦界电厂拟将捕集的 CO_2 进行咸水层封存，部分 CO_2-EOR 项目规模扩大。

③ 化工、生物利用。20 万吨/年微藻固定煤化工烟气 CO_2 生物利用项目；1 万吨/年 CO_2 养护混凝土矿化利用项目；3000 吨/年碳化法钢渣化工利用项目。

中国已具备大规模捕集利用与封存 CO_2 的工程能力，正在积极筹备全流程 CCUS 产业集群。国家能源集团鄂尔多斯 CCS 示范项目已成功开展了 10 万吨/年规模的 CCS 全流程示范。中石油吉林油田 EOR 项目是全球正在运行的 21 个大型 CCUS 项目中唯一的中国项目，也是亚洲最大的 EOR 项目，累计已注入 CO_2 超过 200 万吨。国家能源集团国华锦界电厂 15 万吨/年燃烧后 CO_2 捕集与封存全流程示范项目已于 2019 年开始建设，建成后成为中国最大的燃煤电厂 CCUS 示范项目。2021 年 7 月，中石化正式启动建设我国首个百万吨级 CCUS 项目（齐鲁石化-胜利油田 CCUS 项目）。中国 CCUS 技术项目遍布 19 个省份，捕集源的行业和封存利用的类型呈现多样化分布。中国 13 个涉及电厂和水泥厂的纯捕集示范项目总体 CO_2 捕集规模达 85.65 万吨/年，11 个 CO_2 地质利用与封存项目规模达 182.1 万吨/年，其中 EOR 的 CO_2 利用规模约为 154 万吨/年。中国 CO_2 捕集源覆盖燃煤电厂的燃烧前、燃烧后和富氧燃烧捕集，燃气电厂的燃烧后捕集，煤化工的 CO_2 捕集以及水泥窑尾气的燃烧后捕集等多种技术。CO_2 封存及利用涉及咸水层封存、EOR、驱替煤层气（ECBM）、地浸采铀、CO_2 矿化利用、CO_2 合成可降解聚合物、重整制备合成气和微藻固定等多种方式。中国现有的 CCUS 项目情况见表 5-3。

表 5-3　中国现有的 CCUS 项目情况

项目名称	地点	捕集工业类型	捕集技术	运输	封存利用	规模/(10^4 t/a)	投运时间	运行状态
国家能源集团鄂尔多斯咸水层封存项目	鄂尔多斯	煤制油	燃烧前（物理分离）	罐车	咸水层	10	2011 年	暂停
延长石油陕北煤化工 5 万吨/年 CO_2 捕集与示范	榆林	煤制气	燃烧前（物理分离）	罐车	EOR	5	2013 年	运行中
中石油吉林油田 CCS-EOR 示范项目	松原	天然气处理	燃烧前（伴生气分离）	管道	EOR	80	2008 年	运行中
华能高碑店电厂	北京	燃煤电厂	燃烧后（化学吸收）	—	—	0.3	2008 年	运行中
华能绿色煤电 IGCC 电厂捕集、利用和封存项目	天津	燃煤电厂	燃烧前（化学吸收）	罐车	放空	10	2015 年	运行中
国电集团天津北塘热电厂 CCUS 项目	天津	燃煤电厂	燃烧后（化学吸收）	罐车	食品应用	2	2012 年	运行中
连云港清洁煤能源动力系统研究设施	连云港	燃煤电厂	燃烧前	—	放空	3	2011 年	运行中
华能上海石洞口捕集示范项目	上海	燃煤电厂	燃烧后（化学吸收）	—	工业利用与食品	12	2009 年	间歇式运行

续表

项目名称	地点	捕集工业类型	捕集技术	运输	封存利用	规模/(10⁴t/a)	投运时间	运行状态
中石化胜利油田EOR项目	东营	燃煤电厂	燃烧后（化学吸收）	罐车	EOR	4	2010年	运行中
中石化中原油田CO₂-EOR项目	濮阳	化肥厂	燃烧前（化学吸收）	罐车	EOR	50	2015年	运行中
中电投重庆双槐电厂碳捕集示范项目	重庆	燃煤电厂	燃烧后（化学吸收）	—	焊接保护气、电厂发电机氢冷置换	1	2010年	运行中
华中科技大学35兆瓦富氧燃烧示范项目	武汉	燃煤电厂	富氧燃烧	—	工业应用	10	2014年	间歇式运行
克拉玛依敦华石油-新疆油田EOR项目	克拉玛依	甲醇厂	燃烧前（化学吸收）	—	EOR	10	2015年	运行中
长庆油田EOR项目	榆林	甲醇厂	燃烧前	—	EOR	5	2017年	运行中
大庆油田EOR示范项目	大庆	天然气处理	燃烧前（伴生气分离）	罐车＋管道	EOR	20	2003年	运行中
海螺集团芜湖白马山水泥厂5万吨级CO₂捕集与纯化示范项目	芜湖	水泥厂	燃烧前（化学吸收）	—	食品应用	5	2018年	运行中
华润电力海丰碳捕集测试平台	海丰	燃煤电厂	燃烧后	—	—	2	2019年	运行中
中石油华东油气田CCUS全流程示范项目	东台	化工厂	燃烧前	槽车槽船	EOR	10	2005年	运行中
山西清洁碳研究院烟气CO₂捕集及转化碳纳米管示范项目	大同	燃煤电厂	燃烧后	就地转化	碳纳米管	0.1	2020年	运行中

5.2.2 中国CCUS需求与成本估算

中国资源禀赋现状决定了CCUS有需求空间，但是目前由于碳捕集成本高，影响了大规模CCUS项目的开展。

5.2.2.1 中国CCUS需求

（1）能源安全需求

化石能源未来在能源结构中仍占据主导地位。中国工程院和国外机构的战略研判均表明，到2050年，化石能源在中外一次能源中占比都在80%左右。全球能源需求在2018年2/3来自中国、美国和印度，中国占比34%，中国是世界油气消费大国和最大的进口国。中国石油对外依存度逐年上升。截至目前，石油对外依存度超过70%，天然气对外依存度超过 40%，如图 5-12 所示。一方面，我国从非洲、中东和东南亚进口油气资源，80% 都要经过马六甲海峡运输，我国将加快向西开放，并拓展俄罗斯、中亚和南亚的石油贸易和运输渠道，这对提升我国能源的安全水平具有重大意义，一带一路为我国能源"走出去"提供了全方位的支撑和铺垫；另一方面，我国加大油气勘探力度，保障国家能源安全。

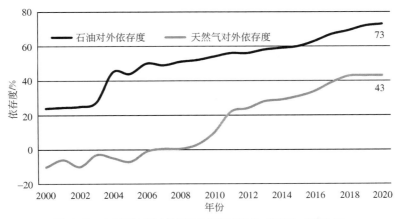

图 5-12   中国石油和天然气对外依存度变化（2000—2020 年）

2018 年国家能源局、自然资源部联合 4 大石油公司，制订七年行动计划，提出到 2025年实现石油年均新增探明地质储量 10 亿～15 亿吨、年产 2.0 亿吨以上，天然气年均新增探明地质储量 1 万亿立方米、产量快速增长。2 亿吨产量是中国能源安全的压舱石，我国近 20年石油探明储量中低渗透油藏占 70% 以上，现已探明 63.2 亿吨低渗透油藏原油储量，尤其是其中 50% 左右尚未动用的储量，如何提高特/超低渗透油田开发，成为实现我国石油工业可持续发展的核心问题。

中国致密油藏衰竭开发平均采收率仅约为 8%。流不动、采不出、洗油效率低是致密油藏采收率低下的主要原因之一。运用 CO_2 驱油比水驱油具有更明显的技术优势，根据新疆某油田岩心试验表明，利用 CO_2 驱油比水驱油提高了 45.1%，见图 5-13 和图 5-14。

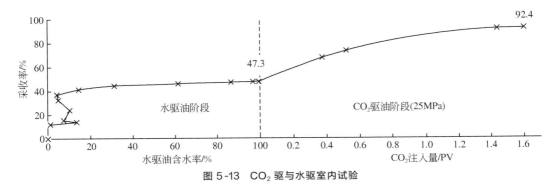

图 5-13 CO_2 驱与水驱室内试验

CO_2 驱油具有适用范围大、驱油成本低、采收率提高显著等优点，因此，该技术具有广泛适用性。它不仅适用于常规油藏，尤其对低渗透、特低渗透油藏，可以明显提高原油采收率。随着技术的发展和应用范围的扩大，CO_2 将成为中国改善油田开发效果和提高原油采收率的重要资源。

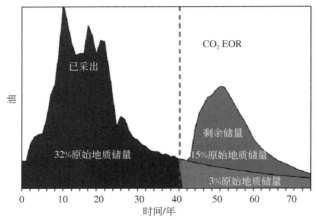

图 5-14 CO$_2$ 驱油提高采收率预测

国际能源机构评估认为，全世界适合 CO$_2$ 驱油开发的资源为 3000 亿～6000 亿桶。我国已开发油田超过 160 亿吨储量，适合 CO$_2$ 驱油，可增加可采储量 16.8 亿吨，埋存 CO$_2$ 47 亿～55 亿吨；若以全部油气藏计算，最高可埋存 150 亿吨以上。中国石化勘探开发研究院依据国家"863"计划和"973"计划的研究结果，评价了中石油和中石化相关油田的 CO$_2$ 驱油潜力，其中中石油各大油田适合 CO$_2$ 提高采收率的储量为 145.4 亿吨，预计可增油量为 15.2 亿吨；中石化各大油田适合 CO$_2$ 驱油的储量为 19 亿吨，预计可增油量为 1.61 亿吨。

（2）碳中和背景下工业企业减排需求

全球能源的发展面临双重的挑战，一边需要更多的能源来支撑经济的发展需求，一边需要减少碳排放来改善人类生存环境。CCUS 作为应对全球气候变化的重要技术具有巨大的需求潜力。根据国内外的研究结果，碳中和目标下中国 CCUS 减排需求为：2030 年 0.2 亿～4.08 亿吨，2050 年 6 亿～14.5 亿吨，2060 年 10 亿～18.2 亿吨。各机构情景设置中主要考虑了中国实现 1.5℃目标、2℃目标、可持续发展目标、碳达峰目标、碳中和目标，各行业 CO$_2$ 排放路径，CCUS 技术发展，以及 CCUS 可以使用或可能使用的情景。不同行业 CCUS 减排需求见图 5-15。

火电行业是当前中国 CCUS 示范的重点，预计到 2025 年，煤电 CCUS 减排量将达到 600 万吨/年，2040 年达到峰值，为 2 亿～5 亿吨/年，随后保持不变；气电 CCUS 的部署将逐渐展开，于 2035 年达到峰值后保持不变，当年减排量为 0.2 亿～1 亿吨/年。燃煤电厂加装 CCUS 可以捕获 90% 的碳排放量，使其变为一种相对低碳的发电技术。在中国目前的装机容量中，到 2050 年仍将有大约 9 亿千瓦在运行。CCUS 技术的部署有助于充分利用现有的煤电机组，适当保留煤电产能，避免一部分煤电资产提前退役而导致资源浪费。现役先进煤电机组结合 CCUS 技术实现低碳化利用改造是释放 CCUS 减排潜力的重要途径。技术适用性标准和成本是影响现役煤电机组加装 CCUS 的主要因素。技术适用性标准决定一个电厂是否可以成为改造的候选电厂，现阶段燃煤电厂改造需要考虑的技术适用性标准包括 CCUS 实施年份、机组容量、剩余服役年限、机组负荷率、捕集率设定、谷值/峰值等。钢铁行业 CCUS 2030 年减排需求为 0.02 亿～0.05 亿吨/年，2060 年减排需求为 0.9 亿～1.1 亿吨/年。

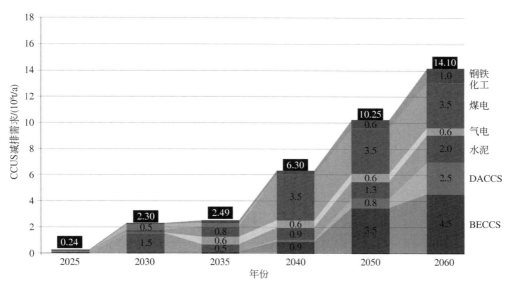

图 5-15　CCUS 在钢铁、水泥和化工减排量的比例

中国钢铁生产工艺以排放量较高的高炉-转炉法为主，电炉钢产量仅占 10% 左右。高炉-转炉法炼钢约 89% 的能源投入来自煤炭，导致中国吨钢碳排放较高。CCUS 技术可以应用于钢铁行业的许多方面，主要包括氢还原炼铁技术中 H_2 的产生以及炼钢过程。此外，EOR 也是中国钢铁行业碳捕集技术发展的重要驱动力。中国钢铁厂的 CO_2 主要为中等浓度，可采用燃烧前和燃烧后捕集技术进行捕集。在整个炼钢过程中，炼焦和高炉炼铁过程的 CO_2 排放量最大，这两个过程的碳捕集潜力最大。中国钢铁行业最主流的碳捕集技术是从焦化和高炉的尾气中进行燃烧后 CO_2 捕集。钢铁行业捕集的 CO_2 除了进行利用与封存以外，还可直接用于炼钢过程，充分应用这些技术能够减少总排放量的 5%～10%。钢铁行业 CO_2 利用主要有 4 个发展方向：①用于搅拌，CO_2 可代替氮气（N_2）或氩气（Ar）用于转炉的顶/底吹或用于钢包内的钢液混合；②作为反应物，在 CO_2-O_2 混合喷射炼钢中，减少氧气与铁水直接碰撞引起的挥发和氧化损失；③作为保护气，CO_2 可部分替代 N_2 作为炼钢中的保护气，从而最大限度地减少钢的损失，以及成品钢中的氮含量和孔隙率；④用于合成燃料，CO_2 和 CH_4 的干燥重整反应能够生产合成气（CO 和 H_2），然后将其用于直接还原铁（DRI）炼钢或生产其他化学品。

水泥行业 CCUS 2030 年 CO_2 减排需求为 0.1 亿～1.52 亿吨/年，2060 年减排需求为 1.9 亿～2.1 亿吨/年。水泥行业石灰石分解产生的 CO_2 排放约占水泥行业总排放量的 60%，CCUS 是水泥行业脱碳的必要技术手段。

石化和化工行业是 CO_2 的主要利用领域，通过化学反应可将 CO_2 转变成其他物质，然后进行资源再利用。中国石化和化工行业有很多高浓度 CO_2（高于 70%）排放源（包括天然气加工厂，煤化工厂，氨/化肥生产厂，乙烯生产厂，甲醇、乙醇及二甲基醚生产厂等），相较于低浓度排放源，其捕集能耗低、投资成本与运行维护成本低，有显著优势。因此，石化与化工领域高浓度排放源可为早期 CCUS 示范提供低成本机会，并为 CCUS 相关利益方创造额外经济利润，实现负成本 CO_2 减排封存。2030 年石化和化工行业的 CCUS 减排需求约为 5000 万吨，到 2040 年逐渐降低。

5.2.2.2 国内 CCUS 项目成本估算

当前全球 CCUS 项目成本差异较大，CO_2 捕集、运输、封存及利用总成本在 335～2380 元/t 之间。CO_2 气源分压和装置规模是影响 CCUS 成本的核心因素，整体上，气源的分压越高，项目成本越低，如图 5-16 所示。

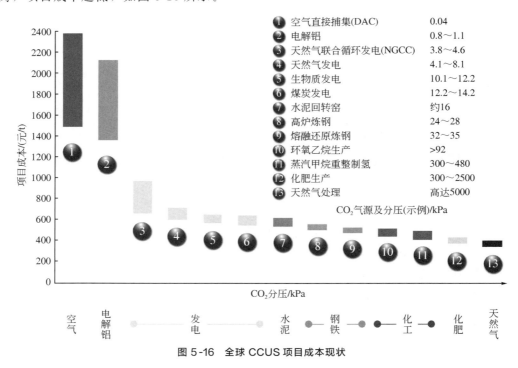

图 5-16　全球 CCUS 项目成本现状

根据预测，2025 年 CCUS 项目平均成本相较 2020 年将下降 5%～10%，至 2060 年，CCUS 项目平均成本相较 2020 年将下降超过 40%。成本下降的背后，主要由四大核心因素驱动：①技术的优化将降低对应环节成本，据 IEA 预测，至 2060 年，捕集、封存及利用环节的技术优化将使对应环节成本下降超过 30%；②装置的规模效应和随项目数量上升积累的相关经验将推动成本降低，以加拿大奎斯特项目为例，若依托现有项目经验重建原项目，将使一般性资本支出（CAPEX）降低 20%～25%；③随着 CCUS 项目逐渐规模化，运输、封存等成本相较原本分散时将进一步降低，与此同时，专注于特定环节的专业化公司将驱动潜在降本；④在运营层面，针对 CCUS 项目的精准选址、整体供应链等方面的精细化改进，将有望进一步降低项目成本。

中国 CCUS 示范项目整体规模较小，成本较高。CCUS 的成本主要包括经济成本和环境成本。经济成本包括固定成本和运行成本，环境成本包括环境风险与能耗排放。

（1）经济成本

经济成本首要构成是运行成本，是 CCUS 技术在实际操作的全流程过程中，各个环节所需要的成本投入。运行成本主要涉及捕集、运输、封存、利用这四个主要环节。预计至 2030 年，CO_2 捕集成本为 90～390 元/t，2060 年为 20～130 元/t；CO_2 管道运输是未来大规模示范项目的主要输送方式，预计 2030 年和 2060 年管道运输成本分别为 0.7 元/(t・km)

和 0.4 元/(t·km)。2030 年 CO_2 封存成本为 40～50 元/t，2060 年封存成本为 20～25 元/t，见表 5-4。

表 5-4　2025—2060 年 CCUS 各环节技术成本

项目		2025 年	2030 年	2035 年	2040 年	2050 年	2060 年
捕集成本 /(元/t)	燃烧前	100～180	90～130	70～80	50～70	30～50	20～40
	燃烧后	230～310	190～280	160～220	100～180	80～150	70～120
	富氧燃烧	300～480	160～390	130～320	110～230	90～150	80～130
运输成本 /[元/(t·km)]	罐车运输	0.9～1.4	0.8～1.3	0.7～1.2	0.6～1.1	0.5～1.1	0.5～1
	管道运输	0.8	0.7	0.6	0.5	0.45	0.4
封存成本/(元/t)		50～60	40～50	35～40	30～35	25～30	20～25

注：成本包括了固定成本和运行成本。

经济成本的另一个构成要素是固定成本。固定成本是 CCUS 技术的前期投资，如设备安装、占地投资等。一家钢铁厂安装年产能为 10 万吨的 CO_2 捕集和封存设施的成本约为 2700 万美元。在宝钢（湛江）工厂启动一个 CCUS 项目，CO_2 年捕集能力为 50 万吨（封存场地在北部湾盆地，距离工厂 100 km 以内），需要投资 5200 万美元。宝钢（湛江）工厂进行的经济评估显示，综合固定成本和运行成本，减排 CO_2 总成本为 65 美元/t，与日本 54 美元/t 和澳大利亚 60～193 美元/t CO_2 的成本相似。

（2）环境成本

环境成本主要由 CCUS 可能产生的环境影响和环境风险所致。一是 CCUS 技术的环境风险，CO_2 在捕集、运输、利用与封存等环节都可能会有泄漏发生，会给附近的生态环境、人身安全等造成一定的影响；二是 CCUS 技术额外增加能耗带来的环境污染问题，大部分 CCUS 技术有额外增加能耗的特点，增加能耗就必然带来污染物的排放问题。从封存的规模、环境风险和监管考虑，国外一般要求 CO_2 地质封存的安全期不低于 200 年。

能耗主要集中在捕集阶段，对成本以及环境的影响十分显著。如醇胺吸收剂是目前从燃煤烟气中捕集 CO_2 应用最广泛的吸收剂，但是基于醇胺吸收剂的化学吸收法在商业大规模推广应用中仍存在明显的限制，其中最主要的原因之一是运行能耗过高，可达 4.0～6.0MJ/kg CO_2。

5.2.3　国内 CCUS 典型案例与效益分析

5.2.3.1　国内 CCUS-地质利用典型案例

（1）CO_2 压裂地质利用典型案例

CO_2 压裂具有无水相、无水敏、水锁污染，无残渣、对储层和支撑裂缝无伤害、增能作用，延缓地层压力衰减等优点，解决了环保问题，节省了宝贵的水资源，基本可以实现"零"污染储层改造，不涉及回收处理问题；增强压裂效果，诱发更广泛、复杂裂缝，促进裂缝和基质孔隙中的流体运移，减少流动阻塞等，是实现页岩油气等非常规油气开发的有效措施。

北京百利时能源技术股份有限公司是国内领先的碳封存技术企业，尤其 CO_2 压裂技术国内领先，是唯一一个可以在多个应用场景实现全系列 CO_2 压裂工艺的技术服务商。该公司创建于 2010 年 7 月，总部位于北京昌平区未来科技城"能源谷"，下设吉林松原众联、天津分公司、新疆百利时子公司和大庆、辽河、克拉玛依、东营办事处以及天津碳中和发展研究中心等分支机构。百利时为国内领先的碳封存技术公司，专注于油气田的碳封存与油气增产技术的一体化应用与推广，是国内 CCUS-EOR 领域的龙头企业。其技术路线是将捕集到的液体 CO_2 通过自有的技术体系注入到油气田的储层中，进行压裂、驱替、吞吐等油气田增产技术服务。在实现 CO_2 永久地质封存的同时，通过油气井增产来实现商业收益，其典型 CO_2 压裂案例见表 5-5。

表 5-5   百利时能源技术股份有限公司碳封存-压裂技术典型案例

项目名称	CO_2 前置蓄能压裂——低压稠油油藏应用	CO_2 化学剂辅助混相压裂——敏感性油藏应用	水平井页岩气 CO_2 分段体积压裂	页岩油 CO_2 分段体积压裂
问题与挑战	1. 新疆吉木萨尔油田目标储层水敏、盐敏性强，储层保护要求高； 2. 原油黏度高(3000mPa·s)，流动性差； 3. 压力系数为 0.91，地层欠压，产液能力极低	1. 冀东油田 LZ 区块储层堵塞，注不进，采不出； 2. 黏土含量高、水敏性强(蒙脱石 26%)； 3. 地层能量低，原油黏度高(383mPa·s)，流动性能差	1. 延长油田云页平 AA 井盒 8 含气泥页岩储层物性差、黏土含量高，改造难度大； 2. 探索页岩气 CO_2 体积压裂改造技术适用性	1. 大庆油田古龙页岩油区块储层"井井有油，井井不流"； 2. 储层破裂压裂高、改造难度大，增产效果差
解决方案	1. 采用前置 CO_2 蓄能，补充地层能量，降低原油黏度； 2. 主压裂采用胍胶二次加砂工艺，施工注入液态 CO_2 253.1m³	1. 采用 CO_2 混相压裂，复合增溶剂和分散剂等化学药剂来增加混相效果和降低地层伤害； 2. CO_2 与降黏剂降低原油黏度、增加地层能量，提高单井产能	1. 液态 CO_2＋滑溜水、线性胶压裂液体系相结合； 2. 体积压裂工艺、形成复杂缝网，降低储层伤害，提高压裂液返排； 3. CO_2 注入总量 1050m³/min	1. 前置液采用液态 CO_2 助排＋滑溜水＋冻胶液混合分段体积压裂施工工艺； 2. 增加储层的改造体积率，减少对储层的伤害
运行状况	JAA 是新疆地区第一口 CO_2 压裂施工井，日平均产量 4.45t(达到常规压裂井产能 2 倍以上)，有效周期 600 天以上	LXXX 井初期放喷产量最高达 60t，措施后平均日产油 5.6t，提高到措施前产量的 8 倍，有效期长	措施后水平火焰超 10m，日产气高达 $1.0×10^5$ m³ 以上。邻井云页平 BB 井措施后无产量或平均日产气不到 $1×10^4$ m³	古页油平 A 井施工 35 段(138 簇)，注入总液量超过 3483m³；压后初期日产油 100t，平均日产油 30t

（2）CO_2 驱油地质利用典型案例

中石油吉林油田 EOR 项目是我国最早运行的大型 CCUS 项目。吉林油田进入开采中后期，以水驱为主要开发方式，普遍呈现可采储量动用程度高、自然递减率高及综合含水率高等特点。CO_2 气驱提高采收率技术是实现老油田稳产、增产的有效手段之一，对低渗透油藏及水驱递减严重的区块效果尤其明显。

2007 年，中国石油在吉林油田推进 CCUS-EOR 项目，以期达到埋存 CO_2 减排和提高原油采收率增效的双重目的。中国第一个天然气脱碳项目在吉林油田正式落户，以大情字井油田黑 59 区块和黑 79 区块为试验田，开展了注入 CO_2 代替水驱提高油田采收率试验，现场试验证明，CCUS-EOR 技术已成为低渗透油田提高原油采收率的利器，在注入能力、能量保持水平、改变原油性质、提高驱油效率等方面比水驱更具优势，平均采收率提高了 12.9%，见表 5-6。

表 5-6　吉林油田驱油典型案例

试验区/推广区	区块	注采井/口	累增油/10^4 t	提高采收率/%
原始油藏 CO_2 驱油	黑 59	6/25	3.9	10.4
水驱中期转 CO_2 驱油	黑 79 南	18/60	3.8	14.5
水驱后期转 CO_2 驱小井距	黑 79 北	10/27	0.8	13.9

5.2.3.2　油田 CO_2 应用不同商务模式效益分析

油田 CCUS 全产业价值链中，主要成本包括碳捕集与液化成本、运输成本和工程服务成本；主要收益包括油田增产收益、政府的补贴和 CCUS 项目在碳交易市场中收益。油田 CO_2 应用的主要商务模式包括驱油工程技术服务合同 TSC 和压裂工程技术服务合同 TSC，向油田提供技术服务获得收益。

按照 100 万吨 CO_2 采用驱油和压裂工程技术服务合同的模式计算，驱油与压裂直接成本分别为 61610 万元和 79610 万元，见表 5-7、表 5-8。

表 5-7　CO_2 驱油成本估算

类别	运输成本/10^4 元		人员成本/10^4 元		注入成本/10^4 元	碳捕集成本/10^4 元	设备折旧费用/10^4 元				管理及营销成本/10^4 元	直接总成本/10^4 元
	运输距离	运输单价	工人数量	平均工资	注入成本	捕集成本	储罐数量	储罐单价	运输车数量	单价		
单位成本	300km	0.4 元/(t·km)	300 个	$10×10^4$ 元/a	60 元/t	300 元/t	150 个	$50×10^4$ 元	120 台	$80×10^4$ 元	8900	61610
成本	12000		3000		6000	30000	750		960			

注：CO_2 注入总量 100 万吨，包括运输和注入工人成本，设备按照 10 年折旧，管理与营销成本按产值 10% 计算。

表 5-8　CO_2 压裂成本估算

类别	运输成本/10^4 元		人员成本/10^4 元		注入成本/10^4 元	碳捕集成本/10^4 元	设备折旧费用/10^4 元				管理及营销成本/10^4 元	直接总成本/10^4 元
	运输距离	运输单价	工人数量	平均工资	注入成本	捕集成本	储罐数量	储罐单价	运输车数量	单价		
单位成本	300km	0.4 元/(t·km)	300 个	$10×10^4$ 元/a	200 元/t	300 元/t	150 个	$50×10^4$ 元	120 台	$80×10^4$ 元	12900	79610
成本	12000		3000		20000	30000	750		960			

注：CO_2 注入总量 100 万吨，包括运输和注入工人成本，设备按照 10 年折旧，管理与营销成本按产值 10% 计算。

100 万吨 CO_2 采用驱油和压裂工程技术服务合同模式的总收益分别为 89000 万元和 129000 万元，见表 5-9。

表 5-9 CO_2 驱油与压裂产值

合同类型	注入总量 /10^4t	碳收益 /(元/t)	注入费 /(元/t)	运费 /[元/(t·km)]	产值 /10^4元
驱油	100	500	150	240	89000
压裂	100	500	550	240	129000

源汇距离以 300km 为参考，且不考虑 CCUS 项目碳交易收入，估算 100 万吨 CCUS 项目：驱油服务年产值 89000 万元，成本 61610 万元，毛利润 27390 万元，毛利润率 30.8%；压裂服务年产值 129000 万元，成本 79610 万元，毛利润 49390 万元，毛利润率 38.3%。

5.3   CCUS 产业发展技术挑战与政策建议

我国 CCUS 发展的总体思路是在政策的指引下广泛推广部署、实现技术突破。建议加强大规模、全流程 CCUS 示范项目的推进力度，形成上下游关联的 CCUS 示范产业体系，带动相关基础设施的发展和配套装备制造业的壮大，同时推动关键技术环节取得突破，实现 CCUS 技术应用成本的显著下降，提升 CCUS 全流程设计、建设和运营的产业化技术能力。

5.3.1   CCUS 产业发展中面临的挑战

5.3.1.1   发展 CCUS 面临的挑战

目前我国在提高能效和发展清洁能源方面的进展已经居于世界前列，但在 CCUS 技术上，总体还处于研发和示范的初级阶段。由于 CCUS 技术是发展中并不断完善的技术，还存在着经济、技术、环境和政策等方面的困难和问题，要实现规模化发展还存在很多阻力和挑战。

（1）经济方面

经济性是制约该技术发展的最大瓶颈，其中 CO_2 捕集和运输成本居高不下是一个重要因素。一方面通过技术的创新研发和 CO_2 管网的完善，更重要的是要大力推动 CO_2 产业在油田的规模化应用，通过 CO_2 的资源化利用来实现 CCUS 经济价值和社会价值。发展 CCUS 面临的最大挑战是示范项目的成本相对过高。现有技术条件下，安装碳捕集装置，将产生额外的资本投入和运行维护成本等，以火电厂安装为例，将额外增加 140~600 元/t 的运行成本，直接导致发电成本大幅度增加。CCUS 项目的重要贡献在于减少碳排放，但企业在投资巨额费用后，却无法实现减排收益，这严重影响着企业开展 CCUS 示范项目的积极性。除此之外，CO_2 目前输送主要以罐车为主，运输成本高，而 CO_2 管网建设投入高、风险大，这也影响着 CCUS 技术的推广。

（2）技术方面

CCUS 项目需要实现相关技术的上下游一体化、全产业链应用。目前，我国 CCUS 全流程各类技术路线都分别开展了实验示范项目，但整体仍处于研发和实验阶段，而且项目及范围都太小，高压、大排量 CO_2 的捕集、输送、注入、分离回注、存储、CO_2 检测、监测、防腐等技术和设备需要试验研究和优化组合。虽然新建项目和规模都在增加，但还缺少全流程一体、更大规模的可复制的经济效益明显的集成示范项目。另外，受现有 CCUS 技术水平的制约，在部署时将使一次能耗增加 $10\%\sim20\%$ 甚至更多，效率损失很大，这严重阻碍着 CCUS 技术的推广和应用。要迅速改变这种状况就需要更多的资金投入。

（3）市场方面

加强各产业之间的融合，碳捕集的源头更多在于电力企业，而实际大规模应用场景在石油企业，加强不同行业的有效融合有利于项目的应用和推广。CCUS 产业发展需要持久和大量的资金投入，但基于 CCUS 高昂的减排成本以及技术的不确定性，企业往往不愿意独自承担投入 CCUS 研发和示范的风险。再加上全国碳市场处于起步阶段，没有形成规模化的 CO_2 需求市场，碳税政策不明确，无法从经济上合理衡量该部分减排能力，因此致使 CCUS 项目商业化发展的基础较弱，许多企业和潜在的投资者对其望而却步。我国 CCUS 项目资金主要源于国家科技计划、央企自筹款、国际合作项目资金，暂时还没能撬动金融机构参与，呈现出资金来源少、总量小、渠道窄的特征，存在巨大的投资缺口，因此需重构 CCUS 项目的投融资机制。另一方面，CCUS 产业链几乎囊括了能源生产和消费的各个环节，如电力、钢铁、水泥、石油、化工等行业，目前 CCUS 全流程示范项目较少，缺乏跨行业、跨部门的合作模式，CO_2 捕获项目与利用、封存项目存在对接不畅的问题，因此在现有的市场环境和政策框架下，如何合理解决利益链条上的多个企业间的合作和利益分配问题，将直接影响 CCUS 的发展进程。

（4）环境方面

CO_2 长期埋存面临着地质构造密封性、井筒泄漏风险以及油田弃置后维护等问题，将对事故附近的生态环境造成影响，这需要从材料、技术、工艺、工程等方面，确保将安全风险降到最低。特别是 CCUS 的地质复杂性带来的环境影响和环境风险的不确定性，严重地制约着政府和公众对 CCUS 的认知和接受程度。为应对 CCUS 可能带来的环境影响，我国出台了《二氧化碳捕集、利用与封存环境风险评估技术指南（试行）》，明确相应的全流程环境风险评估流程。但鉴于 CCUS 行业本身的特点，目前仍存在定量评价难度大、危险物质临界量标准缺乏、地质基础数据的获得难度较大等困难。这需要针对 CCUS 项目在环境监测、风险防控的过程中考虑全流程、全阶段来制定切实有效的方案。

（5）政策方面

加强政府的支持，无论是相关的法律法规还是资金扶持政策，都是鼓励 CCUS 项目各个环节规范发展的重要保证。自 2006 年起，我国陆续发布了 20 多项涉及 CCUS 的国家政策，确定了 CCUS 在应对气候变化领域的重要地位，并积极推动 CCUS 技术的推广和示范项目的建设，但尚未建立 CCUS 的专项法律法规和标准体系。法律法规的不完善对企业意味着多重风险，直接阻碍了企业参与 CCUS 项目的积极性，如 CCUS 大规模实施所涉及的利益者众多，需要建立一个能表达和协调相关利益者诉求的法律和政策框架体系以及该体系下的有效运行机制；缺少更加有效的政策激励，没有更加具体的财税支持，是目前企业开展

CCUS 研究和示范项目的主要障碍；示范项目的选址、建设、运营和地质利用与封存场地关闭及关闭后的环境风险评估、监控等方面同样需加快出台相关的法律法规和标准。因此尽快出台明确的政府政策与建立专项法律法规和标准对于 CCUS 项目的大规模实施非常重要。

结合我国的具体国情，我国发展 CCUS 从多个方面进一步进行突破，在政策的支持下，加快关键技术的研究，解决捕集技术成本较高的问题，大幅度降低成本并提高安全性。

5.3.1.2 发展 CCUS 需要攻关的关键技术

需针对捕集、压缩、运输、注入、封存等全链条技术单元之间的兼容性与集成优化，突破大规模 CCUS 全流程工程相关技术瓶颈，在"十四五"期间建成 3～5 项百万吨级 CCUS 全链条示范项目；加速突破高性价比的 CO_2 吸收/吸附材料开发、大型反应器设计、长距离 CO_2 管道运输等核心技术，促进 CCUS 产业集群建设；把握 2030—2035 年燃煤电厂 CCUS 技术改造的最佳窗口期，在电力行业超前部署新一代低成本、低能耗 CCUS 技术示范，推进 CCUS 技术代际更替，从而避免技术锁定，争取最大减排效益。

建成大规模捕集、利用和封存示范项目，需要掌握大规模 CO_2 捕集、运输、驱油利用与封存监测等方面技术攻关，具体包括以下几个方面：①CO_2 捕集方面，高性能、低成本吸收剂研发以低能耗和低操作成本为目标，进行设备和过程强化高效 CO_2 捕集系统的研究，减小对发电效率的影响；②CO_2 运输方面，CO_2 管道输送注入工艺，管道输送流动保障研究，CO_2 输送管道管材选择及腐蚀控制技术研究，设备选型技术研究；③CO_2 驱油与地质封存方面，CO_2 地质埋存和驱油过程中赋存状态及物理化学研究，CO_2 驱油与压裂工艺研究，封存核心设备研究，CO_2 注入、储层及泄漏监测方法。攻关技术路线如图 5-17 所示。

此外，还应开展 CCUS 标准化方面的研究。如 CCUS 全生命周期评价、CCUS 行业标准制定及 CCER 认证、CCUS 全流程数字化控制等。

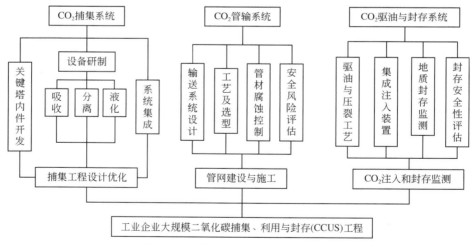

图 5-17 工业企业 CCUS 攻关技术路线

（1）CO_2 捕集系统研究

① 高性能、低成本吸收剂及关键塔内件开发。吸收剂开发采用计算机分子模拟和实验研究相结合的方法，研究吸收剂分子结构与吸收解吸机理、性能的关系，根据不同处理对象研制和优化吸收剂体系，并开发筛选出适用于大型 CO_2 捕集工艺的吸收剂。针对目前捕集

系统中烟气 CO_2 化学吸收塔内的不锈钢填料价格昂贵、聚丙烯填料亲水性差的问题，开发新型高效的吸收塔填料。

② CO_2 吸收、分离、压缩等设备自主设计。针对 CO_2 吸收、再生体系的特点，以降低设备投资、能耗和操作成本为目标，进行设备和过程强化的研究。结合溶剂设计和过程强化的研究，研究设备及新型填料在不同尺度上的气液两相流结构及其调控，研究其对传质的影响规律，并以此为基础进行 CO_2 捕集再生关键设备研制。

③ 高效 CO_2 捕集系统研究。分析电厂烟气系统、热力系统及 CO_2 捕集系统各关键点的参数，尤其是蒸汽参数，将 CO_2 捕集系统有机地嵌入电厂整个热力系统的设计中，实现整体化集成设计，减小捕集装置对电厂对应当量机组发电效率降低的影响。

（2） CO_2 管输系统研究

① CO_2 输送的关键体现在对其压力和温度的控制上，需要进行超临界 CO_2 及其混合气体的密度和压缩系数等重要性能参数对温度和压力变化的敏感度研究；此外，需要综合考虑 CO_2 运输距离、管道摩擦以及管道途经地形等因素进行敏感性分析，从最大安全输送距离、管道压降梯度和经济性等多方面研究超临界 CO_2 输送过程中最优入口温度、入口压力、输送量、管径等相关工艺参数选取原则，实现超临界 CO_2 输送的稳定性和经济性。

② CO_2 输送管道管材选择及腐蚀控制技术研究。开展超临界 CO_2 泄漏过程和放空过程温降对阀门管材的影响；长输管道延性断裂问题研究；研制满足超临界 CO_2 运输所需的高性能耐温、耐压和耐腐蚀管道及附件，保证超临界 CO_2 管道运输安全。

（3） CO_2 驱油与封存系统研究

① CO_2 驱油技术研究。研究明确 CO_2 驱油技术的机理；研究 CO_2 驱油技术对套管的腐蚀作用、沥青沉降作用及应对措施；揭示 CO_2 驱油过程中的 CO_2 在油水间的传递过程的基本规律；明确 CO_2 驱油技术驱油效果的影响因素及提高 CO_2 驱油效率的方法。

② CO_2 驱油与封存协同技术研究。研究低孔隙条件下 CO_2 与典型油藏混相机理，开发适合驱油封存的调剖技术、混相促进技术、大规模驱油封存场地稳定性评价与控制技术，开发 CO_2 驱油与封存的动态跟踪与调控技术，优化油藏开采方案及相关配套监测方案。研究 CO_2/油/水多相渗流及油气藏 CO_2 封存机理和 CO_2 驱油与封存协同优化方法。

③ CO_2 注入、储层及泄漏监测方法与设备研制。开展 CO_2 新型注入技术方案研究；设计 CO_2 封存储层应力状态监测技术和方案研究；开展储存 CO_2 封存高保真、高精度、低扰动高效取样监测技术装备及分析一体化技术；形成 CO_2 封存监测高效管理与在线分析平台。

5.3.2 CCUS 产业发展政策建议

5.3.2.1 CCUS 发展规划建议

（1）明确面向碳中和目标的 CCUS 发展路径

2020—2030 年是我国 CCUS 发展的关键时期，首先要明确面向碳中和目标的 CCUS 发展路径。充分考虑碳中和目标下的产业格局和重点排放行业排放路径，重点从减排需求出发，研判火电、钢铁、水泥等重点排放行业以及生物质能的碳捕集与封存和直接空气捕集的技术减排贡献，预测 2020—2060 年的 CCUS 发展路径和空间布局，为行业乃至全社会碳中和路径确定锚点。

（2）完善 CCUS 政策支持与标准规范体系

加速推动 CCUS 商业化步伐，将 CCUS 纳入产业和技术发展目录，打通金融融资渠道，为 CCUS 项目优先授信和优惠贷款；探索制定符合中国国情的 CCUS 税收优惠和补贴激励政策，加大对大规模、全流程重大 CCUS 示范项目的直接财政支持，鼓励地方加大对 CCUS 的政策激励，形成投融资增加和成本降低的良性循环；完善优化法律法规体系，制定科学合理的建设、运营、监管、终止标准体系。

（3）规划布局 CCUS 基础设施建设

加大 CO_2 输送与封存等基础设施投资力度与建设规模，优化技术设施管理水平，建立相关基础设施合作共享机制；注重已有资源优化整合，推动现有装置设备改良升级，逐步提高现有基础设施性能水平；充分利用相关基础设施共享机制，建设 CO_2 运输与封存共享网络，不断形成新的 CCUS 产业促进中心，推动 CCUS 技术与不同碳排放领域与行业的耦合集成。开展大规模 CCUS 示范与产业化集群建设。

建议重点加强以下几个主要方面的工作：①新建火电厂要配备碳捕集预留，且选址需考虑 CO_2 封存场地；②在煤化工、油气行业开展大规模、全流程 CCUS 示范项目，建立跨行业协作机制；③在钢铁、水泥等工业行业开展小型 CCUS 示范；④开展碳捕集与盐水层封存相结合的工程示范；⑤积极推进 CO_2 运输管道及配套设施建设。通过以上努力，力争到 2030 年在电力、钢铁、化工等行业建成 CCUS 规模化应用的商业范例，建成若干百万吨级的大规模、全流程 CCUS 示范项目。

5.3.2.2 CCUS 在碳金融应用建议

2021 年 7 月 16 日，全国碳排放交易权开市，中国成为全球最大碳市场，CCUS 迎来发展窗口期。我国提出力争到 2030 年前实现碳达峰、2060 年前实现碳中和。非化石能源短中期内尚无法动摇油、气、煤的主体地位，森林碳汇被经济发展和占地矛盾掣肘，因此，涵盖 CO_2 捕集、利用与封存三大环节的 CCUS 被认为是一条必行之路。

要积极利用绿色金融、气候债券、低碳基金等多种方式支持 CCUS 项目示范，探索将 CCUS 纳入碳排放权交易市场的合理机制。碳市场应在推动 CCUS 技术应用上发挥关键作用，需从顶层设计层面完善 CCUS 技术示范的政策保障机制，加强政策激励，加快推进碳市场建设。将 CCUS 纳入碳市场机制，采用 CCUS 技术的企业可从碳市场获取一定收益，以弥补当前成本较高的缺点。CCUS 纳入碳市场有两种形式：一种是允许重点排放单位直接用其 CCUS 抵消排放配额；另一种是将 CCUS 项目纳入自愿减排交易，允许其作为抵消机制组成部分用于抵消排放配额。在制定 CCUS 技术应用的支持政策方面，发展绿色金融，为项目提供必要的资金支持，将 CCUS 项目纳入《资源综合利用产品和劳务增值税优惠目录》，享受增值税即收即退政策，并支持利用多边发展银行低息贷款实施 CCUS 项目。美国碳捕集、利用与封存项目种类多样，包括水泥制造、燃煤发电、燃气发电、垃圾发电、化学工业等。半数项目已不再依赖 CO_2 强化采油得到收益。这得益于美国政府推出的补贴政策。美国碳捕集、利用与封存项目可以通过联邦政府的 45Q 税收抵免和加利福尼亚州政府的低碳燃料标准，获得政府和地方的财政支持，这些举措大幅度改善了碳捕集、利用与封存项目的可行性，并使其长期健康运行成为可能。因此，我国 CCUS 项目在碳金融应用方面有很多工作亟待挖掘，这必将推进我国低碳发展的能力建设，促进 CCUS 产业的快速发展。

5.4 中国 CCUS 发展潜力与展望

经过多年国际交流与推介，CCUS 概念已在全球范围内得到接受与使用。国际石油工程师协会（SPE）和油气行业气候倡议组织（OGCI）都成立或设置了专门的 CCUS 技术指导委员会或议题，中国也成立了 CCUS 产业技术创新战略联盟。十余年来，CCUS 产业技术取得较大进步，新型技术不断涌现，技术种类不断增多。CCUS 技术在减排的同时可以形成新业态，对促进 CCUS 可持续发展具有重大意义。

中国地质封存潜力为 1.21 万亿～4.13 万亿吨，封存潜力大。中国油田主要集中于松辽盆地、渤海湾盆地、鄂尔多斯盆地和准噶尔盆地，通过 CO_2 强化石油开采技术（CO_2-EOR）可以封存约 51 亿吨 CO_2。中国气藏主要分布于鄂尔多斯盆地、四川盆地、渤海湾盆地和塔里木盆地，利用枯竭气藏可以封存约 153 亿吨 CO_2，通过 CO_2 强化天然气开采技术（CO_2-EGR）可以封存约 90 亿吨 CO_2。中国深部咸水层的 CO_2 封存容量约为 24200 亿吨，其分布与含油气盆地分布基本相同。其中，松辽盆地（6945 亿吨）、塔里木盆地（5528 亿吨）和渤海湾盆地（4906 亿吨）是最大的 3 个陆上封存区域，约占总封存量的一半。除此之外，苏北盆地（4357 亿吨）和鄂尔多斯盆地（3356 亿吨）的深部咸水层也具有较大的 CO_2 封存潜力。

整体来看，CCUS 减排潜力大，可能实现零排放甚至负排放，其通过 EOR、ECBM 等 CO_2 利用方式促进其他相关行业发展，作为一种发展中的很有前途的新技术，CO_2 的工业利用也极具前景。但受制于经济、技术、环境和政策等方面存在着一些短时间难以解决的问题，结合我国国情，大规模化发展 CCUS 项目的时机还不成熟。建议政府层面制定 CCUS 发展规划，探索有利于发展 CCUS 的财政政策，激励企业开展全流程的集成示范项目；科研层面增加相关应用技术以及配套技术的研究资金投入；企业层面深化与欧美发达国家的合作交流，争取资金支持，对国外先进示范项目进行调研和梳理，对国内示范项目进行及时的总结和完善，积累全产业链的工程经验和技术数据，为我国 CCUS 技术标准体系建设打下坚实的基础。

2021 年 7 月 23 日，生态环境部环境规划院组织召开了《中国二氧化碳捕集利用与封存（CCUS）年度报告（2021）——中国 CCUS 路径研究》发布会。报告指出：CCUS 与新能源耦合的负排放技术是抵消无法削减碳排放、实现碳中和目标的托底技术保障。从我国源汇匹配情况看，CCUS 技术可提供 6 亿～21 亿吨 CO_2 减排。随着技术进步和规模化应用，到 2060 年，CCUS 成本将逐步降到 140～410 元/t。依据中金各行业组测算的 CO_2 排放路径，测算了钢铁、化工、有色金属与水泥行业需要通过 CCUS 技术解决的排放量与市场空间，到 2060 年，CCUS 技术将处理近 10.4 亿吨 CO_2，市场空间有望达到 2596.4 亿元。考虑保留部分火电，合计市场空间约 4743.2 亿元。所以，未来 CCUS 将是一个成千乃至上万亿的市场，这个市场将在碳中和实现后长期存在。

虽然当前国内存在 CCUS 技术的成熟度较低、还需更加有效的政策指引和激励机制、缺乏有效的跨企业协调合作等问题，CCUS 发展在商业模式探索方面面临制约，但未来随着碳中和进程的持续推动、国家激励政策的进一步完善、碳交易市场的成熟等，CCUS 产业发展存在巨大的潜力。相关企业应积极把握 CCUS 发展的关键时期，结合自身业务，针对三大环节中的核心技术领域，择机采用多元方式进行布局，在发展前景广阔的 CCUS 市场中抢占竞争高地。

5.5　林业碳汇利用与管理

5.5.1　国内外林业碳汇基本情况与核算方法

5.5.1.1　国内外碳汇基本情况

减少温室气体在大气中的积累，其做法一是减少温室气体排放（源）；二是增加对温室气体的吸收（汇）。减少温室气体排放源主要是通过降低能耗、提高能效、使用清洁能源来实现，而增加温室气体吸收汇主要是通过自然界中具有吸收和固定 CO_2 作用的物质，如海洋、森林、土壤、岩石、生物体等，把大气中的 CO_2 固定下来，在一定时期内起到降低大气中温室气体浓度的作用，因此就有森林碳汇、草原碳汇、湿地碳汇、土壤碳汇等概念。森林碳汇就是指森林资源通过植被的光合作用吸收和储存大气中 CO_2 的能力。

森林与大气中 CO_2 的关系有着双重作用。一方面，森林以其巨大的生物量储存着大量的碳；森林植被中的碳含量约占生物量干重的 50%。森林每生长 $1m^3$ 蓄积量，约可以吸收 $1.83t\ CO_2$，释放 $1.62t\ O_2$。另一方面，森林火灾，特别是毁林成为大气 CO_2 的重要排放源，毁林引起的土地利用变化还将导致森林土壤有机碳的大量排放。

随着全球气候治理行动的发展，碳交易体系作为重要的政策工具，被越来越多的国家和地区开始采用。林业碳汇交易作为国际碳交易体系的重要组成部分，成为运用市场机制控制碳排放的先行探索模式。2014 年底之前，全球林业碳汇交易及融资主要依靠自愿市场；自2015 年起管制市场的碳汇交易比例逐渐增大，林业碳汇融资途径开始向多样化方向转变，非市场机制下基于结果的减排付费行动发展迅速。我国早已建立自愿减排交易体系，并于2015 年初上线运行国家碳排放权交易注册登记系统，全线打通 CCER 的全部交易操作流程。我国的林业碳汇交易都属于项目层面的核证减排量交易。

5.5.1.2　林业碳汇项目的核算方法

现行国内外关于碳汇的核算方法主要分两大类：一类是与生物量紧密相关的，以生物量和蓄积量为基础的方法，如生物量法、蓄积量法、生物量清单法；另一类是利用微气象原理与技术测定森林 CO_2 通量，再将 CO_2 通量换算成碳储量，如涡旋相关法、弛豫涡旋积累法。

（1）生物量法

生物量法是以森林面积、单位面积的生物量、生物量在树木各器官中的分配比例、树木各器官的碳含量为基础的碳储量计算方法。其核算范围涉及所有的动、植物及微生物的有机质总量。不过由于动物和微生物所占比重太小，故而以植物生物量为代表。当前的生物量法又主要可以分为以下三种：平均生物量法、生物量转换因子法和生物量转换因子连续函数法。

生物量法具有简单直接的优势，但样地测定的选择有误差、不同树种生物量有差异、生物量与碳的转换系数缺乏准确规定，基于生物量法的计量结果存在一定程度的偏差。

（2）蓄积量法

蓄积量法是基于森林蓄积量，通过实地测算数据，计算出森林主要树种的平均容量，再结合森林的总蓄积量得出生物量，最后将生物量乘以碳量的转换系数求出森林的碳储量。

该方法也不复杂。但在核算中，忽略了地下生物量、土壤等因素，使得结果精确度不高，不过计算林木植被的碳储量并不影响其准确性。

（3）生物量清单法

生物量清单法是在生物量法、蓄积量法基础上估算的方法。首先得到不同树种的蓄积量，参考其树干密度，计算出各树种的生物量；然后根据优势树种生物量占乔木层生物量的比例，得出乔木层的生物量；再结合树种的碳密度计算出树种的碳储量，最后根据乔木层生物量与总生物量的比值，估算出各森林类型的单位面积中生物碳储量。

该方法虽然不繁杂，但只能体现碳储量的静态效果，未反映某段时间内的动态变化；另外，该法获取计算数据程序繁多，需要花费大量人力、物力，成本过高。

（4）涡旋相关法

涡旋相关法基于微气象技术，直接在林冠上测 CO_2 的涡流传递速率，通过计算，得到森林生态系统的固碳量。该法应注意选定一个参考高度，对 CO_2 浓度、风速、风向进行监测。物质的垂直交换在大气中利用空气的涡旋状流动进行，这种涡旋搅动空气，使不同物质向上或向下流向参考面，两者之差就是所求的生态系统固定或放出的 CO_2 量。

该方法可以直接计算森林与大气间的通量，长时期的监测，方便人们获得森林生态系统的基础监测数据，但由于所需仪器精密度要求高、价格不菲，高要求局限了使用者，不具有普遍的可行性。

（5）弛豫涡旋积累法

弛豫涡旋积累法源于涡旋积累法，根据垂直风速的大小与方向，设立两组气体样本为变量，进行测量。但该方法存在技术难度，即两组样本瞬时采样难度很大。早期时该技术并不成熟，也未成功应用，直到弛豫的思想引入实验，转变暂时采样为定时采样，才得以应用于现实，故命名为弛豫涡旋积累法。

该方法需要一维声速风速仪、红外线 CO_2 分析仪等工具。该法由于在收集气体过程中，能达到长期监测的效果，所以测定 CO_2 的通量更具优势，同样，由于该法使用的所需设备价格不菲，专业人员要求高，使用技术性强，该法在我国还未投入使用。

（6）箱式法

箱式法核心思想是在密封的测定室中，用塑料袋套紧植被的一部分，使其处于封闭系统，CO_2 浓度随时间的变化就是 CO_2 通量。该法间接估算 CO_2 通量，具有操作便捷、设备价格能承受、定量测定系统中各个器官的优点。国内运用便携式光合系统短期测定的较多，对某个器官长期测定的较少。

根据 2014 年财政部对公允价值的定义，公允价值是市场参与者在计量日发生的有序交易中，出售一项资产所能收到或者转移一项负债所需支付的价格。公允价值强调"有序交易"及最有利市场，认为持有计量对象的企业是交易者，运用市场法、成本法及收益法对森林碳汇的公允价值估值。公允价值又称公允市价、公允价格。在实物计量的基础上，用森林碳汇价格（公允价格）与碳汇实物量相乘得出森林碳汇资产的价值。

随后根据试运行过程中各方的反馈意见进一步修订，财政部于 2019 年发布了《碳排放权交易有关会计处理暂行规定》（财会〔2019〕22 号）的通知，规定单独设置"碳排放权资产"科目核算碳控排企业通过购入方式获得的碳排放权配额，并采用历史成本计量属性进行计量，进而披露相关会计信息。此外，有学者指出，树木凭借其固碳能力成为碳会计中森林碳汇载体的重要形式之一，是一项特殊的生物资产，还应与 IAS 41、AASB 141 等会计准则相挂钩。碳排放权会计规范体系的不断发展为森林碳汇会计核算提供了可供参考及借鉴的依据。但值得注意的是，该规定主要从碳排放权消费方（碳控排企业）角度对于以购入方式取得的碳排放权配额进行会计处理，并未针对碳排放权开发方（营利组织）关于森林碳汇抵消产品作出详细的会计核算规定，森林碳汇相较于配额有其特殊性，其以营林组织开发森林碳汇项目的方式产生，且以天然依附于森林实体资产的形式存在，使其呈现森林碳汇生产经营周期较长以及森林碳汇和林木类生物资产不可分割的特点，进而缺乏基于营林组织对于森林碳汇的相关会计规范，实务界对于森林碳汇试点项目涉及的森林碳汇这一资产缺乏会计核算的依据，由此导致拥有森林碳汇企业提供森林碳汇会计信息的不一致。

总之，森林碳汇的资产属性已得到认可，但森林碳汇确认为何种资产或确认其资产类型仍有待商榷。森林碳汇会计核算，包括森林碳汇的会计确认时间和确认标准、非货币计量与货币计量单位以及具体实物量与价值量计量方法等方面。同时，森林碳汇会计初始确认与再确认层次上具体的确认方式及其依据、会计初始计量与后续计量属性的选择以及会计信息披露模式等方面仍应成为今后重点研究方向，从而更好地配合中国森林碳汇交易试点工作的开展，规范参与森林碳汇交易机制企业的会计核算，全面反映企业的森林增汇减排行为，从而促进企业低碳转型，确保中国节能减排目标的顺利实现。

5.5.2　全球碳汇市场概况

全球的碳交易形式主要有两种：基于配额的交易和基于项目的交易。配额型碳交易是指总量管制下所产生的减排量单位的交易，如欧盟的"欧盟排放配额"交易，主要是依据《京都议定书》要求的国家之间减排量的交易，通常是现货交易。项目型碳交易是指通过实施项目所产生的减排量交易，如清洁发展机制下的"核证减排量"、联合履约机制下的"排放减量单位"，主要是通过国与国合作而产生的减排量交易，通常以期货方式预先买卖。因此，国际碳市场可以分为现货市场、期货市场和期指市场等。全球主要的碳交易的产品为：欧盟排放交易单位（EUAs）、联合履约减排单位（ERUs）、清洁发展机制（CDM）的经核证的减排单位（CERs）、自愿减排交易单位（VERs）等。

5.5.3　中国林业碳汇项目实践

5.5.3.1　我国林业碳汇项目背景

为促进我国森林生态效益市场化，促进我国林业碳汇交易，争取更多的国际资金投入我国林业生态建设，同时了解实施清洁发展机制林业碳汇项目的全过程，培养我国的林业碳汇专家，我国政府于 2001 年启动了全球碳汇项目。2004 年，国家林业局碳汇管理办公室在广西壮族自治区、内蒙古自治区、云南、四川、山西、辽宁 6 省（自治区）启动了林业碳汇试点项目，最后广西碳汇项目成为全球首个清洁发展机制下的林业碳汇项目。

2018 年 12 月 28 日，为贯彻落实中共中央办公厅、国务院办公厅印发的《贯彻实施党的十九大报告重要改革举措分工方案》和《国务院办公厅关于健全生态保护补偿机制的意见》（国办发〔2016〕31 号）等文件要求，积极推进市场化、多元化生态保护补偿机制建设，国家发改委联合生态环境部、国家林草局等九部委共同发布了《建立市场化、多元化生态保护补偿机制行动计划》。明确指出：建立健全以国家温室气体自愿减排交易机制为基础的碳排放权抵消机制，将具有生态、社会等多种效益的林业温室气体自愿减排项目优先纳入全国碳排放权交易市场，充分发挥碳市场在生态建设、修复和保护中的补偿作用。引导碳交易履约企业和对口帮扶单位优先购买贫困地区林业碳汇项目产生的减排量，鼓励通过碳中和、碳普惠等形式支持林业碳汇发展。

2020 年 11 月 2 日，生态环境部办公厅印发关于公开征求《全国碳排放权交易管理办法（试行）》（征求意见稿）第三十一条［抵消机制］明确提出：重点排放单位可使用国家核证自愿减排量（CCER）或生态环境部另行公布的其他减排指标，抵消其不超过 5% 的经核查排放量。1 单位 CCER 可抵消 1t CO_2 当量的排放量。用于抵消的 CCER 应来自可再生能源、碳汇、CH_4 利用等领域减排项目，在全国碳排放权交易市场重点排放单位组织边界范围外产生。

5.5.3.2 我国林业碳汇项目申报与审定

（1）国内林业碳汇项目开发条件和类型

碳汇造林有别于一般定义上的造林活动，是指在确定了基线的土地上，以增加碳汇为主要目的之一，对造林及其林分（木）生长过程实施碳汇计算和检测而开展的有特殊要求的造林活动。不是所有的林地都可以开发林业碳汇项目。只有符合方法学要求的林地才可以参与林业碳汇项目开发。项目开发要按照有关规定和方法学进行，并经国家发改委备案，所产生的碳汇才能进入碳市场交易。

碳汇项目分为两类：造林类和经营管理类，每一类分为竹林和非竹林。在 97 个已公布的林业碳汇项目中，森林经营碳汇类项目 23 个，竹林经营类碳汇项目 5 个，碳汇造林类项目 68 个，竹子造林类项目 1 个。

截至目前，国家发展改革委批准备案的 CCER 林业碳汇项目使用的方法学有 4 个，分别是《AR-CM-001-V01 碳汇造林项目方法学》《AR-CM-002-V01 竹子造林碳汇项目方法学》《AR-CM-003-V01 森林经营碳汇项目方法学》《AR-CM-005-V01 竹林经营碳汇项目方法学》。

（2）林业碳汇项目申报及开发

我国林业碳汇的提供者主要是林地产权或经营权的所有者，如森工企业、国有林场、集体林场、造林公司及拥有或经营森林资源的林农等。需求方是受配额限制的控排企业、自愿减排量购买企业、金融机构、碳资产开发公司及个人。

目前国家发改委备案的林业碳汇类项目审定（核证）机构有中国质量认证中心（CQC）、中环联合（北京）认证中心（CEC）、广东赛宝认证中心、中国林业科学院林业科技信息研究所、中国农业科学院（CAAS）、北京中创碳投科技有限公司六家机构。

林业碳汇项目开发分项目备案和碳汇量备案两个阶段。项目备案阶段是对项目额外性、预期产生的碳汇量和资质方面进行审查，国家发改委最终确定项目是否为合格的碳汇项目，是否予以备案；碳汇量备案阶段是对项目一定时期内产生的碳汇量的真实性、准确性、可靠性等进行审查，国家发改委最终确定碳汇量是否具备交易资质，是否予以签发。林业碳汇项目申报流程和预计时间如图 5-18 所示。

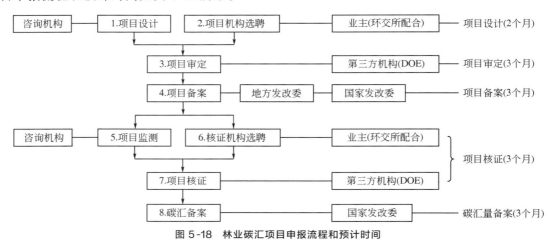

图 5-18　林业碳汇项目申报流程和预计时间

碳金融服务为林业碳汇业主市场化生态补偿机制解决资金问题提供了一条全新的途径。林业碳汇项目开发要注意以下要点：①发挥各地资源优势，结合当地林木生产的特点和优势，整合资源，整体行动；②与专业机构合作开发，形成价格优势；③建立碳汇项目库，勾画碳汇资源地图，根据开发难度和减排效果排出优先级；④尽早确定开发模式，加强能力建设和培训；⑤形成碳汇资产，做好碳资产管理工作。

5.5.4　林业碳汇发展趋势与展望

5.5.4.1　林业碳汇项目交易的现状

目前，我国林业碳汇交易项目类型主要有 3 种：一是清洁发展机制（CDM）下的林业碳汇项目；二是中国核证减排机制（CCER）下的林业碳汇项目，包括北京林业核证减排项目（BCER）、福建林业核证减排项目（FFCER）、省级林业普惠制核证减排项目（PHC-ER）；三是其他自愿类项目，包括林业自愿碳减排标准（VCS）项目、贵州单株碳汇扶贫项目等。

自愿碳减排标准（VCS）是国际碳排放交易协会（IETA）与世界经济论坛（WEF）于 2005 年底开始倡议的标准。该标准对减排项目进行量化、监督与报告，以产生可靠的减量额度（voluntary carbon unit，VCU）。

各交易机制下林业碳汇项目交易情况不同。

（1）CDM 机制下林业项目数量占比较小

中国在碳交易市场按 CDM 标准交易的项目，大部分是一些能源转化利用、生物质能源、沼气、水电、风电等，碳汇项目较少。从项目类型来看，截至 2020 年底，我国已注册备案的 CDM 项目主要集中于风能、水力等领域，两者项目达 2834 个，占比达 75.3%，如图 5-19 所示。

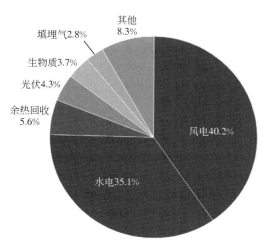

图 5-19　截至 2020 年底中国已注册备案的 CDM 项目类型

国家发展改革委自 2004 年以来共批准了 6 个林业 CDM 项目，其中 5 个已在清洁发展机制执行理事会注册成功、2 个项目的首期核证减排量被签发，部分减排量被世界银行生物碳基金购买。由于当前国际碳市场中的 CDM 项目需求基本消失，未来除非加大改革力度，否则短期内林业 CDM 项目继续开发的前景不大。

（2）中国核证自愿减排量（CCER）机制下林业碳汇交易量占比为 0.74％

CCER 机制下，林业碳汇减排量获得国家发改委签发的林业碳汇 CCER 项目核证后，可以通过中国碳交易试点交易所进行自由买卖。数据显示，截至 2020 年底，全国 9 个CCER 交易市场累计成交 2.70 亿吨，其中林业碳汇 CCER 交易量约 200 万吨，占比为 0.74％。

北京环境交易所、海峡股权交易中心、广州碳排放权交易所分别推出了北京林业碳汇（BCER）、福建林业碳汇（FFCER）与广东省碳普惠核证自愿减排量（PHCER）的产品，见表 5-10。

表 5-10　提供林业碳汇产品的碳试点交易市场情况

启动时间	试点碳市场	交易平台名称	碳排放产品
2012 年 9 月 11 日	广州	广州碳排放权交易所	CDEA、CCER、PHCER 等
2013 年 11 月 28 日	北京	北京环境交易所	BEA、CCER、BCER 等
2016 年 12 月 23 日	福建	海峡股权交易中心	FJEA、CCER、FFCER 等

目前林业 CCER 项目不仅缺少签发量，短期内市场需求量也难以大幅度提升。市场上已有的林业碳汇交易，其开发和抵消履约均有严格的区域限制，本地化发展趋势明显。

（3）自愿碳减排标准（VCS）机制下项目预计年减排 948.6 万吨

2014 年 8 月，中国首例 VCS 森林管理类林业碳汇项目挂牌仪式暨新闻发布会在广州碳排放权交易所举办，上海卡姆丹克太阳能科技有限公司购碳 5000t，现场签订购碳协议。

截至 2021 年 6 月，我国国际自愿碳减排标准（VCS）下林业碳汇项目数量为 28 个，预计降低 CO_2 排放量 948.6 万吨/年，表 5-11 为部分项目情况列举。

表 5-11   林业自愿碳减排标准(VCS)项目情况列举

项目 ID	项目名称	方法学	CO_2 排放量/(t/a)
2343	浙江红树林造林工程	AR-AM0014	4020
2310	安徽造林工程	AR-ACM0003	607596
2082	黔北造林工程	AR-ACM0003	708123
2249	河南造林工程	AR-ACM0003	450033
2070	贵南造林工程	AR-ACM0003	645768
1935	湖北(砍伐转保护林)工程	VM0010	292309
1895	吉林造林工程	AR-ACM0003	546751
1865	贵州西关造林工程	AR-ACM0003	388420

由于国际碳市场多年来始终处于买方状态,部分买家偏好亚洲区域之外的林业碳减排量,全国各地开发的 VCS 林业项目可能会存在备案周期较长、国际买家难寻、项目预期收益不易实现等问题。随着国内生态文明建设、绿色环保与节能减排等工作的协同推进,未来国内自愿市场的碳汇需求可能会有所增加。

5.5.4.2   林业碳汇项目交易的趋势与展望

林业已纳入了应对气候变化的国际进程,在国际气候行动中越来越受到关注。林业议题几乎是每次联合国气候变化大会最受关注且最易达成共识的谈判议题。根据联合国政府间气候变化专门委员会(IPCC)第四次评估报告:林业具有多种效益,兼具减缓和适应气候变化双重功能,是未来 30~50 年增加碳汇、减少排放的成本较低、经济可行的重要措施。2015 年 6 月,中国政府发布了《强化应对气候变化行动——中国国家自主贡献》,确定了到 2030 年的自主行动目标:森林蓄积量比 2005 年增加 45 亿立方米左右。2015 年 12 月联合国巴黎气候大会将林业作为单独条款列入《巴黎协定》,明确规定:2020 年后各国应采取行动,保护和增强森林碳库和碳汇,继续鼓励发展中国家实施和支持"减少毁林和森林退化排放及通过可持续经营森林增加碳汇行动(REDD+)",促进"森林减缓以适应协同增效及森林可持续经营综合机制",强调关注保护生物多样性等非碳效益。这些国内外政策和行动充分表明,林业具有重要的减缓和适应气候变化的功能,在应对气候变化中具有特殊地位。

通过科学、合规地开发和交易林业碳汇,将有些生态良好地区的生态资源优势转变为资产和经济优势,以市场机制给予生态产品生产者一定的经济补偿,促进农民增收减贫,同时激励森林经营者对森林进行科学经营和保护,促进林业发挥更多更大的生态效益、社会效益,造福人类。我国政府已经将林业 CCER 作为抵消机制纳入国家碳排放权交易体系,为林业发展带来了新的发展机遇。

根据国家统计局数据,截至 2019 年,我国森林蓄积量达 175.60 亿立方米,相较 2005 年增加 51.04 亿立方米;根据国家林草局数据,截至 2020 年底,我国森林覆盖率达 23.04%,森林蓄积量超过 175 亿立方米,草原综合植被覆盖度达到 56%。但是,我国总体上仍然是一个缺林少绿、生态脆弱的国家。

2020 年习近平总书记在联合国气候雄心峰会上发言指出 2030 年中国森林蓄积量比 2005

年增长 60 亿立方米，则到 2030 年，我国森林蓄积量有望超过 184.56 亿立方米。"十四五"规划指出，"十四五"期间，我国森林覆盖率提高到 24.1%。此外，2020 年 6 月，国家发展改革委和自然资源部联合印发《全国重要生态系统保护和修复重大工程总体规划（2021—2035 年）》，规划指出，2035 年我国森林覆盖率达到 26%，森林蓄积量达到 210 亿立方米，相较 2005 年增加 85.44 亿立方米，如图 5-20 所示。随着我国森林蓄积量和森林覆盖率的提高，森林吸收固定 CO_2 量逐步增加，林业碳汇效应凸显。

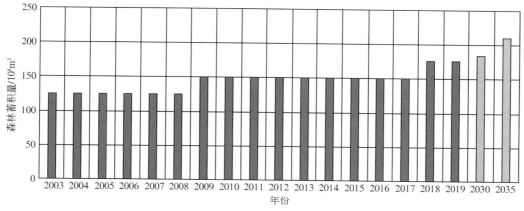

图 5-20 我国森林蓄积量

由碳汇造林项目方法学，可申报 CCER 的林业碳汇项目土地需是 2005 年 2 月 16 日以来的无林地，假设所吸收的 CO_2 量均可纳入 CCER 市场进行交易，2019 年、2030 年、2035 年森林蓄积量相较 2005 年分别增加 51.04 亿立方米、60 亿立方米、85.44 亿立方米，参考在中国自愿减排交易信息平台上公示的经过备案的林业碳汇项目，得到每亩林地可产生碳汇量约为 1.0t/a。假设按照 CCER 成交价格 30 元/t 计算，预计纳入 CCER 项目后每亩林地收入将提升 30 元/a，林业碳汇项目市场潜在价值为 2802 亿～4691 亿元，见表 5-12。

表 5-12 林业碳汇项目市场潜在价值计算   单位：10^8 元

CCER 交易价格	新增森林蓄积量			
	$51.04\times10^8\,m^3$	$60\times10^8\,m^3$	$70\times10^8\,m^3$	$85.44\times10^8\,m^3$
20 元/t	1868.15	2196	2562	3127.10
30 元/t	2802.22	3294	3843	4690.66
50 元/t	4670.37	5490	6405	7817.76
70 元/t	6538.52	7686	8967	10944.86
100 元/t	9340.74	10980	12810	15635.52
150 元/t	14011.11	16470	19215	23453.28

综上所述，国际和国内形势以及实践基础都有利于中国开展碳排放权交易，尤其有利于 CCER 林业碳汇交易的开展，林业碳汇交易市场空间广阔，具备千亿级潜在价值，前景看好。

5.6　农业碳汇利用与管理

5.6.1　农业碳排放与农业碳汇的基本情况

农业生产与气候变化和温室气体排放密切相关，最易遭受气候变化影响，又是温室气体排放的重要来源。不仅如此，农业生产占用了全球50%以上的可利用土地，消耗了超过地球70%的淡水，78%水体富营养化也归因于此，并且极大地影响了全球的生物多样性。据美国环保署2020年数据显示，自20世纪90年代以来，全球的农业碳排放增加了14%。从生命周期的角度来看，农业部门产生的碳排放贯穿于从种养业生产到能源和投入品使用，以及废弃物处理全过程中，具体可分为四个部分。

（1）畜牧业和渔业

在农业温室气体排放中的占比为31%。牲畜，特别是反刍动物（如牛），会在正常消化（肠发酵）过程中产生 CH_4，此类排放占农业部门温室气体排放量的1/4以上。畜禽粪便处理过程产生的 CH_4 和 N_2O 是另一个重要部分。此外，牧场和渔船燃料消耗所导致的排放等也归类于畜牧业和渔业排放。

（2）粮食生产

在农业温室气体排放中的占比为27%。其中，21%来自农作物生产，6%来自动物饲料的生产，主要是化学肥料（如尿素）、有机肥料和农药的生产和施用过程中释放的 N_2O 等温室气体。对于水稻等采用浸水种植的作物，在灌溉模式下，土壤中残存的腐烂植物分解也会产生大量 CH_4。另外，农业生产过程中对土壤施用氮肥，同时也释放了 N_2O。

（3）土地利用

在农业温室气体排放中的占比为24%。"土地利用"包含土地用途变化、草原燃烧和土壤翻耕等人类活动的总和，尤其是农业扩张导致森林、草原和其他碳汇转变为农田或牧场，再加上每年的收割活动，变相增加了 CO_2 的排放。

（4）食品供应链

在农业温室气体排放中的占比为31%。食品加工、运输、包装和零售都需要消耗能源和资源，从而导致碳排放。其中，运输排放占农业排放的6%，更主要的问题是食物浪费。据联合国粮食及农业组织（FAO）估计，全球有1/3的粮食会在供应过程中被浪费掉。

从农业碳汇角度来看，根据联合国粮食及农业组织的统计，农业用地释放出的温室气体超过全球人为温室气体排放总量的30%，相当于每年产生150亿吨的 CO_2；而农业生态系统可以抵消掉80%的因农业导致的全球温室气体排放量，工业化肥的生产每年耗费地球1%的石油能源，而禁止化肥的使用能降低30%的农业碳排放。因此，可以说，农业既是全球重要的温室气体排放源，同时又是一个巨大的碳汇系统。

农业的碳源主要来源于：①化肥、农药、除草剂、杀虫剂、农膜等农用物资的投入导致的直接或间接碳排放；②农用机械的使用导致的农用柴油消耗产生碳排放；③秸秆焚烧会产生大量的碳排放，农业翻耕破坏土壤有机碳致使碳排放；④农业灌溉活动引起的电力耗费产生的间接碳排放。其中，农药、化肥等化工型生产物资的高耗能、高污染等特性不仅影响土壤和农产品安全，原料的生产过程中也会消耗大量的化石能源，造成温室气体大量排放。据统计，目前我国以煤为原料的尿素企业占 62%，每生产 1t 尿素消耗约 1.2t 煤和 1200kW·h 的电，因此，需要考虑农业碳源的效率效应。

而另一方面，农业碳汇功能也不可忽视，主要体现在：①农作物通过光合作用固定大量的 CO_2，生物量中含碳量可达到 43%～58%；②耕地土壤本身就是一个巨大的储碳库，若使用得当，可以有效地减缓碳释放；③秸秆通过沼气池转化或直接还田可增加土壤有机质，减少 CO_2 排放。合理的农业生产措施可以提高农田土壤储碳量，使之转变为碳汇。例如通过改善反刍动物营养，推广稻田间歇灌溉，建立沼气池等，挖掘农业碳汇的潜力、减少农业碳源是农业可持续发展的重要举措。

5.6.2　实现农业碳减排的技术

农业低碳需要更加深刻的调整和变革，包括改变饮食习惯、减少食物浪费、创新农业生产技术与方式、寻找低碳食品等。同时还要改善农业投资生态，吸引资本及优秀人才，提高农业生产效率等。可以采用以下具体方式。

（1）植物蛋白替代肉类和奶制品

植物蛋白替代肉类和奶制品是有效降低畜牧业碳排放的举措之一。例如，平均每生产 100g 蛋白质，牛肉将带来近 50kg 温室气体排放，而豌豆仅产生 0.4kg 温室气体，如图 5-21 所示。从需求的角度看，消费者的偏好也在逐步变化。例如，近年来世界素食者的数量大大增加，美国素食者的数量已从 2014 年的 400 万人增加到 2018 年的约 2000 万人，增长了 600%。

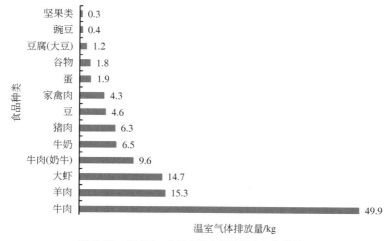

图 5-21　每 100g 食品中蛋白质的温室气体排放量

（2）采用精准农业技术

在农业生产中采用一些高技术含量的工艺和技术，在提高单产的同时减少肥料和农药的使用，包括无人机、传感器、卫星数据、自动化、机器人和 AI 技术等。这些技术的有效使用可以提高资源利用率和有效性，让农业实现"环境影响可测、生产过程可控、产品质量可溯"的目标。

（3）利用基因编辑技术提高产量

过去的 30 年中，种子的创新为提高单产作出了积极的贡献。预计基因编辑技术的进步将比转基因生物技术更有力地影响未来的粮食供应。它能够提高氮肥利用效率，有效减少农作物损失，还在节省土地和水等资源方面具有巨大潜力。

（4）使用高空间密度的垂直农业

垂直农业，也称植物工厂，是在高度受控的环境中以高空间密度生产蔬菜、药用植物和水果。与传统的田间耕作相比，其生产过程不使用农药，用水量可减少 90%，并可节省多达 95% 以上的土地。但是，由于高昂的生产成本，其商业应用目前仅限于高价值农作物，例如绿叶蔬菜和草药等。展望未来，LED 和设备的成本有望继续降低，使得垂直农业的生产成本也相应下降。此外，消费者对无公害食品和本地生产的低碳足迹食品的偏爱可能会继续支持垂直农业的快速增长。

（5）增加水产养殖

鱼类提供了健康的低脂蛋白质来源，其生产过程的碳密集度大大低于牛肉。但是，全球海洋渔业已经过度捕捞，人工水产养殖对于满足全球对鱼类不断增长的需求可能至关重要。多项水产养殖的研发和新项目正在进行中，这些项目一般会聚焦限制抗生素的使用、增加可持续饲料的使用，以及鱼粉和池塘沉积物的回收等。

5.6.3 中国农业碳排放特征与减排成效

5.6.3.1 中国农业碳排放特征

（1）中国农业碳排放的阶段性特征

农业碳排放总体呈上升趋势，1961 年农业碳排放总量为 2.49 亿吨，到 2016 年达到 8.85 亿吨后略有下降，2018 年为 8.7 亿吨。从总量来看，可以划分为三个较明显的阶段，与中国农业农村发展的历程有较高的契合度（图 5-22）。

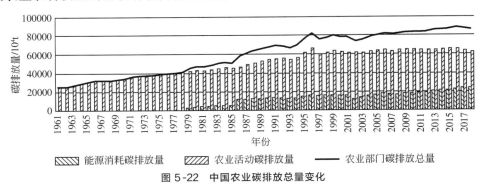

图 5-22　中国农业碳排放总量变化

① 第一阶段（1961—1978 年）：农业碳排放量平稳增长。该阶段现代化农业（如化肥、农药、农机等）还未大量使用，农村经济体制改革尚未大规模开始，农业总体沿袭传统模式，碳排放量的增加主要是由于人口增长而导致的开垦面积和开垦强度的上升。到了 20 世纪 70 年代，化肥用量开始有一定程度的上升，1978 年达到 884 万吨，粮食产量首次达到 3 亿吨。

② 第二阶段（1979—1996 年）：农业碳排放量快速增长。该阶段农业发展迎来制度变革和技术创新，生产潜力极大释放。1979—1985 年，农村基本经营制度改革探索初期，农业碳排放的增长态势已经超过此前阶段；1986 年，各项改革在全国范围全面推开，碳排放增长的态势进一步加速。为了提高单位面积产量，农民为了减少和限制耕地周围的植被，加大对化肥农药等物资投入及农机使用量，增加了柴油等能源需求；为了节约成本，焚烧秸秆，粗放式牲畜养殖导致了大量 CH_4 排放。1995 年化肥使用量、农业机械和电力使用量迅速提高，三者分别达到 1978 年水平的 4 倍、3 倍和 7 倍，粮食产量也在 1996 年首次突破 5 亿吨。

③ 第三阶段（1997 年至今）：环境问题的日益突出，城镇化的快速推进，农户家庭与政府都开始对农业的经济和环境效益进行反思。农民通过外出务工获得更高回报的收入，务农积极性不高，直至 2004 年中央出台新世纪第一个"一号文件"明确了"多予、少取、放活"的方针，2006 年全面取消持续了两千多年的农业税，并加大对农民的各类补贴力度，粮食生产积极性才有所恢复。政府层面开始反思过度依赖化学投入品带来的粮食增产的不可持续性，从 2015 年开始实施化肥农药使用量零增长行动计划等一系列促进农业绿色发展的举措，有效地遏制了化学投入品的增长势头，并显著提高了秸秆、畜禽粪便等农业废弃物的综合利用水平。从碳排放总量来看，2016 年农业总排放量达到 8.85 亿吨之后，已经连续两年下降，至 2018 年为 8.7 亿吨。从化肥农药等投入品持续减量、秸秆粪便等废弃物利用水平不断提高的结果来看，中国农业继续保持目前绿色转型的势头，一定程度上将趋近碳排放达峰。

（2）中国农业碳排放的结构性特征

中国农业排放的温室气体主要由 CO_2、CH_4、N_2O 构成，CO_2 主要来自能源消耗，CH_4 主要来自家畜反刍消化的肠道发酵、畜禽粪便和稻田等，N_2O 主要来自化肥使用、秸秆还田和动物粪便等。中国农业碳排放的结构性特征如下。

① 农业温室气体成分以"非 CO_2"为主。1979 年以前，中国农业碳排放主要是 CH_4 和 N_2O；1979 年以后，农业的能源消耗逐步变多，CO_2 成为第三种温室气体来源，如图 5-23 所示。

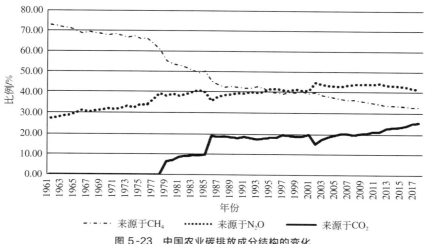

图 5-23　中国农业碳排放成分结构的变化

可以看出，来源于 CH_4 的农业碳排放占比逐渐减少，而来源于 N_2O 的比例平稳上升，来源于 CO_2 的比例呈上升趋势且占比增加。CH_4 占比从 1961 年的 72.62% 下降至 2018 年的 32.88%；N_2O 占比从 1961 年的 27.38% 增加至 2018 年的 41.58%；CO_2 占比从 1979 年的 6.5% 增加到 2018 年的 25.53%。大体上，1979 年以前 CH_4 和 N_2O 比例为 6：4；到 2018 年 CH_4、N_2O、CO_2 比例为 3：4：3。因此，农业碳排放仍以 CH_4 和 N_2O 两类非 CO_2 温室气体为主，占据了农业排放的 70%。另据资料显示，农业活动产生的 CH_4 和 N_2O 分别占全国 CH_4 和 N_2O 排放量的 40.2% 和 59.5%。农业排放的"非 CO_2"占比较高，在全球也是如此。IPCC 第四次评估报告显示，全球范围内农业领域所排放的 CH_4 占由人类活动引起的 CH_4 排放总量的 50%，N_2O 占 60%。

② 从农业温室气体排放来源看，从种植业、养殖业各占"半壁江山"到种植业、养殖业、能源消耗"三分天下"。图 5-24 显示，在 1979 年能源消耗进入统计之前，种植业（主要包括水稻种植、化肥、土壤培肥、作物残茬等）、养殖业（主要包括肠道发酵、粪便管理、牧场粪便残留）基本各占"半壁江山"，种植业略高于养殖业；近年来，随着能源占比的不断上升，逐步发展为种植业、养殖业、能源消耗"三分天下"。细分来看，能源消耗、化肥、动物肠道发酵、水稻种植是四个最主要来源，2018 年占据总排放量的 76.9%。

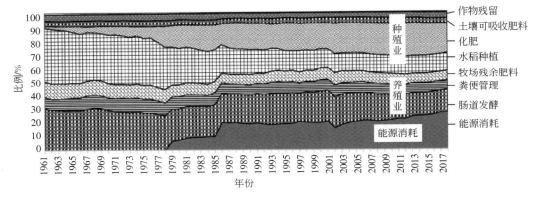

图 5-24　不同农业碳排放来源占比

③ 机械化带来的能源消耗成为农业碳达峰的最大不确定因素。自 1979 年有统计以来，能源消耗的碳排放从 1979 年的 3002.32 万吨持续上升至 2018 年的 2.37 亿吨，增长了近 8 倍（图 5-25）。能源消耗带来的碳排放占比达到农业碳排放的 27.18%，超过化肥成为第一大排放源。与之相应的是，中国农业机械化水平快速提高。1979 年中国农业机械总动力为 1.34 亿千瓦，到 2018 年达到 10.04 亿千瓦，增长了 7.5 倍左右；农业柴油使用量 1993 年为 938.30 万吨，到 2018 年达到 2003.39 万吨，25 年间翻了 1 倍多。中国农业机械化还有提高的空间，由此产生的能源消耗带来的碳排放还将进一步上升，这将是影响中国农业整体碳达峰的最大不确定因素。

④ 水稻种植排放量基本与面积呈线性关系，单产碳排放大幅度下降。1985 年以前，水稻种植一直是第一大碳排放源，由于泡田产生了大量 CH_4。水稻种植碳排放占比从 1961 年的 38.83% 下降至 2018 年的 12.8%。但水稻种植碳排放的总量没有发生太大变化，1961 年排放量为 9681.6 万吨，2018 年为 11134.6 万吨，增幅为 15%，与之对应的是稻谷种植面积

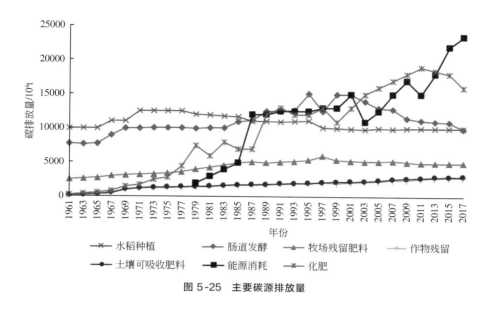

图 5-25　主要碳源排放量

从 1961 年的 2627.59 万公顷上升到 2018 年的 3018.9 万公顷，增幅也为 15％左右。水稻的排放总量基本与种植面积呈线性关系。如果考虑稻谷产量，1961 年为 5364.8 万吨，2018 年为 21212.9 万吨，增幅达到近 300％。每吨稻谷对应的碳排放量从 1.8t 下降到 0.52t CO_2 当量，单产碳排放降幅达 70％。

5.6.3.2　中国农业碳减排成效

从农业碳排放总量数据来看，中国农业碳排放总量已经出现达峰的苗头，但仍面临不确定性。

（1）中国农业碳排放强度呈下降趋势

农业碳排放强度是指农业部门每单位增加值的增长所带来的 CO_2 排放量，用来衡量一国农业经济与碳排放量之间的关系。联合国粮食及农业组织数据显示，1978—2018 年中国农业碳排放强度呈现下降趋势，尤其是 1978—2000 年，从 40t/万元降至 5t/万元；2000 年以后逐年小幅度下降，2010 年农业碳排放强度降至 2t/万元，此后基本稳定在 1.5t/万元左右，2018 年农业碳排放强度已经减少至 1.29t/万元。中国在农业绿色转型方面采取的措施对于减排有显著的成效。

（2）结构性减碳初见成效

推进农业绿色发展，在投入量减少、废弃物利用等方面的成就体现为碳排放的结构性下降。例如，化肥主要带来的 N_2O 排放在 2014 年达到峰值，为 2.0 亿吨 CO_2 当量，占总排放量的 30.67％；2018 年化肥碳排放量下降到 1.82 亿吨 CO_2 当量。这与化肥施用总量基本一致，2015 年化肥达到历史峰值 6022 万吨，之后开始下降，到 2018 年为 5653 万吨。2018 年农业碳排放相较于 2016 年的排放峰值减少了 1534.32 万吨，其中化肥碳减排对农业碳减排的贡献达到 94.5％。从图 5-26 可以看出，1962—2018 年单位化肥碳排放量呈总体下降趋势，从每吨化肥施用后排放 8.3t CO_2 当量下降到 3.2t CO_2 当量。

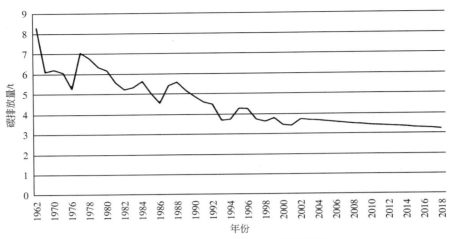

图 5-26   单位化肥施用带来的碳排放量变化

综上所述，中国农业在近些年来追求绿色发展的过程中，带来了一定的碳减排效果。但是，农业要实现持续减碳，依然面临挑战：一方面，农产品需求的数量和质量双提升，促使农业生产规模、开发强度持续提高，加上农业机械化进一步提高的必然性，可能带来更多的排放；另一方面，农业经营规模较小、过程复杂，致使农业碳排放核算困难，这也成为其进入政策议程迟缓、被排斥在交易市场之外的基础性障碍，使农业经营主体缺乏来自政策和市场的减排激励。

5.6.4   农林碳汇的定价机理及交易安排

5.6.4.1   农林碳汇的定价机理

根据国际货币基金组织（IMF）发布的报告，要实现全球变暖控制在 2℃以内的目标，2030 年碳价应达到 75 美元/t，而 2019 年全球平均碳价仅为 2 美元/t。世界银行的报告指出，全球碳资产价格和流动性的离散水平非常高。

从农林碳汇价格的形成机制来看，其一方面受到碳汇形成、认证等成本的制约，另一方面也受到碳市场基准价格的影响，体现了成本和收益对产权资源配置的影响。客观上，农林碳汇市场既接受碳市场基础价格的影响，同时也为"碳中和"提供手段，故对碳市场基准价格也构成一定影响。由于碳产权市场、碳现货市场、碳衍生品市场之间的流动性传导，直接作用到农林碳汇市场的碳价格信号还需要结合市场流动性的深度、CCUS 替代手段的成本约束、市场实际支付意愿等进行修正。

考虑到农林碳汇的自身特性，结合实物期权理论，可以将农林碳汇抽象为具有农林行业特征的实物期权，本底资产为农林生物资产、基础资产为农林碳汇资产，结合农林碳汇自身的非持久性特点，存在一个挂钩碳资产价格走势的期权价格。根据 Trigeogis（1996 年）对实物期权的分类，农林碳汇具备延迟期权、转换期权等特性，属于一类比较复杂的复合期权。由于农林碳汇的生物资产价值和环境资源价值紧密不可分割，因此完整意义上的农林碳汇价值包括三个组成部分：①农林碳汇所对应的生物资产的内在价值，一般通过净现值折现计算；②农林碳汇所对应的碳汇资产的内在价值，一般通过净现值折现计算；③农林碳汇所对应的碳汇资产的期权价值，即项目业主因为持有农林碳汇而在面临不确定性时通过灵活投资决策产生的溢价。对于此类期权进行定价，主要思路是结合投资成本和净现金流，通过解析解、偏微分方程、随机微分方程或者数值模拟等方法求解期权价值。

基于 B-S 模型下欧式看涨期权的农林碳汇价值（FFCS）由三部分构成：代表生物资产的净现值（BA_{NPV}）、代表碳汇资产的净现值（CS_{NPV}）、代表碳汇资产的期权价值（CS_{option}）。构建典型的估值模型如式（5-1）：

$$FFCS = BA_{NPV} + CS_{NPV} + CS_{option}$$
$$= \frac{\sum_{t=0}^{T}(Q_t^{BA}P_t^{BA} - C_t^{BA})}{(1+r)^t} + \frac{\sum_{t=0}^{T}(Q_t^{CS}P_t^{CS} - C_t^{CS})}{(1+r)^t} + \left[SN(d_1) - Xe^{-r(T-t)}N(d_2)\right]$$

$$(5-1)$$

式中　Q_t^{BA}，Q_t^{CS}——t 时刻农林碳汇对应的生物资产和碳汇资产的时点储量；

$\quad\quad P_t^{BA}$，P_t^{CS}——t 时刻农林碳汇对应的生物资产和碳汇资产的时点价格；

$\quad\quad C_t^{BA}$，C_t^{CS}——t 时刻农林碳汇对应的生物资产和碳汇资产的交易成本；

$N(d_1)$，$N(d_2)$——累积正态分布函数。

上述三组变量为与交易相关净现金流相一致的时间序列。

$$d_1 = \frac{\ln(S/X) + (r + \sigma^2/2)(T-t)}{\sigma\sqrt{T-t}}; \quad d_2 = d_1 - \sqrt{T-t} \quad\quad (5-2)$$

式中　r——无风险利率；

$\quad\quad \sigma$——波动率；

$\quad\quad S$——当前价值；

$\quad\quad X$——行权价格；

$\quad\quad T-t$——农林碳汇的到期时间。

5.6.4.2　农林碳汇的交易安排

在农林碳汇价值构成中，有代表生物资产的净现值、代表碳汇资产的净现值、代表碳汇资产的期权价值。现有的碳排放权交易主要是针对价格发现，农林行业由于市场流动性欠缺而没有可行的价格发现能力。因此，针对农林碳汇有必要从生物资产和碳汇资产不可分割的角度探索新的产权交易机制，统筹兼顾生物资产和环境资源的价值发现需求。

（1）平台选择

农林碳汇的交易平台应该具有鲜明的农林行业特征，能够在运行规范的前提下，具备将金融手段与碳产权市场紧密结合的业务创新能力。考虑到目前碳市场整体的流动性都比较欠缺，因此无论是由碳现货市场还是由碳衍生品市场承担农林碳汇资产的期权价格发现功能，都不显著优于通过碳产权市场。而碳产权市场最大的优势是贴近实体经济，尤其是农林产权交易平台的专业性在碳市场发展的早期，其行业背景可能会成为比较优势。

（2）参与群体的适当性

表 5-13 显示的农林碳汇交易的参与群体都具有明确的参与动机，投机性不强，对于市场发展早期而言是一种比较稳妥的机制安排。

表 5-13　农林碳汇交易的参与群体和参与动机

产权主体	参与动机
政府及受托机构	降低 GHG 排放强度,促进绿色低碳发展,改善环境及民生
农林业者	拥有农林碳汇的本底资产(通常是被动持有而缺乏有效的渠道将环境效益变现)
强制减排对象	完成 GHG 减排目标,为技术创新和工艺改进创造时间裕度
自愿减排对象	保护环境,自愿减排,提前储备碳信用
碳投资机构	ESG 投资,促进可持续发展,支持农林碳汇项目

（3）价格传导机制

通过专业的农林碳汇交易平台开展交易，可以通过有效的价格发现功能剥离出三方面的价格信号：一是农林碳汇所对应的生物资产的市场价格，这方面的价格信号在传统的农林产权市场具有广泛的应用空间；二是农林碳汇所对应的碳汇资产的市场价格，这方面的价格信号在碳产权市场具有积极的参考价值；三是农林碳汇所对应的碳汇资产的期权价格，这方面的价格信号对于碳衍生品市场的发展十分重要。

（4）社会福利改进

农林碳汇在交易安排中，从生物资产和碳汇资产的净现值计算过程中可以看出今后的优化路径：

$$
\begin{aligned}
& BA_{NPV} + CS_{NPV} \\
&= \frac{\sum_{t=0}^{T}(Q_t^{BA}P_t^{BA} - C_t^{BA})}{(1+r)^t} + \frac{\sum_{t=0}^{T}(Q_t^{CS}P_t^{CS} - C_t^{CS})}{(1+r)^t} \\
&= \frac{\sum_{t=0}^{T}\left[(Q_t^{BA}P_t^{BA} + Q_t^{CS}P_t^{CS}) - (C_t^{BA} + C_t^{CS})\right]}{(1+r)^t}
\end{aligned}
\tag{5-3}
$$

如果通过合理的机制安排，使得生物资产的交易和碳汇资产的交易能够在定量认证、价格形成、交易费用上进行整合，就可以显著降低交易成本，实现对社会福利的有效改进。主要的改进方向有以下三个。

① 农林碳汇交易平台可以通过建立 $Q_t^{CS} = \alpha + \beta Q_t^{BA}$ 线性关系，降低在碳汇认证上的成本，促进农林业在"碳中和"进程中发挥更加重要的作用。

② 农林碳汇交易平台可以通过建立 $P_t^{CS} = \alpha + \beta P_t^{BA}$ 线性关系，提高社会对于农林业环境效益的认知，促进农林业在"碳中和"进程中吸引更多的社会投资。

③ 农林碳汇交易平台可以通过降低 $(C_t^{BA} + C_t^{CS})$ 交易成本，减少农林碳汇发展的摩擦成本，促进农林碳汇在"碳中和"进程中实现更大的经济效益和社会效益。

总体来看，农林碳汇交易平台应能统合生物资产与资源环境两方面的产权价格发现功能，为乡村振兴提供跨市场、多要素的交易服务，在"碳中和"进程中发挥积极的和不可替代的作用。

5.6.5　国内外农业碳汇的发展趋势与建议

5.6.5.1　国外农业碳汇的发展情况

近年来，各国都在积极探索减少农业碳排放、增加农业碳汇的技术手段和政策环境。

（1）澳大利亚的农业碳汇发展

作为农业大国，澳大利亚的农林温室气体排放量占全球总排放的23%，如不充分利用农业对减排的贡献，将很难实现承诺的长期减排目标。2011年澳大利亚政府发布《确保清洁能源未来——澳大利亚政府气候变化计划》，全面分析了澳大利亚温室气体减排面临的挑战，并提出了迈向清洁能源未来的国家战略层面上的若干行动计划。主要强调为碳排放定价，增加对可再生能源的投入、鼓励科技创新，在全国范围内提高能效，合理利用土地、减少污染排放四个方面。同时，为发展碳汇农业制定了总体方案，其核心是征收碳税，通过核定碳信用额鼓励农业领域碳补偿项目，并通过其他经济手段来鼓励碳汇农业核心技术的研发和应用。

（2）美国的农业碳汇

美国于2007年便有一些议员酝酿一项新的法案，帮助美国农民通过土壤碳汇盈利。美国环保署的分析显示，允许污染排放者使用本土的或者海外的农林业碳汇指标将使碳指标价格从2015年的14美元/t上涨到2050年的77美元/t。如果禁止使用农林业碳汇指标，碳的价格将从2015年的40美元/t上涨到2050年的219美元/t。2021年6月24日，美国参议院以92:8高票通过《增长气候解决方案法案》。该法案将授权农业部部长负责设计与实施第三方碳信用咨询和核证机制，使农场主、牧场主、林地拥有者可以将产生的碳信用在自愿性碳市场出售，让他们在保护生态环境的同时增加收入。法案同时要求农业部建立在线资源和顾问委员会，使农民可以直接与碳汇咨询机构联系，并从顾问委员会获取相关帮助信息，以确保该项目能有效地服务于农民。整个法案注重机制的设计，尤其是对第三方咨询机构和核证机构的认证与管理制度。其次是对农业碳信用产生的范围和计算方法进行统一管理，确保自愿市场的健康发展。参议院农业委员会主席民主党参议员Stabenow说，"应对气候危机是我们面临的最紧迫挑战之一，我们的农场主和林场主是解决方案的关键部分。这个两党一致通过的法案对于农场主、我们的经济和我们的环境都是互赢"。共和党参议员Boozman也表示，"农场主、牧场主和林场主非常渴望探索新兴自愿市场如何能对他们减少环境足迹的努力进行补偿。这个法案扫除了横亘在他们面前的障碍"。农场主、牧场主和林场主是最能直接感受到气候变化对他们生活及环境影响的人，因此他们本应该就是应对气候变化解决方案的践行者。

5.6.5.2　中国农业碳汇发展趋势与建议

过去，中国节能减排重点关注工业部门，今后应加强对农业节能减排的重视。"十三五"期间，农业领域率先主动实践绿色发展理念，并且取得了显著的成效。中国实现2030年碳达峰、2060年碳中和目标的进程中，农业不仅自身要实现达峰和中和，而且要对全国目标的实现作出积极贡献。

中国经济整体进入低碳化的进程中，农业绿色转型已纳入低碳发展的框架，农业生产过程的绿色化带来农产品的优质化，与近年来推崇的农业绿色发展实践是高度一致的。现针对

"十四五"期间以低碳带动农业绿色转型，提出以下建议。

（1）协调"双碳"目标、粮食安全目标和农民增收目标，在"十四五"农业农村发展规划中增加碳约束指标

国家"十四五"规划纲要提出了单位国内生产总值能源消耗和 CO_2 排放分别降低 13.5%、18% 的目标，考虑到农业机械化水平还有待提高，且农业排放以非 CO_2 温室气体为主，能源消耗排放占比较小，因此建议农业不过度强调能源消耗目标，但须将碳排放强度纳入"十四五"目标。考虑到我国农业碳排放已趋于达峰，减排难度相对较大，因此参照国家目标，建议设置"单位农业国内生产总值温室气体排放零增长"目标。相应地，要进一步加强农业农村资源环境相关监测体系和台账建设，摸清家底，使减排工作有据可查。

（2）加快构建农业碳排放核算的方法学

目前，无论是国内碳市场还是国际碳市场，农业大多以项目的形式通过抵消机制参与到交易过程，主要原因在于农业温室气体排放较为分散，核算方法和减排量核查等较为复杂。将农业纳入碳交易市场的基本前提是拥有相应的方法学。从国家发改委气候司公布的国家温室气体自愿减排方法学备案清单来看，与农业有关的方法学主要涉及农业设施与活动、生物质废弃物热电联产、畜禽粪便管理、反刍动物减排、保护性耕作等方面，无论是数量，还是涵盖范围都较少。科学研究和开发编制更多的农业减排方法学，为农业碳交易项目开发提供方法指南、标准依据和实践指导，已然迫在眉睫。

（3）积极发展农业碳市场

经过多年的发展，尽管工业部门在碳交易市场中仍处于主体主导地位，但不容忽视的是，农业部门已开展了从碳市场中争取资金的大量尝试。例如，国家发展改革委于 2012 年颁布了《温室气体自愿减排交易管理暂行办法》，支持农林碳汇、畜牧业养殖和动物粪便管理等申请作为温室气体自愿减排项目；生态环境部于 2019 年在《关于政协十三届全国委员会第二次会议第 0660 号（资源环境类 047 号）提案答复的函》中，也指出"鼓励和支持农业温室气体减排交易"，并明确表示"研究推进将国家核证自愿减排量纳入全国碳市场"的政策设想。在地方层面，各大碳交易试点省份相继开展了农业碳交易实践，鼓励农村沼气等项目通过抵消机制进入市场交易。例如，在湖北省贫困地区产生的碳减排量中，已有 217 万吨进入碳交易市场，为地方发展带来了 5000 多万元的收益。上述政策的出台与实践活动的推进，彰显了各地积极开展农业碳交易的决心。可以说，将农业纳入碳交易市场是大势所趋，需在思想认识、目标协同、方法开发、试点探索等方面下足功夫。

（4）用好财政手段推广低碳农业技术

建立健全以绿色为导向的农业补贴制度和农村金融制度，财政和金融支持"三农"的资金要进一步密切与化肥农药减量、秸秆利用、地膜回收、国土绿化等环境友好行为的联系程度，为农业减排和固碳持续提供激励。推广土壤少耕、免耕技术，增加土壤有机碳储量，通过减少农地耕作幅度与强度，尽力减轻土壤的物理性扰动，提高稳定性，增进土壤结构中稳固的土壤有机质比例；在农药和化肥施用方面，提倡用生物学方法控制病虫害，限制化肥的施用量，重视生物固碳和有机肥施用；通过植树造林、保护森林资源、加强土地管理等促进碳固定；在农机购置补贴目录中，增加对农机节能的性能要求，支持节能农机的研发和推广。

参考文献

[1]   王文堂，等.工业企业低碳节能技术［M］.北京：化学工业出版社，2017：89.
[2]   王文堂，等.企业碳减排与碳交易知识回答［M］.北京：化学工业出版社，2017：92.
[3]   陆诗建.碳捕集、利用与封存技术［M］.北京：中国石化出版社，2020.
[4]   秦积舜，李永亮，吴德斌，等.CCUS 全球进展与中国对策建议［J］.油气地质与采收率，2020，27
       （1）：20-28.
[5]   李怒云.中国林业碳汇［M］.修订版.北京：中国林业出版社，2016.
[6]   李怒云，宋维明.气候变化与中国林业碳汇政策研究综述［J］.林业经济，2006，（5）：60-64，80.
[7]   生态环境部环境规划院，中国科学院武汉岩土力学研究所，中国 21 世纪议程管理中心.中国二氧化碳
       捕集利用与封存（CCUS）年度报告（2021）——中国 CCUS 路径研究［R］.2021.
[8]   姜大霖，杨琳，魏宁，等.燃煤电厂实施 CCUS 改造适宜性评估：以原神华集团电厂为例［J］.中国电
       机工程学报，2019，39（19）：5835-5842，5912.
[9]   何炳英，刘梅娟，李婷.森林碳汇会计核算研究的回顾与展望［J］.林业经济问题，2020，41（5）：
       552-560.
[10]   李婷，刘梅娟，周畅，等.森林碳汇会计信息披露：研究述评与展望［J］.财会月刊，2021，（4）：
       75-81.
[11]   金书秦，林煜，牛坤玉.以低碳带动农业绿色转型——中国农业碳排放特征及其减排路径［J］.改革，
       2021，（5）：29-37.
[12]   米剑锋，马晓芳.中国 CCUS 技术发展趋势分析［J］.中国电机工程学报，2019，39（9）：
       2537-2544.
[13]   李泠颖.基于碳汇核算的湖南省森林生态补偿机制研究［D］.长沙：中南林业科技大学，2019.
[14]   贾敬敦，魏珣，金书秦.澳大利亚发展碳汇农业对中国的启示［J］.中国农业科技导报，2012，14
       （2）：7-11.
[15]   何桂梅，王鹏，徐斌，等.国际林业碳汇交易变化分析及对我国的启示［J］.世界林业研究，2018，
       31（5）：1-6.
[16]   国家林业局.造林项目碳汇计量监测指南［S］.LY/T 2253—2014.2014-08-21.
[17]   曹开东.中国林业碳汇市场融资交易机制研究［D］.北京：北京林业大学，2008.
[18]   何桂梅，陈绍志.林业碳汇交易，两类市场并进 多种机制革新（世界林业）［N］.中国绿色时报，
       2019-03-01.
[19]   人民银行牙克石市支行课题组.林区转型中碳汇经济发展与金融支持路径分析［J］.北方金融，2018，
       （4）：86-90.
[20]   陈丹.黑龙江省林业碳汇市场建设研究［D］.哈尔滨：东北林业大学，2014.
[21]   金婷.CCER 林业碳汇项目风险测度及价值评估研究［D］.杭州：浙江农林大学，2019.
[22]   田惠玲.广东省基于林农的林业碳汇交易研究——以韶关市为例［D］.广州：华南农业大学，2017.
[23]   马边防.黑龙江省现代化大农业低碳化发展研究［D］.哈尔滨：东北农业大学，2015.
[24]   谢淑娟，匡耀求，黄宁生.中国发展碳汇农业的主要路径与政策建议［J］.中国人口：资源与环境，
       2010，20（12）：46-51.

第6章
工业企业减污降碳协同增效机制与管理

6.1 工业企业减污降碳协同增效路径与案例

6.1.1 国内外工业企业的减污降碳协同治理的发展历程及政策

减少工业企业的污染物排放、减少企业的碳排放是全球所有国家与企业共同面临的重要议题，全球发达国家针对减污减排、实现低碳发展出台了众多针对政策，2003年英国提出"低碳经济"这一概念，在这一概念中提到：企业生产排放出的未经过处理的废水、废气、废渣等高污染物威胁人类健康、动植物生命，破坏生物多样性，对人类社会赖以生存和发展的环境造成严重破坏。自英国提出低碳经济之后，德国、意大利、欧盟气候变化委员会、日本、澳大利亚、美国等国家和国际组织纷纷提出了低碳发展政策（部分见表6-1）。在提高工业企业的能源利用效率的同时减少污染物的排放，多方面协同入手实现减排低碳发展。

表 6-1 全球主要国家推进工业低碳发展政策

政策名称	颁布国家/机构	颁布时间	主要内容
《气候变化与能源一揽子法案》	欧盟气候变化委员会	2008年	到2020年,温室气体排放量在1990年基础上至少减少20%,可再生清洁能源占总能源消耗的比例提高到20%,将煤、石油、天然气等一次性能源的消耗量减少20%,将生物燃料在交通能耗中所占的比例提高到10%
《气候变化法案》	英国	2008年	该法案,以每五年为一个阶段,不同阶段英国的碳预算水平不同,法案明确提出了应该长期低碳发展目标,从法律上规定了应该的碳排放约束
《英国低碳转型计划》	英国	2009年	从工业、能源和交通三个方面为英国发展低碳经济提供了框架,加快推动碳排放交易市场建设,让市场机制成为推动工业低碳发展的主要机制

续表

政策名称	颁布国家/机构	颁布时间	主要内容
《能源利用合理化法》	日本	1979 年	对工厂、建筑、交通等领域的节能和能效工作进行强化
《氟利昂回收与销毁法》	日本	2002 年	把氟氯烷烃（CFC）、氢氟烃（HFCs）、氢氯氟烃（HCFC）等温室气体纳入法定义务控排范围
《低碳绿色增长战略》	韩国	2008 年	把低碳绿色增长作为国家战略，提出要以绿色技术和清洁能源的增长作为未来经济增长的新动力，该战略为韩国经济未来发展提供了明确的方向
《低碳绿色增长基本法》	韩国	2010 年	主要内容包括制定绿色发展国家战略、发展绿色产业，应对气候变化，发展新能源与可再生能源，实施低碳发展的目标管理等内容，为韩国后续多方面低碳绿色发展提供了法律依据

综合不同国家的工业减排及绿色发展路径可以发现，不同国家在制定工业企业减排降碳路径以及相关政策时会有差异，原因主要是：①工业发展阶段的不同；②经济发展阶段的不同；③工业低碳发展政策越完善越有利于工业低碳发展。

因此，综合发达国家的经验我们可以得出：结合目前国家发展水平，制定明确且符合实际情况的工业减污降碳路径及政策并完善细化是推进实现减污降碳协同发展的关键。清华大学贺克斌院士指出，从产业竞争的角度来看，发达国家的政策已经关注到了产业能源关键技术的更新换代，一旦这种技术与碳相关联，就可能形成碳边界税，有可能对我国的外循环空间产生不利影响，因此，我们也必须加紧推进减污降碳协同发展。

在我国，数据统计（表 6-2）显示，进入 21 世纪后，我国工业活动与能源消费在气候变化和温室气体排放量的贡献逐年增加，所占比重不断增大，2014 年我国能源活动和工业生产过程中温室气体排放量分别为 95.6 亿吨和 17.2 亿吨二氧化碳当量。工业领域贡献的各类温室气体占比都显著高于其他行业。

表 6-2　1995—2014 年我国温室气体排放和吸收总量

排放源/吸收汇类别	1995 年	2005 年	2010 年	2012 年	2014 年	2005—2014 年年均变化
能源活动/Mt CO_2e	3008	6243	8283	9337	9559	4.8%
工业生产活动/Mt CO_2e	283	871	1301	1463	1718	7.8%
农业活动/Mt CO_2e	605	788	828	938	830	0.6%
废弃物处理/Mt CO_2e	162	113	132	158	195	6.3%
土地利用、土地利用变化和林业/Mt CO_2e	−407	−766	−993	−576	−1115	4.3%

续表

排放源/吸收汇 类别	1995 年	2005 年	2010 年	2012 年	2014 年	2005—2014 年 年均变化
总量(不包括土地利用、土地 利用变化和林业)/Mt CO_2e	4057	8015	10544	11896	12301	4.9%
总量(包括土地利用、土地 利用变化和林业)/Mt CO_2e	3650	7249	9551	11320	11186	4.9%

注：数据来源：《2020 中国应对气候变化数据手册》。

2021 年 4 月 30 日，习近平总书记在主持中共中央政治局第二十九次集体学习时指出，"十四五"时期，我国生态文明建设进入了以降碳为重点战略方向、推动减污降碳协同增效、促进经济社会发展全面绿色转型、实现生态环境质量改善由量变到质变的关键时期。习近平强调，"实现碳达峰、碳中和是我国向世界作出的庄严承诺，也是一场广泛而深刻的经济社会变革，绝不是轻轻松松就能实现的。各级党委和政府要拿出抓铁有痕、踏石留印的劲头，明确时间表、路线图、施工图，推动经济社会发展建立在资源高效利用和绿色低碳发展的基础之上。"

我国已出台了一系列以工业园区绿色转型升级和创新发展的政策文件（表 6-3），积极推动工业园区内的工业企业绿色低碳转型，实现减污降碳协同发展。但由于中国工业园区数量众多且园区内企业间、基础设施和园区间尚未完全形成产业共生网络、绿色供应链和自主可控的产业链，园区整体的运行管理模式有待精细化、智慧化升级，工业园区作为相对独立的经济活动载体，其环境相关统计数据的可获得性也有待提升，污染物减排和温室气体管控协同治理工作尚需引导与实践。

表 6-3　我国工业园区绿色、低碳、循环发展相关重要文件

出台时间	政策及标准	颁布部门	绿色、低碳、循环发展相关要求
2009 年	《关于在国家生态工业示范园区中加强发展低碳经济的通知》	环境保护部	自 2010 年起将发展低碳经济作为重点纳入生态工业示范园区建设内容
2012 年	《关于推进园区循环化改造的意见》	国家发展和改革委员会、财政部	把园区改造成"经济快速发展、资源高效利用、环境优美清洁、生态良性循环"的循环经济示范园区
2013 年	《关于组织开展国家低碳工业园区试点工作的通知》	工业和信息化部、国家发展和改革委员会	加快重点用能行业低碳化改造；培育积聚一批低碳型企业；推广一批适合我国国情的工业园区低碳管理模式
2014 年	《国家应对气候变化规划（2014—2020 年）》	国家发展和改革委员会	到 2020 年建成 150 家左右低碳示范园区

续表

出台时间	政策及标准	颁布部门	绿色、低碳、循环发展相关要求
2015 年	《国家生态工业示范园区标准》	环境保护部、商务部、科学技术部	推动工业领域生态文明建设，规范国家生态工业园区的建设和运行
2016 年	《工业和信息化部办公厅关于开展绿色制造体系建设的通知》	工业和信息化部	贯彻落实《中国制造 2025》《绿色制造工程实施指南（2016—2020 年）》，加快推进绿色制造
2017 年	《工业企业污染治理设施污染物去除协同控制温室气体核算技术指南（试行）》	环境保护部	提出了适用于工业企业采取脱硫、脱硝、挥发性有机物处理设施治理废气以及采用物理、化学、生化方法处理废水所产生的污染物去除量及温室气体减排量核算
2020 年	《关于组织开展绿色产业示范基地建设的通知》	国家发展和改革委员会、科学技术部	搭建绿色发展促进平台，不断提高绿色产业发展水平
2020 年	《关于推荐生态环境导向的开发模式试点项目的通知》	生态环境部、国家发展和改革委员会、国家开发银行	开展 EOD 模式试点，探索将生态环境治理项目与资源、产业开发项目有效融合
2021 年	《国家高新区绿色发展专项行动实施方案》	科学技术部	鼓励高新区使用绿色低碳能源，提高资源利用效率，淘汰落后设备工艺，从源头减少污染物的产生

近年来，我国工业在保持快速发展势头的同时，碳排放强度也在持续下降。2020 年 12 月发布的《新时代的中国能源发展》白皮书显示，2019 年，碳排放强度比 2005 年下降 48.1%，超过了 2020 年碳排放强度，比 2005 年下降 40%～45% 的目标，扭转了二氧化碳排放快速增长的局面。工业减碳尽管成绩显著，但任务依旧十分艰巨。必须清醒认识到，当前我国工业结构偏重、绿色技术创新能力不强、高端绿色产品供给不充分、区域工业绿色发展不平衡等问题依然存在。"十四五"期间，围绕碳达峰、碳中和目标节点，实施工业低碳行动和绿色制造工程势在必行。

6.1.2　国内外工业企业的减污降碳协同增效路径解析

降碳，是减少二氧化碳等温室气体的排放，降低单位国内生产总值的碳排放强度，是应对气候变化的根本措施。减污，是减少污染物排放，可以进一步细分为排向大气、水体、土壤等介质中的污染物减量化。

减污降碳协同，是系统观念的具体体现。协同在于两个或者以上的不同资源或者个体的协调，协同一致地完成某一目标的过程或能力。其来源于 1971 年德国科学家哈肯提出的系统协同思想。减污与降碳两者的关系不是简单相加，不是"降碳＋"，或者"＋降碳"，而是完全融为一体的。污染物排放与温室气体排放是同根同源同过程，治理是同频同效同路径，管理是同时同步同目标。近年来的国家层面和地方的实践证明，减污降碳协同治理，投入相对小而效益倍增，是符合国情的"中国双减排方案"。

减污与降碳存在多种协同关系，如图 6-1 所示，大气、水体、土壤（固体）三类污染物减排既可以单独协同二氧化碳减排，也可以先内部协同再与二氧化碳减排协同。采取什么样的协同模式，取决于行业性质以及企业的生产模式。这样的协同模式既可以帮助减少工业企业的污染物排放，提高环境效益，又同时减少二氧化碳的排放，推进企业"双碳"目标的实现，还可以帮助企业推动技术革新，节能降低成本，一举多得。

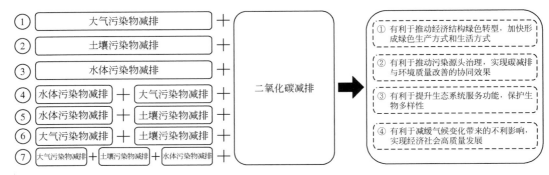

图 6-1　工业企业减污降碳协同模式

此外，能源消耗作为工业企业碳排放的主要来源，实现"降碳"的主要途径是通过企业采取清洁能源实现能源替代来实现，同时在工厂大气、水体、土壤（固体）三类污染物减排处理时利用清洁能源替代传统化石能源及电能从而实现减污与降碳的协同治理。表 6-4 展示了目前工业企业可以实现的清洁能源部分获取途径。

表 6-4　工业企业清洁能源部分获取及应用路径

能源类型	获取方式	替代能源	应用
太阳能	厂区空地等架设光伏发电板	电能	• 利用空地架设光伏发电板太阳能发电来实现替代废水、废气、固体废物处理过程中的电能消耗； • 为工业生产过程提供能源
风能	厂区空地架设风能发电机组	电能	• 利用空地架设风力发电机来实现替代废水、废气、固体废物处理过程中电能消耗； • 为工业生产过程提供能源
生物质能	废水处理污泥或生产有机废渣厌氧消化产生沼气	化石燃料、电能	• 沼气直接利用替代传统化石能源； • 沼气发电来实现替代废水、废气、固体废物处理过程中的电能消耗
余热能	生产过程中废蒸汽所含热能	电能、热能	• 收集后作为热量来源进行热能利用； • 余热发电技术为生产过程及废水、废气、固体废物处理过程提供电能

　　协同模式没有确定的方式，减污降碳的协同包括区域协同、部门协同、措施协同等协同形式，表 6-5 列出了在三类污染物减排过程中各自部门可以实现协同减排的技术路径以及它们对应的协同模式。

表 6-5　工业企业减污降碳协同路径及模式

部门		工艺	减污降碳路径	模式类型	效果
水	工业循环水	循环水处理药剂	合理管理添加量，避免不合理加药，实现加药量管理	自身减排	减污、降碳
		运行能耗管理	1.将系统内用能设备进行用能管理，提高用能效率；2.改变能源结构，结合情况使用太阳能、风能等清洁能源；3.与其他项目协同治理，例如余热发电、污泥产能等	自身减排+协同减排	降碳
	给水	节水技术	研发推广节水技术，减少水资源浪费	协同减排	减污、降碳、节约成本
	污水处理	新技术开发	1.开发运用先进处理技术，从根源上减少能耗、降低药品消耗、减少直接排放；2.协同能耗部门，采用清洁能源	自身减排+协同减排	减污、降碳
		加药量控制	合理管理添加量，避免不合理加药，实现加药量管理	自身减排	减污、降碳
		污泥处置	1.协同其他用能单元，产能利用；2.污泥合理处置，减少环境污染	自身减排+协同减排	减污、降碳
		运行能耗管理	1.将系统内用能设备进行用能管理，提高用能效率；2.改变能源结构，结合情况使用太阳能、风能等清洁能源；3.与其他项目协同治理，例如余热发电、污泥产能等	自身减排+协同减排	降碳
废气	水蒸气	回收循环	协同循环水系统，减少水资源的浪费	协同减排	减污、降碳
	余热	余热能量回收	协同工厂其他用能单元，余热发电减少外购电使用	协同减排	降碳
	烟气	二氧化碳捕集利用	1.直接减少二氧化碳排放；2.协同其他技术可将捕集二氧化碳再利用（能源、资源）	自身减排+协同减排	降碳
		喷淋脱白	1.帮助减少烟气中的污染物；2.协同循环水系统实现喷淋水的循环利用	自身减排+协同减排	减污、降碳

续表

部门		工艺	减污降碳路径	模式类型	效果
固废	普通固体废物	直接回收	1.资源回收,避免资源浪费; 2.协同各部门,减少浪费,降低成本,间接减少碳排放	自身减排＋协同减排	减污、降碳
	危险废物	有价值物质回收	1.资源回收,避免资源浪费; 2.协同各部门,减少浪费,降低成本,间接减少碳排放	自身减排＋协同减排	减污、降碳
		新技术处置	新技术实现无害化处置,减少环境污染	自身减排	减污、降碳
能源管理	化石燃料	汽油	1.协同各单位技术革新,直接减少使用化石燃料的设备; 2.协同污泥处置、二氧化碳捕集等部分实现燃料能源的替代	协同减排	减污、降碳
		柴油		协同减排	
		天然气		协同减排	
	电能	火电	减少火电电力消耗,协同新能源替代实现能源替代	协同减排	降碳
		清洁能源替代	协同各单位能源管理系统,建立光伏发电、风电、氢能源等设备,逐步优化能源结构,实现电力能源替代	协同减排	降碳
	热能	蒸汽	协同其他部门改变蒸汽生产方式	协同减排	降碳

工业企业在建立自身路径的过程中需要考量自身生产发展的具体情况,在建立及实现有效的减污降碳协同增效机制的过程中,从宏观以及政策角度,需要注意以下几个方面。

① 应当以排污许可证制度为核心,开展污染物和温室气体排放数据共享和管理。

② 以规划环评、项目环评把关为抓手,充分发挥其对污染物和温室气体的源头防控作用,严控环境准入。

③ 以清洁生产审核为契机,推动源头削减、生产全过程控制和提升资源、能源的利用率。

④ 推动能源转型,优化能源消耗方式,提升能源效率。

⑤ 要充分利用信息技术,实现减污降碳协同。

6.1.3　国内外工业企业的减污降碳协同增效模型利用与实例分析

目前,我国分别建立了污染物和温室气体核算体系。在污染物核算方面,建立了覆盖各个行业的环境统计核算体系;在温室气体核算方面,发布了 24 个行业企业温室气体排放核算和报告指南(其中 10 个已转化为国家标准)。目前,环境统计核算及温室气体核算均未建立污染物治理与温室气体排放之间的相关关系。

早期的政策制定过程中,温室气体减排路线和工业企业的减排路线相互孤立,温室气体减排一般依靠能源政策实现,而工业企业的减排则通过末端治理措施实现。随着国际社会减缓气候变化的实践深化,人们逐渐认识到温室气体控制措施与工业企业污染物控制措施之间相互影响,并产生多重减排效果,协同效益(或协同效应)(co-benefits)概念应运而生。下面通过一个案例来介绍工业企业如何实现减污降碳,协同增效。

案例一：江苏某化工企业

协同模式：烟气脱白同时利用余热以及残余氧气协同治理废水，减少排放量同时污泥残渣可以回用到烟气脱白工艺。

项目简介：

该企业是江苏大型化工企业，其面对的主要问题是废气排放超标同时处理难的问题，其自备热电厂有两座 75t、一座 100t 循环流化床燃煤锅炉，配套两套湿法脱硫塔，原有烟气达标净化流程是炉内脱硝、布袋除尘器和氨法脱硫，2018 年进行超低排放改造，增加了 SCR 脱硝、塔顶湿电。项目进行中，地方政府要求进行烟气除湿脱白，又在塔顶脱硫喷淋之后、湿电前增加了直接喷淋冷凝＋混风脱白系统，其工艺流程如图 6-2 所示。

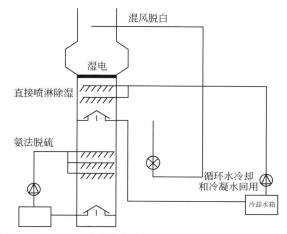

图 6-2　75t、100t 燃煤锅炉废气除湿脱白深度净化工艺流程简图

由于改造时间和投资限制，保留原有的废气治理流程和工艺，在湿法脱硫塔顶部补丁式新增直接喷淋冷凝区，低温循环水喷到饱和湿烟气中，吸收烟气中的水蒸气和残留的污染物，循环排水升温后通过空气换热器和冷却塔组合降温后循环使用，通过除湿实现每年三季脱白，还设置了一路热混风系统，用混风使外排烟气成为干烟气，实现了四季无白。

项目效果：

① 排烟四季无白。需用肉眼观察，就可以发现改造后的排烟无白雾，即使冬季零下十几度也无白雾，且操作灵活，循环水流量、蒸汽加热都可以调节，运行成本很低。排烟无白直接帮助该企业获得了在重污染天气停工的豁免权。

② 超洁净排放。通过长期在线监测，改造后排烟达到了超洁净排放，这也证明我国包括散煤燃烧在内，煤炭清洁高效利用是可以实现的，甚至有效益，雾霾重污染频发的地方，可以在用煤甚至用劣质煤的情况下，兼顾解决大气重污染和发展经济的矛盾，不必非要急于进行能源结构调整。

③ 减少了溶解盐的排放。超低排放后白烟主要是水蒸气还是有污染物，已经成为我国大气雾霾治理技术选择的三岔路口。我们对烟气冷凝水进行了采样和检测，冷凝水中溶解盐含量从 5480mg/L 降低到 271mg/L。

项目结论：

废气处理过后可以实现超净排放，同时，可以利用废气中的余热和残余氧协同治理废水，减少废水排放量和循环利用成本，废渣则可以转化为废水、废气的治理，治理工艺路线如图 6-3 所示。

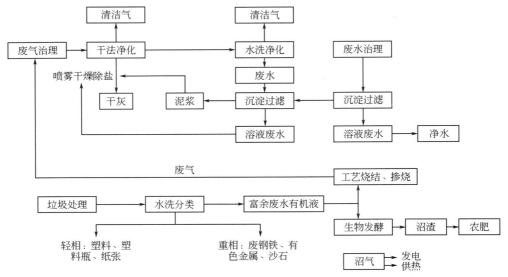

图 6-3　废气、废水、垃圾、废热的协同治理工艺路线图

　　该企业通过工序内、工序间甚至企业间系统优化，将废气处理系统的、相邻废水处理、垃圾处理系统的烟气相互循环利用，通过减少烟气排放总量减少污染物排放总量，同时通过余热回收等形式回收能源，供给其余处理系统使用，最终可以减排二氧化碳，实现近零排放。

6.1.4　工业企业的减污降碳协同增效新技术发展趋势与展望

　　图 6-4 展示了工业企业减污降碳的发展趋势，未来，工业仍将是中国经济增长的主要动力，这就意味着我国工业领域对碳排放总量仍有一定需求。随着工业能效不断提高，工业节能空间不断压缩，要确保碳达峰、碳中和的目标任务，工业部门需要进一步实现深度减排。未来企业的减污降碳协同增效的发展与推进将遵循以下趋势。

　　① 不断开发新技术，做到从源头减少污染物的产生。推进节能、节水技术，减少生产过程中的污染物的产生，从源头缓解企业的污染物环境排放负担。

　　② 整合污染物处理技术，实现多类型污染物协同处理，减少处理过程中的能源及资源浪费。推行例如废气处理余热协同处理污水等措施，实现在污染物处理阶段的减污降碳。

　　③ 完善清洁生产、节水节能评价体系，从监管角度促进企业推进减污降碳。

　　④ 加速建成绿色工厂、绿色产业链，实现从企业生产全方位绿色零碳，不仅为企业实现"碳达峰、碳中和"目标助力，同时为企业创造碳汇收入，创造良好的生产环境。

　　⑤ 建立智慧管理体系，实现国家-省部-企业的智慧管理及大数据平台建设，实现生产环节、设备的智能化管理控制，提高资源与能源利用效率，同时保障企业能源、环境大数据收集的准确性。利用大数据分析预测环境污染及碳排放情况，为企业生产、发展以及战略决策部署提供支持与保障。

企业实现减污降碳面临的问题与挑战

- 企业内部还未形成产业共生网络、绿色供应链和自主可控的产业链，绿色低碳技术未完全普及。
- 企业的整体运行管理还未全面实现精细化和智慧化升级，企业环境相关的统计数据的可获得性不高。
- 我国企业内部还未建立起完善的碳排放核算体系，导致碳排放的基础数据不完善，阻碍了绿色转型的低碳发展。

减污降碳循环新技术与新模式

水处理领域：
- 水泵节能技术
- 沼气发电
- 水源热泵
- 重力流直接超滤净水关键技术

固体废物处理领域：
- 高温熔融技术（回收金属类）
- 厌氧降解处理（降解产能）
- 热裂解技术
- 非高炉炼铁技术

废气处理领域：
- 氨水捕集煤气中二氧化碳的技术
- 通过变压吸附法分离煤气中一氧化碳和二氧化碳的技术
- 基于卡琳娜循环的中低温余热发电
- 采用熔融盐作为传热介质的余热回收技术

能源管理领域：
- 采用太阳能、风能、生物质能等可再生能源替代
- 建立能源管控平台提高能源利用效率
- 建立企业能源数据库，分析预测消耗趋势

清洁生产评价的建立与完善

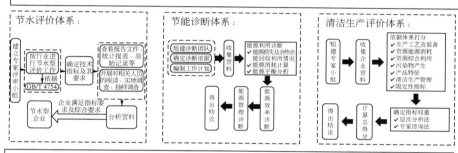

绿色零碳的工厂、产品、产业链的评价

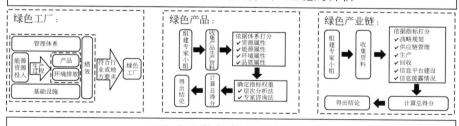

工业企业的智慧化管理与实现

企业智慧碳管理系统：

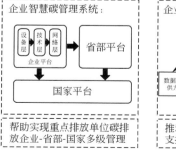

帮助实现重点排放单位碳排放企业-省部-国家多级管理

企业智慧碳管理大数据：

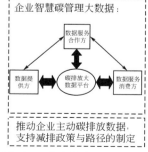

推动企业主动碳排放数据，支持减排政策与路径的制定

企业全生命周期管理：

从全生命周期角度管理，帮助建立绿色低碳产业链

图 6-4　工业企业减污降碳发展趋势

6.2　清洁生产评价体系与案例

6.2.1　国内外工业企业清洁生产评价体系及政策

　　面对工业环境污染，人们最初采用的是先污染后治理的末端治理方法，但这种方法不仅需要投入相当大的人力物力，而且并不能完全消除污染排放产生的环境影响，从源头治理污染就成为亟待解决的难题。清洁生产这一概念由此而生，即将综合预防的环境保护策略持续应用于生产过程和产品中，以减少对环境的风险。1989 年联合国环境规划署工业与环境中心制定了《清洁生产计划》，在全球范围内推行清洁生产。清洁生产作为一种战略理念，强调节约资源，对我国和国际社会都具有重要的意义。

　　在国际上，许多发达国家率先提出了适用于本国企业的清洁生产政策（表 6-6）。

表 6-6　全球主要国家清洁生产政策

政策名称	颁布国家	颁布时间	主要内容
《污染预防法》	美国	1990 年	法案把污染预防作为美国的国家政策，取代了长期采用的末端处理的污染控制政策，要求工业企业通过源削减，减少污染物的排放
《物质循环和废物处置法》	德国	1996 年	该法案从物质循环的角度出发，强调废弃物管理应从其全生命周期考虑。首先强调避免产生废弃物，当物质不可避免地成为废弃物时，应首先考虑其能否直接作为其他生产过程的原料，重新实现其物质属性，当不能直接回用时，考虑其能否实现能量回收；最后，才考虑进行最终处置
《污染控制法》	英国	1974 年	采纳一项通过适当的产品和工艺设计，在源头预防废物的特殊目标；其次是对废物的回收等，强调利用废物替代能源；再次是规定废物应在本国内部处置，禁止废物的转移等
《防止废物产生和排放手册》	荷兰	1990 年	该手册通过源削减、内部循环利用和行政管理的方法防止废物产生和排放的政策及所采用的技术和方法
《节能法》	日本	2011 年	规定使用能源的企业应当合理利用能源、提高利用率

续表

政策名称	颁布国家	颁布时间	主要内容
《环境基本法》	日本	1993 年	日本采取补偿金制度、税收优惠政策和收费制度等一系列的经济调控手段来促进和刺激循环经济的发展。对那些从事产生环境负荷造成环境污染的企业,国家应该采取必要的措施和一定的经济资助促进和鼓励其降低负荷

由这些政策的内容和出台时间可以看出,国际上的先进国家早在数十年前就对清洁生产制定了详尽的法律法规,虽然政策内容各有不同,但中心思想均为对企业提出生产、排放过程中降耗减排的要求。首先是从经济政策上鼓励企业进行自我革新,向环境友好型企业靠拢,达到预防性环境保护的实现;其次是发展清洁生产的科学技术,加强技术的创新和推广,推动社会整体朝清洁生产的目标进步;同时各国大力宣传清洁生产技术,利用媒体向企业和个人传播清洁生产的相关信息,使更多人了解到清洁生产的具体内容和重要意义,潜移默化地让清洁生产深入人心。

我国为了促进清洁生产,提高资源利用效率,减少和避免污染物的产生,保护和改善环境,保障人体健康,促进经济、社会的可持续发展,制定了《中华人民共和国清洁生产促进法》。其中包括总则、清洁生产的推行、清洁生产的实施、鼓励措施以及法律责任。最新修改后的《中华人民共和国清洁生产促进法》自 2021 年 7 月 1 日起施行。同时工业和信息化部出台了许多企业清洁生产相关的政策（表 6-7）。

表 6-7　我国清洁生产政策

政策名称	颁布时间	主要内容
《清洁生产审核评估与验收指南》（简称《指南》）	1993 年	《指南》包括总则、清洁生产审核评估、清洁生产审核验收、监督和管理、附则五部分内容。总则规定了《指南》制定的目的和依据、适用范围、原则、评估与验收的定义、部门职责等。清洁生产审核评估规定了有关部门开展年度清洁生产审核评估的进度安排、企业提交的材料、评估方式、评估技术要点、评估技术审查意见等内容。清洁生产审核验收规定了企业需提交的材料、验收程序、验收技术要点、验收结果、信息公示等内容。监督和管理规定了监督检查、信息报送、评估与验收经费、评估与验收专家组要求、加强培训等内容
《中华人民共和国清洁生产促进法》	2002 年	为了促进清洁生产,提高资源利用效率,减少和避免污染物的产生,保护和改善环境,保障人体健康,促进经济、社会的可持续发展,制定的法律。其中包括总则、清洁生产的推行、清洁生产的实施、鼓励措施以及法律责任

续表

政策名称	颁布时间	主要内容
《清洁生产评价指标体系编制通则》（试行稿）	2013 年	为加快形成统一、系统的清洁生产技术支撑体系，国家发展改革委、环境保护部会同工业和信息化部等有关部门对已发布的清洁生产评价指标体系、清洁生产标准、清洁生产技术水平评价体系进行整合修编。为统一规范、强化指导，国家发展改革委、环境保护部、工业和信息化部组织编制了《清洁生产评价指标体系编制通则》（试行稿）
《清洁生产审核办法》	2016 年	本办法为促进清洁生产，规范清洁生产审核行为，根据《中华人民共和国清洁生产促进法》，规定了清洁生产审核的审核范围、实施办法、组织和管理要求以及奖励和处罚规定
《水污染防治重点行业清洁生产技术推行方案》	2016 年	涵盖了造纸、食品加工、制革、纺织、有色金属、氮肥、农药、焦化、电镀、化学原料药和染料颜料制造等水污染防治重点行业，包括了技术主要内容、有待解决的主要问题以及应用前景分析
《大气污染防治重点工业行业清洁生产技术推行方案》	2016 年	涵盖了钢铁行业、建材行业、化工和石化行业、有色金属冶炼行业等大气污染防治重点行业，包括了技术主要内容、有待解决的主要问题以及应用前景分析

通过借鉴西方发达国家环境保护政策，结合我国实际生产情况，我国已经建立了详细的清洁生产法律政策体系，对各级政府、企业和个人提出了清洁生产的要求。法规要求政府部门需要向公众提供有关清洁生产的环境信息、为企业提供清洁技术信息，鼓励企业进行技术创新和信息交流，同时政府要求企业将清洁生产的实施情况和污染物排放情况向公众公开，接受公众的监督。政府还通过确立经济手段的法律地位刺激企业进行清洁生产的推进，包括详尽的税收优惠、资助补贴、排污交易权等。

6.2.2　国内外工业企业清洁生产评价现状

自 1990 年《污染预防法》发布以来，美国环保署在各州推行各种配套经费，为企业提供相应清洁生产奖励，如企业在源头减量上做出突出成绩或在技术创新上有巨大突破的都实行经费奖励。美国企业必须定期呈报企业排污状况和污染治理设施运行情况，同时环保部门有权进入企业调查，企业的排污信息公众可以依法获取。美国政府制定并实施了各种行政指导方案，以支持发展清洁生产技术和应用减少污染源技术。与此同时，美国环保署与大学合作建立了污染防治研究所，为政府提供政策支持、技术研究和创新。

德国具有相对完备的环境保护法律体系，从 20 世纪 60 年代开始陆续颁布了污染防治法、水法、能源节约法、废弃物法、辐射防护法、化学品法等共 800 多部法律，同时德国严格实施欧盟的有关法律，各种法律规定之间互相补充解释，大大减少了利用法律漏洞的可能，同时可以详细地指导清洁生产的实施。在法律法规的支持同时，德国也非常重视科学技术的发展。德国政府大力资助补贴开发先进清洁生产技术的企业和科研机构，减免这些企业机构在科技发展上开支的税费，凡是开发节能、降耗、减排、环境保护等先进技术的企业都会收到不同程度的资金补贴。

日本在 20 世纪 80 年代飞速崛起后,将环境保护作为发展的重要内容。虽然没有对清洁生产进行正式的概念规定,但日本出台的环境保护法律法规均对企业的环保指标有着严格的要求,尤其是对企业污染排放的控制十分严格。在日本,企业的污染排放量以日为单位进行审核,如果在某一天当中污染排放超标,企业将会受到有关部门的处罚。由于这样严格的规定要求,日本企业对降耗减排的先进工艺技术的开发进行了积极的探索,以求达到"零废",即是将企业排放的废物最大限度上进行循环利用,同时达到降低资源消耗和污染排放的目的,而对于必须要排放的污染物,力求将其污染程度降到最低,使其对环境不造成污染。

在法国,政府采取了一系列的措施来减少废物的产生,例如使用"清洁工艺"生产生态产品和废物回收。特别是对无废物产生的企业给予奖励,制定资源和能源保护与开发的管理办法,有效促进了清洁生产的推广。法国环境与能源管理部和水管理局为研究清洁工艺和技术的企业提供财政补贴,企业可获得高达工艺改造成本 50% 的经济补贴。在法国,公民可以依法获取政府部门掌握的各种环境信息,特别是工业企业污染物的排放和控制情况。同时,法国政府十分重视指导企业开展清洁生产工作,并可为企业提供技术咨询。特别是与大型企业集团签订协议,支持其清洁生产技术的研发和应用,促进清洁生产技术的中长期发展。法国通过立法,规定工业企业须经政府批准,并规定污染防治手段,对排放大量污染物的企业规定废物减少目标和综合利用率,使污染物排放降到最低。

自 2003 年《中华人民共和国清洁生产促进法》实施以来,我国对企业清洁生产开始了源头预防、全过程控制的战略,之后相关政策法规也逐渐完善,这些政策、法规的出台,指导了我国防治污染工作的方向和道路,将我国防治污染工作推向了新的高度。近日出台的《"十四五"循环经济发展规划》提出:强化重点行业清洁生产。依法在"双超双有高耗能"行业实施强制性清洁生产审核,引导其他行业自觉自愿开展审核。进一步规范清洁生产审核行为,提高清洁生产审核质量。推动石化、化工、焦化、水泥、有色金属、电镀、印染、包装印刷等重点行业"一行一策"制订清洁生产改造提升计划。加快清洁生产技术创新、成果转化与标准体系建设,建立健全差异化奖惩机制,探索开展区域、工业园区和行业清洁生产整体审核试点示范工作。标志着我国清洁生产推进工作进入了新的时代。

与此同时,清洁生产的咨询机构逐年增多,我国的东部地区和中部地区成立了许多清洁生产咨询机构。相关数据显示,在 2002 年期间,我国关于此项工作的专业咨询机构不到 40 家,但 2013 年底,此项工作的专业咨询机构发展到了 934 家。自引入了绿色发展理念以后,我国相关部门更加注重防治污染人才的培养工作,通过理论讲解、实践操作等方式,培养了大量的专业人才。我国在各地都设有清洁生产专业人才培训机构,这些机构每年培养数十万人才投入清洁生产审核咨询行业,为国家污染防治工作提供了人才支持。

到目前,根据现有的《清洁生产审核办法》以及各行业清洁生产评价指标体系,我国已经可以对任何一个企业进行清洁生产审核,对于自愿实施清洁生产审核的企业,国家和地方政府均有奖励补贴政策以鼓励企业完成清洁生产,而对双超(污染物排放超过国家和地方规定的排放标准,或者虽未超过国家和地方规定的排放标准,但超过重点污染物排放总量控制指标)、高耗能(超过单位产品能源消耗限额标准构成高耗能)、双有(使用有毒、有害原料进行生产或者在生产中排放有毒、有害物质)的企业,政府会进行强制清洁审核,保证这些重点企业不会对环境造成破坏。

6.2.3　我国工业企业清洁生产评价体系

为贯彻《中华人民共和国环境保护法》和《中华人民共和国清洁生产促进法》，指导和推动企业依法实施清洁生产，提高资源利用效率，减少和避免污染物的产生，保护和改善环境，原环保部、发改委、工信部制定了煤炭采选业、电力行业（燃煤发电企业）、锌冶炼业、污水处理及其再生利用行业、肥料制造业（磷肥）、钢铁行业（高炉炼铁，炼钢，钢压延加工，铁合金，烧结、球团）、水泥行业、电子器件（半导体芯片）制造业、制浆造纸行业等几十个行业的清洁生产评价指标体系。

指标体系标定了体系的适用范围，解释了行业内相关的术语和定义。评价指标体系根据清洁生产的原则要求和指标的可度量性，进行指标选取。根据评价指标的性质，可分为定量指标和定性指标两种。定量指标选取了有代表性的、能反映"节能""降耗""减污"和"增效"等有关清洁生产最终目标的指标，综合考评企业实施清洁生产的状况和企业清洁生产程度。定性指标根据国家有关推行清洁生产的产业发展和技术进步政策、资源环境保护政策规定以及行业发展规划选取，用于考核企业对有关政策法规的符合性及其清洁生产工作实施情况。在定量评价指标中，各指标的评价基准值是衡量该项指标是否符合清洁生产基本要求的评价基准。评价指标体系确定各定量评价指标的评价基准值的依据是：凡国家或行业在有关政策、法规及相关规定中，对该项指标已有明确要求的，执行国家要求的指标值；凡国家或行业对该项指标尚无明确要求的，则选用国内重点大中型企业近年来清洁生产所实际达到的中上等以上水平的指标值。在定性评价指标体系中，衡量该项指标是否贯彻执行国家有关政策、法规情况，按"是"或"否"两种选择来评定。同时对不同类型的企业清洁生产评价指标体系的各评价指标、评价基准值和权重值进行了规定，根据所规定的方法可以对企业进行完整的清洁生产评价（表6-8）。清洁生产评价流程如图6-5所示。

表6-8　清洁生产评价审核内容清单

阶段	主要内容
前期准备阶段	组建清洁生产审核小组
	开展清洁生产宣传工作
	确定审核重点和目标
	制订清洁审核计划
数据收集阶段	收集生产工艺及装备指标数据
	收集资源能源消耗指标数据
	收集资源综合利用指标数据
	收集污染物产生指标数据
	收集产品特征指标数据
	收集清洁生产管理指标数据
报告编制阶段	根据行业清洁生产评价指标体系进行计算
	评定清洁生产等级水平
	提出相应改进措施

具体评价细节可参照《中华人民共和国清洁生产促进法》。在评级的基础上，提出改进方案。例如，工艺改进、加强设备的维护、完善岗位操作制度、加强员工培训等。按照无低费/高费方案分类汇总、筛选方案，继续实施无低费方案并核定实施效果，这一阶段需要完成中期审核报告。之后从技术、经济和环境三个方面评估方案的可行性，形成中高费方案汇总。组织实施方案，汇总无低费方案的实施成果，验证中高费方案的成果，分析所有已实施方案的成果。最后持续清洁生产，形成清洁生产管理制度，清洁生产成为企业的长期战略融入企业的各项活动中。

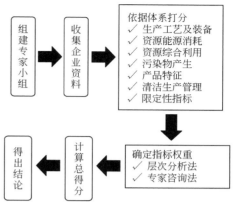

图 6-5　清洁生产评价流程图

自 2003 年《中华人民共和国清洁生产促进法》颁布并实施，鼓励企业实现清洁生产并建立了严格的清洁生产评价体系，我国清洁生产发展也取得了不错的成果：①自 2010 年起，环境保护部（现生态环境部）汇总形成了实施清洁生产审核并通过评估验收的共计 17862 家企业，这些企业涵盖全国各省市各行业，进一步证明了我国清洁生产推进工作取得的成果；②环境保护部（现生态环境部）通报全国重点企业清洁生产审核情况的成果见表 6-9，在此期间，我国工业企业通过清洁生产促进了污染物减排目标的完成。

表 6-9　2007—2010 年重点企业清洁生产审核实施效果

时间	清洁生产方案提出数量/个	清洁生产方案落实数量/个	减排及节水、节能指标					经济效益/10^8 元
			COD/10^4 t	SO_2/10^4 t	节水/10^8 t	节电/(10^8 kW·h)	节煤/10^4 t	
2007 年	54124	47328	9.5	7.2	3.8	36.9	704	58.9
2008 年	54630	48831	7.3	32.2	15.2	43.1	—	102.2
2009 年	46999	42963	6.4	27.7	4.1	26.9	—	115.3
2010 年	50483	47229	6.2	14	10.2	37.2		128

但是目前我国清洁生产的持续推进也面临着许多问题，例如目前企业实现清洁生产的认识高度不够，主动性不强，导致目前清洁生产没有在企业层面全面铺开，同时清洁生产科技开发投入不足也是目前的困难之一。因此，继续完善清洁生产有关政策体系并配合清洁生产评价体系来帮助实现企业的减污降碳，从而达到清洁生产的目的。

6.2.4　经典案例——某钢铁企业清洁生产评价分析

本节针对两个 2018 年后建立的钢铁企业的清洁生产评价分析进行研究，讨论清洁生产评价分析的作用和存在的问题。

这两个钢铁企业分别是河北某钢铁项目和江苏某钢铁项目。

河北钢铁项目主要建设内容为：2 台 400m² 烧结机，年产烧结矿 777 万吨；1 条 200 万吨/年球团生产线，年产球团矿 200 万吨；1 座 3700m³ 高炉、1 座 3200m³ 高炉，年产铁水

530 万吨；1 座 250t 转炉、2 座 100t 转炉，年产钢水 400 万吨；1 条 1780mm 热轧生产线、1 条 3500mm 中厚板生产线，合计年产热轧材 340 万吨；1 条 1750mm 冷连轧生产线，年产冷轧卷 155 万吨。

江苏钢铁项目主要建设内容为：3 台 330m^2 烧结机，年产烧结矿 893 万吨；1 条 300 万吨/年带式焙烧机球团生产线，年产球团矿 212 万吨；2 座 2400m^3 高炉、1 座 2300m^3 高炉，年产铁水 606 万吨；3 座 190t 转炉，年产钢水 600 万吨；4 条精品棒材生产线、2 条切分高棒生产线、1 条单高棒生产线、1 条高速线材生产线，年产热轧材 567 万吨。根据钢铁行业相关清洁生产评价体系对此两个项目的技术指标进行计算。

虽然这两个钢铁企业在生产工艺、产品类别、设备型号之间存在差异，但总体来说都选取了当时的先进工艺和设备，基本上采用了最为优良的降耗减排技术，所得到的清洁生产评价结果都达到了国际清洁生产领先水平。可见清洁生产评价体系可以判断不同类别的同行业企业的清洁生产水平，能够正确评价企业是否达到了现行的清洁生产水平。

然而目前的钢铁行业清洁生产评价体系基于 2010 年前后的行业数据，当时的工艺、设备水平在近 10 年后已经无法满足现有的企业清洁生产要求，虽然目前大多数企业可以满足这份评价体系，但体系已经落后于快速发展的行业，因此得到的启示是相关部门应当随行业发展尽快更新生产评价体系，使体系可以正确评价现有的企业清洁生产水平，而不应当有较大的滞后性。同时，焦化行业清洁生产评价标准有待统一。焦化是钢铁行业的重要组成部分，虽然我国仍存在大量的独立焦化企业，但钢焦一体化是当前联合钢铁企业的发展方向，目前的焦化行业评价标准与钢铁行业评价标准有较大不同，难以一致评价一个企业，因此对于多行业交叉的企业，评价体系应当统一标准、权重，以更好地评价企业清洁生产水平。

6.2.5　国内外清洁生产发展新趋势与展望

目前，我国在清洁生产方面已经取得了不错的成果，但是全球气候变化加速以及实现绿色生态发展的大背景下，工业清洁生产方面需要持续发力，未来我国清洁生产发展方向主要在以下几个方面。

（1）注重顶层设计，调整工业结构

2016—2019 年间，天然气、水电、核电、风电等清洁能源消费量占能源消费总量比例较 2015 年有 3％左右的提升。粗钢、粗铜、氧化铝等重点产品综合能耗分别下降 4.9％、17.9％、7.8％。高技术制造业、装备制造业年均增速分别比规模以上工业快 5％、2.8％，高技术制造业和装备制造业占规模以上工业增加值的比重，由 2016 年的 45.3％进一步提升至 2019 年的 46.9％。因此，调整工业结构，尤其在能源、钢铁等重点领域，积极发展与应用先进技术代替传统高污染技术，保证为下游生产消费提供更加清洁的能源与产品。

（2）加快先进适用节能环保技术、装备和产品的推广应用

确定了钢铁、电解铝等六个行业能效"领跑者"企业名单。发布《国家工业节能技术装备推荐目录》和《"能效之星"产品目录》。钢铁行业超高压煤气发电、烧结余热发电等技术普及度不断提高，二次能源自发电比例提升至 50％；水泥行业低温余热发电技术普及率超过 80％；石化行业高效降膜式蒸发技术装备加快推广，单套装置传热效率提升 30％；纺织行业通过推广小浴比染色技术，实现节水减排 50％以上。

（3）工业能效、工业节水对标达标

重点围绕钢铁、电解铝、水泥、平板玻璃等高耗能行业，对全国 5689 家高耗能工业企业开展工业能效对标达标工作。重点围绕钢铁、纺织、造纸等高耗水行业，组织开展重点用水企业水效领跑者引领行动，确定钢铁、纺织和造纸等行业 11 家企业为首批重点用水企业水效领跑者，推动企业对标达标，以此来推动各行各业实现节能节水。

（4）实施清洁生产的源头控制，组织技术培训

实践证明，从源头实现清洁生产的环境效益和经济效益要优于末端治理。重点工业行业通过推动实施清洁生产技术改造，从源头削减污染物产生和排放。此外，组织重点行业重点企业的有关人员参加清洁生产能力提升培训。

（5）加快节能环保绿色装备制造发展，开展绿色制造示范

印发《工业和信息化部关于加快推进环保装备制造业发展的指导意见》发布两批符合环保装备制造行业规范条件企业名单，同时开展了第五批绿色制造名单推荐。此外，围绕绿色设计产品、绿色工厂、绿色工业园区、绿色供应链开展示范工作。充分发挥试点示范的突破带动作用，在电子、纺织、钢铁、化工等多个重点行业成功研发了一批制约行业绿色转型的关键共性技术，推动了重点省份或区域工业高质量清洁发展。

（6）发布绿色发展政策、建立绿色制造公共服务平台

近年来，为引导工业清洁生产发展，我国不断完善相关配套政策、规章、制度，为我国工业清洁生产指明了方向。助推工业清洁生产发展转型驶入快车道，绿色产品供给能力大幅度提升。经过不懈努力，我国制造业不仅为生态环境改善和能源资源节约作出积极贡献，更蹚出了一条破解资源环境瓶颈约束的绿色发展之路，实现了经济效益和环境效益的双赢。

6.3　节水评价指标体系与案例

6.3.1　国内外工业企业节水政策

所谓节水，"节"是指节省、俭约，国内外对节水的界定存在差异，有的强调用水主体的节约用水（water saving），有的强调取供用耗排回等全过程、各环节中水的节约与保护（water conservation）。前者可称之为狭义节水，后者可称之为广义节水。针对我国现状以及已采取的措施，"节水"可理解为：在满足经济社会可持续发展的前提下，采取法律、行政、技术、经济、工程等综合措施，减少取水和用水过程中的水量消耗和损失，提高水的利用效率和效益，科学开发、高效利用和有效保护水资源的行为。

目前人类正面临着日趋严峻的水危机。根据联合国《2018 年世界水发展报告》，目前世界上有 19 亿人口生活在水安全无保障地区，2050 年这个数字可能提高到 30 亿。由于气候变化，不仅影响全球经济发展，也将导致贫困、社会不公平程度的加深以及水资源冲突等矛盾加剧。为了应对水危机，世界上很多国家都在采取不同措施，而节水是应对水危机中重要且有效的途径，它不但成为一种全球共识，而且从生产到生活，从农村到城市，从社区到家

庭，不同层面、不同领域展开，采取了包括政策、公众教育、技术推广、节水产品的推广应用等方法（表6-10），取得了广泛成效，积累了有益的经验，值得互相借鉴。

表 6-10　全球发达国家节水措施与政策

国家	政策与措施	实施时间	具体做法
美国	制定《联邦能源法》与《国家器具能源节约法》	自20世纪70年代至今	（1）国家层面,强制执行国家用水器具的节水技术标准; （2）在州层面,各州制定有关节水法律,主要通过制定并强制执行节水规划来保证节水的有序进行; （3）加强对民众的宣传教育,强调节水对美国经济发展的推动作用
日本	《河川法》《国家水资源综合规划》《水循环基本法案》	自20世纪50年代至今	（1）积极促进节水器具使用和雨水利用; （2）采用经济手段利用对市场信号的调节来影响有关社会主体的行为,达到促进节水的目的; （3）《河川法》规定了水权的正式分配程序,限制水资源的大规模开采与利用
法国	以《水管理法》为核心推进法国节水体系建设	1964年至今	（1）定期调整水价,且水价呈上涨趋势; （2）循环利用雨水,将雨水收集后经过简单处理使用; （3）注重节水宣传,组建"节水警察"在干旱地区巡逻
澳大利亚	以政府管控为强力抓手,配合加强宣传教育	20世纪90年代	（1）首都堪培拉实施了强制性限水条例; （2）鼓励支持循环用水; （3）积极扶持节水农业,采取有偿使用水的政策; （4）紧抓节水教育,在各地树立节水典范
以色列	《水法》《量水法》《水井控制法》对水权、用水额等作详细规定	—	（1）实行用水配额制度,对于超出配额的部分规定了较高的水费标准; （2）推进技术革新,各种先进的节水技术和设备的研发极大地推进了以色列的节水进程

国外工业节水，则主要是通过改进节水工艺和设备，加强污水回用，提高水重复利用率来实现。工业节水主要通过提高间接冷却循环水，逆流洗涤技术和各种高效洗涤技术及物料换热技术。另外，一些无水生产工艺如空气冷却系统、干法空气洗涤法、原材料的无水制备工艺等都得到应用。循环用水在美国工业中得到了广泛应用，美国工业水循环利用率提高到90%。法国通过改造化工节水技术，使得工业耗水和污染物的排放量逐年减少。

我国一直以来对于节水采取积极政策，其发展历程可划分为以下阶段：农业节水萌芽期（1949—1978年）、城市节水推进期（1978—1998年）、全面节水建设期（1998—2012年）以及深度节水发展期（2012年以来）四个阶段。其中，党的十八大将"建设节水型社会"

纳入生态文明建设战略部署，党的十八届三中全会强调要"健全能源、水、土地节约集约使用制度"。在这之后各部门陆续颁布了支持工业节水及水资源循环利用的政策与措施（表 6-11）。

表 6-11　我国节水政策与措施

政策与措施	颁布机构	时间	主要内容
《中华人民共和国水法》	全国人大常委会	1998 年	该法律在具体节水技术实施过程中，聚焦城市工业用水和生活用水，重复用水技术，包括冷却水的循环节水与工艺节水等领域
《国家节水型城市考核标准》	住房和城乡建设部、国家发展和改革委员会	2012 年	为进一步加强节水型城市建设工作的指导，规范国家节水型城市管理，切实提高城市用水效率、改善城市水环境
"节水优先、空间均衡、系统治理、两手发力"	中共中央	2014 年	"节水优先、空间均衡、系统治理、两手发力"的治水思路中，将"节水优先"放在首要位置。节约用水从认识上实现了飞跃，达到了前所未有的高度，具有里程碑意义
《国家节水行动方案》	国家发展和改革委员会、水利部	2019 年	整体推进、重点突破；技术引领、产业培育；政策引导、两手发力；加强领导、凝聚合力
《国家鼓励的工业节水工艺、技术和装备目录》	工业和信息化部	2014—2017 年	该名录筛选登记了 260 项先进适用节水技术，涵盖钢铁、电力等 12 个行业，推动高耗水行业实施节水技术改造

6.3.2　国内外工业企业节水现状

根据《联合国统计年鉴》，当前形势下，德国企业用水基本保持稳定，不存在缺水问题，但仍制定了严格的节水治污法规，要求通过各种措施节约用水；日本是降水量更为丰沛的国家，但其为工业用水配备了专用管网，因此工业供水与排放基本平衡；新加坡与英国现状万美元工业增加值用水量更低，且国家水资源较为丰富。俄罗斯、新加坡以及中东欧地区大部分国家，其工业用水占比多在 60% 以上，最高的爱沙尼亚达到 96.22%。

我国用水行业众多，涉及国计民生的各个方面，其中工业用水量是全国总用水的重要组成部分。如图 6-6 所示，2010—2020 年间，我国用水总量趋于平稳，工业用水总量占全国用水总量的比例呈逐年下降的趋势（2020 年全国用水总量与工业用水量均受到了疫情影响），但是目前我国的工业用水量仍然维持在一个较高水平。

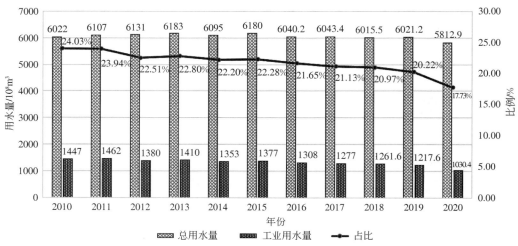

图 6-6 2010—2020 年全国用水总量及工业用水总量变化

目前，我国工业用水系统正从直流系统逐渐向重复用水系统发展，大致分为三个阶段，即直流型的工业用水系统、循环型的工业用水系统和现代化工业园区的优化用水系统。目前的现代化工业园区优化用水系统以资源共享为原则，可以通过对区域各企业用水水质需求、排放废水水质以及废污水处理能力等进行科学整合，减少设施的重复建设，实现整个区域生产对区域外的废水零排放，这也是我国工业用水系统发展的必然趋势。

除了采用政策措施，国家也在尝试树立典型来促进节水工业的发展。如图 6-7 所示，2020 年，国家四部委联合印发《2020 年重点用水企业水效领跑者名单》，该名单遴选出 30 家具备引领示范和典型带动效应的水效领跑者，图中展示了重点用水企业水效领跑企业行业分布情况，以此来鼓励各省、自治区、直辖市相关部门研究出台支持鼓励政策，广泛开展水效对标达标活动，推动制造业绿色高质量发展。同时也表现出了国家对于某些重点用水行业尽快实现节水减排的迫切要求。

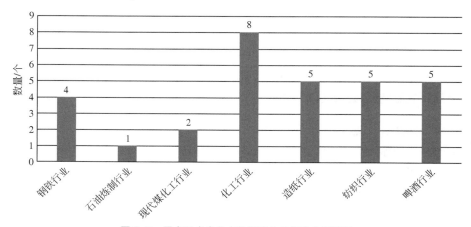

图 6-7 重点用水企业水效领跑企业行业分布情况

综上所述，尽管我国节水成效显著，工业用水系统也在逐步发展，但与水安全形势需求、生态文明建设和经济社会高质量发展要求相比，节水不充分、不均衡、不可持续等问题仍然存在。与国际相比，新老问题交织，水资源短缺、水生态损害、水环境污染等新问题日益突出。故针对我国工业节水存在的短板，仍需抓住我国治水主要矛盾变化，结合新时代治水思想，采用适应社会发展的新方法进行处理。

6.3.3 我国工业企业节水评价体系

目前我国工业企业的节水评价工作按照《节水型企业评价导则》（GB/T 7119—2018）进行，遵循以下四条基本原则。

① 评价指标应能体现企业在用水管理和用水效率提升方面的实际水平，定性与定量评价相结合。

② 考虑不同行业、不同产品生产的用水特点，以及地区各种水资源的禀赋差异。

③ 对不同类型企业应具有一定的通用性，同行业的企业之间应具有较好的可比性。

④ 应具有可操作性，数据来源真实可信，计量和统计口径一致，便于评价。

节水评价程序如图 6-8 所示，首先建立专家评审小组，负责开展节水型企业的评价工作，工业企业按行业进行节水型评价工作；对工业企业的行业分类依据国家标准。后根据各行业不同特点依据标准，确定各行业的技术指标及其要求。查看报告文件、统计报表、原始记录等；根据实际情况，开展对相关人员的座谈、实地调查、抽样调查等工作确保数据完整和准确。最后对资料进行分析，判断企业是否满足以下要求：①基本要求；②管理指标要求；③技术指标要求。对企业是否满足指标要求应进行综合评审，如企业满足所有要求，企业可被认定为节水型企业。

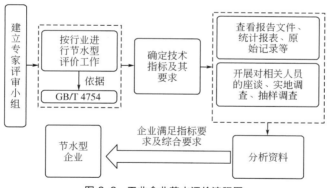

图 6-8　工业企业节水评价流程图

6.3.4 经典案例——某钢铁企业节水评价分析

钢铁企业拥有诸多用水环节及工艺过程，其生产用水过程复杂。另外，各钢铁企业主要产品结构各不相同，并可能随着销售市场需求而变化，也对企业用水造成一定影响。故此处以钢铁企业节水评价为例。

该钢铁企业是一家集烧结、制氧、炼铁、炼钢、轧钢、铸造、进出口于一体的综合性钢铁生产联合企业，下设烧结厂、制氧厂、炼铁厂、炼钢厂、轧钢厂、发电厂等。公司年生产能力为生铁 300 万吨、钢坯 240 万吨、中薄板 100 万吨。

（1）该企业用水现状分析

① 企业水源有地下水、地表水两种水源，用水来源较为单一，对常规水源依赖严重，对非常规水源的开发利用不足。

② 企业各用水单元产生的生产、生活污水部分直接通过管网回用于其他用水单元，部分通过明渠暗沟、排水管网沿路排进厂区内排水渠，经简单沉淀、过滤后把水输送至炼铁厂渣粒化系统用作冲渣水池补水。

③ 公司主要用水工艺为：烧结厂的间接冷却水和工艺水，炼铁厂的间接冷却水和工艺水，炼钢厂的间接冷却水、直接冷却水、工艺水，轧钢厂的间接冷却水、直接冷却水、工艺水。主要用水设备有：烧结厂的环形冷却车、鼓风机、高炉冷却系统；炼钢厂的转炉浊环系统、连铸浊环系统、汽化软水系统；轧钢厂的高压水除鳞系统等。

④ 在节水管理制度方面，该钢铁企业建立了节水管理工作责任制和用水定额管理奖罚制度，并把水纳入了成本核算。在节水管理机构方面，企业能源部下设了用水管理办公室，其人员直接归公司能源部领导。用水管理办公室下设各部，负责厂际用水计量和水表的安装及校验。

（2）该企业现有节水措施

企业先后建设了多套闭路循环系统，提高了企业对水资源的重复利用水平，并将炼铁、炼钢等生产排出的污水进行处理后再利用，取得了良好的节水效果。企业还对厂区内的排水渠进行了整治，修砌了挡河坝。企业通过把部分生产单元产生的污水排放到排水渠，经简单沉淀和过滤后部分回用于炼铁厂的渣粒化系统。企业所采取的这一系列节水措施不但降低了企业的新水取用量和生产成本，也减少了污水排放量，减轻了对周边环境的污染。

在对该企业进行水平衡测试后，摸清了企业用水现状，分析出企业用水排水中所存在的问题，为开展节水型企业评价和企业节水潜力挖掘工作提供了计算依据和结果佐证。水平衡测试中发现的用水问题如下。

① 该企业在用水计量管理方面还存在很大不足，存在较多计量不到位的情况。其中二级计量仪表的配备率为 66.7%，完好率为 71.4%；三级计量仪表的配备率为 33.8%。

② 用水设备未运行，但用水系统却运行。在测试过程中发现有些生产部门的用水设备未运行，但其用水系统却照常运行，这将会在无形中增加企业对水资源的损耗。

③ 某些用水单元循环水系统中的循环水浓缩倍数偏低。在测试过程中发现某些用水单元循环水系统的循环水浓缩倍数在 2.2 左右。如果循环水的浓缩倍数过低，一来将会加大补充水的用量，造成水资源的浪费；二来将会加大水处理剂的消耗量，造成冷却水的处理成本增加；三来将会加大排污量，造成对自然环境的污染。

了解到该企业用水现状后，根据前面规范进行节水评价。

经分析该企业存在的问题及用水现状，主要从管理层面和技术层面两个方向进行评价。

管理层面的评价指标为定性指标，采用专家打分法进行评分。结果显示，该企业在管理层面的各项指标中，政策落实、水平衡测试、生产技术管理、循环水技术管理、废水处理技术管理指标较好，处于优秀水平；管理制度、计量管理及节水研究指标较差，处于较差水平，急需改进；其他指标为良，处于一般水平。整体来看，该企业在管理层面还存在较大的提升空间。

　　技术层面的各项指标中，单位产品取水量、万元工业增加值新水量、用水综合漏损率、水重复利用率、各类型水循环率、单位产品排水量、达标排放率均领先各指标相应的基准值，说明该企业的生产用水工艺水平、水重复利用水平、废水处理水平较高，节水效益较好。对于企业的化学水制取系数、万元产值取水量递减率、职工人均生活新水量、循环水浓缩倍数与各指标相应的基准值还有一定差距，说明企业的化学水制取水平、循环水浓缩水平、企业职工的节水意识还有待提高，节水效益一般。对于非常规水源替代率和蒸汽冷凝水回用率最终评分结果为 0，说明该企业缺乏对非常规水源和蒸汽冷凝水的利用，节水效益很差。

　　通过对比管理层面和技术层面的打分结果可以发现，各位专家对企业管理层面生产技术管理、循环水技术管理和废水处理技术管理的打分结果与技术层面反映企业生产用水工艺水平、水重复利用水平和污水排放水平的指标评分基本相吻合，说明此次管理层面和技术层面的评价结果均可以较为准确地反映企业的真实用水情况，可以对企业做出最后评分。具体评价结果对比情况见表 6-12。

表 6-12　评分结果对比分析

管理层面	平均得分	技术层面	平均得分	是否合理
生产技术管理	0.8	单位产品取水量 化学水制取系数 万元工业增加值新水量 水重复利用率	0.95	合理
循环水技术管理	0.84	间接冷却水循环率 直接冷却水循环率 工艺水回用率 蒸汽冷凝水回用率 循环水浓缩倍数	0.78	合理
废水处理技术管理	0.8	单位产品排水量 达标排放率	1	合理
节水改造	0.66	万元产值取水量递减率	0.6	合理

　　最终评分结果等于指标权重和指标评分的乘积。根据节水型企业节水评价指标体系和层次分析法计算所得到的指标权重 WC 和指标评分，经计算最终评价结果为 0.82。根据节水型企业评价指标体系所制定的判断标准，该钢铁企业为节水型企业。通过对企业各评价指标的单项得分进行分析后可以发现，该企业在用水管理、非常规水资源利用、蒸汽冷凝水回收及废水处理再利用方面评分较低。因此，在这些方面该企业与节水先进型企业相比还存在较大的差距，对该企业的节水潜力挖掘工作应当主要从这几个方面开展。

　　自我国大力推行工业节水政策以来，我国万元国内生产总值用水量和万元工业增加值用水量正在逐年下降（图 6-9），万元工业增加值用水量从 2010 年的 $90m^3$/万元降低到 2020 年的 $32.9m^3$/万元，但是我国万元国内生产总值用水量仍显著高于欧洲及北美国家平均水平，这表明我国所采取的节水政策措施以及工业企业的技术革新发展对减少水资源的用量起到了一定的效果，但是节水仍任重道远。

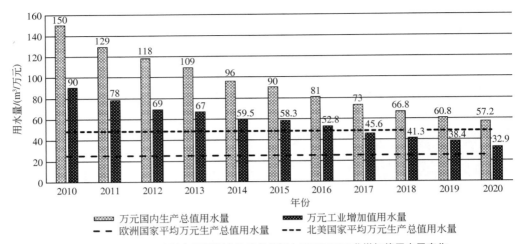

图 6-9　2010—2020 年万元国内生产总值用水量及万元工业增加值用水量变化

（数据来源：2010—2020 年《中国水资源公报》）

6.3.5　国内外节水技术发展新趋势与展望

前面提到的各国节水政策，一些成熟的节水科学技术工程已在世界范围内得到了广泛的应用，可将其分为"软节水"和"硬节水"。"软节水"指通过优化水资源配置和优化用水结构调整实现。"硬节水"指通过各行业用水、供水系统改造和其他节水技术工程的应用实现。

（1）节水措施

在发达国家，为落实节水政策，实现节水的目标，政府采取了许多措施。

① 通过压缩和淘汰一些耗水量大的化工、造纸等行业，将其生产线转移到国外，而大力发展耗水小的电子信息行业和服务业，优化用水结构，提高用水效率和效益。

② 通过改进节水工艺和设备，加强污水回用，提高水重复利用率来实现。工业节水主要通过提高间接冷却循环水，逆流洗涤技术和各种高效洗涤技术及物料换热技术。循环用水在美国工业中得到了广泛应用，美国工业水循环利用率提高到 90%。法国通过改造化工节水技术，使得工业耗水和污染物的排放量逐年减少。

③ 国外非常重视输水过程中的管道漏损，美国、英国、日本、韩国都有经过专业培训的技术人员对漏水进行管理和控制。以色列研制了管道漏水快速检测和封堵的克劳斯液压夹，在减少管道漏损方面发挥了重要作用。这也将是未来全球的节水新技术发展趋势。

（2）节水技术

我国工业节水技术水平也取得了重大进展，初步具备了技术集成和设备研发能力。

① 加快了节水技术的研发，针对工业用水过程和用水工艺，改进和完善工业用水重复利用、高效冷却、热力和工艺系统、洗涤等通用环节节水技术和工艺。

② 节水诊断发现问题配合节水技术开发，通过对生产过程和用水过程诊断，研发了火电行业空气冷却节水技术、钢铁行业轧钢加热炉汽化冷却技术、造纸行业制浆多段逆流洗涤封闭筛选等节水技术。

③ 针对节水减排需求，积极推进企业水资源循环利用和工业废水处理回用等技术，形

成了通用性和面向重点行业的关键节水技术体系。其中火力发电空冷、轧钢加热炉汽化冷却、石油炼制"干式"蒸馏等部分行业节水技术已达国际先进水平。

6.4 节能诊断指标体系与案例

6.4.1 国内外工业企业节能诊断体系及政策

全球发达国家在工业节能发展方面也一直在做出努力，许多发达国家颁布政策（表6-13）来推动工业节能的发展。在我国，节约资源是我国的基本国策，国家实施节约与开发并举，把节约放在首位的能源发展策略。工业、交通、建筑领域的能源消耗已成为我国三大主要的用能组成部分，其中工业能耗所占比例约为30%，远高于世界其他国家。为了推动我国绿色生态发展目标的达成，我国工信部近几年发布了许多工业领域的节能政策（表6-14），工业节能将成为我国能源政策鼓励的主要方向。在工业企业中能源成本占生产成本比例较高，所以以降能耗、提能效是工业企业降低成本、提高竞争优势的重要途径，推动工业企业绿色发展、能源管理的意识水平，从而推进工业企业降本增效。

表 6-13 全球主要国家节能措施与方法

国家或国际组织	方针与政策	实施时间	措施
日本	《节约能源法》	1979 年颁布，2000 年修订	提高了汽车、小家电等产品的节能标准。日本政府资源能源厅每年财政预算的四成用于节能和新能源工作
欧盟	《战略能源技术计划》（SET-PLAN）	2018 年	围绕可再生能源、智能能源系统、能源效率、可持续交通四个核心优先领域以及碳捕集与封存和核能两个特定领域，开展系列研究与创新优先行动
美国	卓越能效计划(SEP)	2012 年	该计划向企业提供能源管理体系 ISO 50001 国际标准的实施框架，并就达到预定目标的情况给予银奖、金奖或铂金奖的不同奖励
	《清洁空气法案》（CAA）	2011 年，2016 年第三阶段结束	部分工厂设施必须获得排污许可证，并采用最佳可行控制技术（BACT）来控制温室气体的排放
印度	基于《节能法》开展的"执行、实现和交易"计划	2011 年实施	该计划是强制硬性节能目标与灵活市场机制的结合，通过节能证书的交易（"白色证书"），来确保节能工作的成本有效性

表 6-14　我国低碳节能优惠补贴相关政策

政策文件	发布单位	发布时间	具体措施
《污染治理和节能减碳中央预算内投资专项管理办法》	国家发展和改革委员会	2021 年 5 月	安排标准节能减碳项目按不超过项目总投资的 15% 控制。中央和国家机关有关项目原则上全额补助
《中华人民共和国节约能源法》	生态环境部	2018 年 11 月 14 日	国家对生产、使用列入本法第五十八条规定的推广目录的需要支持的节能技术、节能产品,实行税收优惠等扶持政策
《关于开展绿色制造体系建设的通知》	工业和信息化部	2016 年 9 月 3 日	各地组织国家级、省级绿色工厂、绿色设计产品、绿色园区、绿色供应链管理企业等申报及评审。各省市根据自身情况分别对国家级、省级、市级的绿色制造体系名单出台了相应的鼓励与补贴政策,这些政策可能是动态变化的
《关于切实做好全国碳排放权交易市场启动重点工作的通知》	国家发改委	2016 年 1 月 22 日	落实建立碳排放权交易市场所需的工作经费,争取安排专项资金,专门支持碳排放权交易相关工作;积极开展对外合作,利用合作资金支持能力建设等基础工作;各央企集团应为本集团内企业加强碳排放管理工作安排经费支持,支持开展能力建设、数据报送等相关工作
《节能减排补助资金管理暂行办法》	财政部	2015 年 5 月 1 日	节能减排补助资金重点支持范围:节能减排体制机制创新;节能减排基础能力及公共平台建设;节能减排财政政策综合示范;重点领域、重点行业、重点地区节能减排;重点关键节能减排技术示范推广和改造升级;其他经国务院批准的有关事项
《合同能源管理项目财政奖励资金管理暂行办法》	财政部	2010 年 6 月 3 日	支持对象:实施节能效益分享型合同能源管理项目的节能服务公司。支持范围:采用合同能源管理方式实施的工业、建筑、交通等领域以及公共机构节能改造项目

　　此外,国家通过构建工业企业的节能诊断体系来推进工业节能发展,通过对工业企业生产工艺、设备、能耗等进行系统调研,同时对主体设备实施热平衡测试,为工业企业提供全

面、科学、准确的能源诊断，找出生产工艺、能耗设备及工业企业管理方面的能耗因素，最大化挖掘工业企业自身节能的潜力。

6.4.2 国内外工业企业用能现状

国家统计局的数据显示（图 6-10），过去 10 年（2011—2020 年），我国能源消费总量在不断上升，而工业能源消费量保持平稳小幅增长，工业能源消费量在能源消费总量中的占比不断降低（2019 年、2020 年数据未公布）。这表明我国在过去 10 年里，在工业节能技术及节能政策的推动下，并没有出现随着经济发展工业能源消费水平不断水涨船高的现象，相反在稳定能源消费水平的同时，实现了能源消费占比的不断下降，但是工业能源消费量仍占全国能源消费量的 60% 以上。

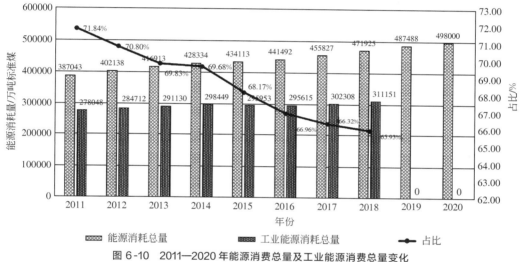

图 6-10 2011—2020 年能源消费总量及工业能源消费总量变化

在能源消费指标方面，如图 6-11 所示，自 2011 年起我国万元国内生产总值能源消费量在稳定下降，万元工业增加值能源消费量虽在不断降低，但是其一直显著高于万元国内生产总值能源消费量。这表明我国在节能发展方面取得了一定效果，但是工业发展能源消费过高问题仍是我们今后需要持续关注并解决的问题。

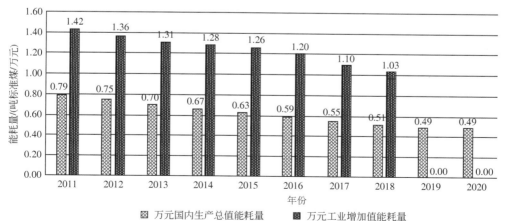

图 6-11 2011—2020 年单位生产总值能耗量及单位工业增加值能耗量变化

如图 6-12 所示，从能源消费结构来看，近年来，煤炭消费占比呈现下降趋势，清洁能源消费占比上升。但是，煤炭仍是我国主要能源消费的主要类型。从能源生产结构来看，清洁能源生产占比也在上升。2020 年，规模以上工业水电、核电、风电、太阳能发电等一次电力生产占全部发电量比重为 28.8%。虽然，从能源生产和消费结构来看，我国的清洁能源占比均处于上升趋势，但是与化石能源相比，占比较低。

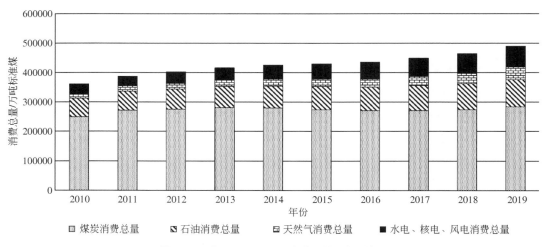

图 6-12　我国 2010—2019 年能源结构变化情况
（2019 年数据为根据各品种在总量中占比计算）

工业企业用能是能源消耗的主体，工业企业实现能源节约能够从很大程度上缓解自然界能源消耗量，对环境保护有重要作用；同时，良好的资源环境是保护社会环境的基础，是提高居民生活水平的保障。目前，在碳排放领域，我国工业企业碳排放约占总碳排放量的 70%，是达成碳达峰目标的关键。其中，化工、建材、钢铁和有色金属冶炼四个重点行业的能源消费量约占能源消费总量的 30%。我国经济发展仍然处于中高速发展阶段，但是，距离碳达峰的时间不足 10 年，如何在确保经济增速的同时实现碳达峰是我国正在面对的一大挑战，尤其碳排放量占比最高的工业企业更要做好发展规划，确保在 2030 年经济发展目标和碳达峰目标双实现。

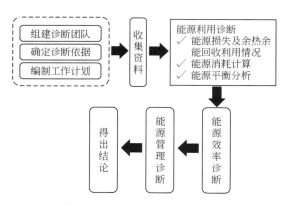

图 6-13　工业企业节能评价流程图

6.4.3　我国工业企业节能诊断体系

企业节能诊断是对企业的基本情况、主要生产产品、年能源消耗、主要耗能设备、能源节约计划、已采取的节能措施、即将采取的节能措施、需要诊断的设备及工艺、需要测试的工艺等多个方面进行调查，对企业的节能潜力进行分析。节能诊断的正确与否，对节能工作是否有效起着关键作用。表 6-15 列出了工业节能诊断内容清单，同时图 6-13 展示了工业企业在进行节能诊断过程的工作流程。

表 6-15　工业节能诊断内容清单

阶段	主要内容
前期准备阶段	明确诊断任务
	组建诊断团队
	确定诊断依据
	编制工作计划
诊断实施阶段	动员与对接
	收集相关资料
	开展能源利用诊断
	开展能源效率诊断
	开展能源管理诊断
报告编制阶段	汇总诊断结果
	分析节能潜力
	提出节能改造建议

　　生产型企业的节能可以从两个方面来考虑：一是对整个企业系统或工艺流程进行优化，保证其在良好状态下运行；二是对企业某一具体生产环节进行能流分析和改进，对整个企业系统的优化包括对现有系统的最优操作、最优改造和最优设计。对企业某一具体生产环节的节能通常采用一些辅助专业软件来进行，通过在线检测设备运行参数，计算、分析和诊断其运行状态，并将运行后的参数反馈给控制系统加以调整，从而保证该设备的最佳运行状态。

　　面对一个诊断对象，不论是企业范围还是用能系统范围甚至于设备本身，直观的能源浪费可以很容易被发现，但还有大量比较隐性的以及平时不被我们所在意的细节也隐藏着许多节能机会。在这些纷繁复杂的节能机会面前，如何保证不遗漏任何节能点，如何保证诊断工作有条不紊地开展，最好的办法就是将节能机会清晰地分类或者以一个清晰的角度具有方向性地去寻找节能机会。许多节能专家将节能诊断所要找的节能机会分为三类，分别是管理节能机会、工艺节能机会和设备节能机会。

　　在能源管理方面，也给出了能源管理的结构化管理发展流程，如图 6-14 所示。能源管理矩阵是一个用于帮助组织了解现状、设定首要任务以及评估进度的工具。该流程也将企业的能源绩效评定划分为三个等级，如图 6-15 所示，第一级是能源绩效，第二级是能源管理、

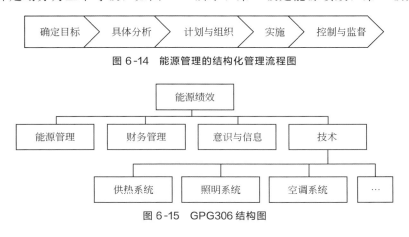

图 6-14　能源管理的结构化管理流程图

图 6-15　GPG306 结构图

财务管理、意识与信息、技术，第三级则是按照组织的用能单位划分成不同系统并分别设计对应的评价矩阵。

6.4.4 经典案例——某钢铁企业节能诊断分析

（1）企业装备及生产情况

企业为长流程钢铁企业，拥有原料、烧结、炼铁、炼钢、轧钢等生产工序。现拥有 2 台 100m² 烧结机、2 座 450m³ 高炉、2 座 40t 转炉、2 台方坯连铸机、1 套高速线材生产线及公辅配套设施。主要产品为建筑用线材。2018 年企业生产烧结矿 141.6 万吨，铁水 105.9 万吨，钢坯 119.4 万吨，线材 114.5 万吨。

（2）能源消耗情况

企业生产用能主要包括电、煤粉、焦炭、焦沫、柴油等。2018 年消耗焦炭 429013.64t，焦沫 82389.9t，煤 149994.1t，电力 35994.288 万千瓦·时，柴油 718.28t。

2018 年企业综合能源消费量为 679715.87t 标准煤（当量值），其中：焦炭（含焦沫）499417.39t 标准煤，占 73.48%；无烟煤 134994.69t 标准煤，占 19.86%；电力 44236.98t 标准煤，占 6.51%；柴油 1046.61t 标准煤，占 0.15%。详见表 6-16。

表 6-16 2018 年企业能源消费结构

名称	实物量	折算系数	标煤量/t 标准煤	占比/%
焦炭	429013.64t	0.9774t 标准煤/t	419317.93	61.69
焦沫	82389.9t	0.9722t 标准煤/t	80099.46	11.78
无烟煤	149994.1t	0.9t 标准煤/t	134994.69	19.86
电力	35994.288×10⁴kW·h	1.229t 标准煤/(10⁴kW·h)	44236.98	6.51
柴油	718.28t	1.4571t 标准煤/t	1046.61	0.15
合计	—	—	679695.67	100.0

（3）能源消耗分析

该企业各生产工序及能耗水平和原因见表 6-17。

表 6-17 某钢铁企业各生产工序及能耗水平诊断

工序	能耗水平	全国平均能耗水平	原因
烧结工序（以单位质量烧结矿计）	51.56kg 标准煤/t	48.6kg 标准煤/t	(1)烧结工艺落后,余热回收利用水平差; (2)烧结水分大; (3)烧结混合料温度偏低; (4)烧结透气性差,增大能耗; (5)烧结机布料不够平整规范; (6)烧结工序大烟道及冷却台车区域烟气余热未回收

续表

工序	能耗水平	全国平均能耗水平	原因
炼钢工序 （以单位质量铁计）	427.5kg 标准煤/t	392.13kg 标准煤/t	（1）频繁启停导致单位产品能源资源消耗增加； （2）高炉原料不稳定,炉料结构波动大； （3）高炉利用系数偏低； （4）送风操作不规范,热风温度波动大； （5）送风管道压力波动大导致送氧波动； （6）炉顶温度高导致炉况不稳； （7）炉顶气流分布不均匀,煤气利用率低
转炉炼钢工序 （以单位质量钢计）	−14.51kg 标准煤/t	−13.39kg 标准煤/t	（1）混铁炉同时启用,增加能耗； （2）转炉煤气回收量低,转炉煤气回收系统不稳定
轧钢工序（以单位 质量轧钢料计）	77.5kg 标准煤/t	50.25kg 标准煤/t	（1）轧钢机组产量偏低； （2）轧钢机组成材率低于国内平均值； （3）轧钢加热炉为推钢式加热炉,其煤气消耗大； （4）热送温度低导致重复升温
整体工序（以单位 质量钢计）	569.37kg 标准煤/t	555.24kg 标准煤/t	—

（4）节能降耗建议

目前企业正在实施产能置换项目,建议尽快推进产能置换项目,提升企业装备水平。同时,配套建设能源管理中心,做好相关数据的采集、处理和分析工作,做好各项控制和调度、平衡预测等能源管理工作,切实有效提升企业能源管理技术水平,推进企业绿色可持续发展。

在新项目建成投产前,从技改可实现性、系统优化、运行管理提升等方面提出以下节能降耗建议。

① 烧结工序。建立水分检测管理制度,提高员工的操作水平,逐步降低烧结混合料水分；运用返矿预热、蒸汽预热、生石灰预热等措施和技术,提高烧结料温从而提高预热效果；对烧结料中含碱金属多的料种适当控制,同时加强管理；完善布料设施和设备,严格落实布料管理操作制度,规范烧结布料；对烧结工序大烟道及冷却台车区域高温烟气余热进行回收,满足烧结一混和二混的加热需求,降低固体燃料的消耗。

② 炼铁工序。对焦炭热态指标进行分析,提高烧结矿转鼓强度和增加粒度组成测定次数,为高炉强化冶炼提供依据；规范高炉操作,稳定富氧和热风温度,保证高炉内部软熔带稳定,促进炉况顺行；稳定富氧量,利用上下部调节做好高炉煤气的三次分布；稳定炉前打泥量,保证炉前及时稳定出净渣铁。

③ 炼钢工序。加强转炉煤气回收,建议使用高热值转炉煤气给混铁炉铁水补热；加强转炉蒸汽回收,进一步提高节能潜力。

④ 轧钢工序。适当升级装备,提高轧制速度和轧机作业率,提高机组产量；规范加

热炉操作，提高成材率；改进加热炉技术，降低煤气消耗，通过技术改进提高热装比例和热送效果。

世界银行关于全球重点国家能源消费的数据（图 6-16）显示，美国、日本等发达国家每万不变价美元生产总值能源消费量一直处在较低水平且保持稳定，而我国每万不变价美元生产总值能源消费量明显高于发达国家，但是自 1990 年以来，随着技术的发展以及节能政策的不断推进，我国每万不变价美元生产总值能源消费量显著下降，不断向发达国家靠近，2020 年较 1990 年下降了 65％，虽然与发达国家（日本 1.26 吨标准煤/万不变价美元，美国 1.74 吨标准煤/万不变价美元）仍有差距，但这也证明了我国推行节能政策的有效性以及必要性。

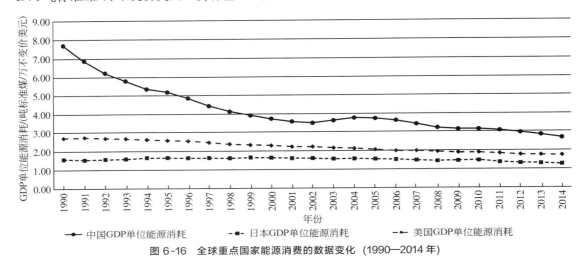

图 6-16   全球重点国家能源消费的数据变化（1990—2014 年）

6.4.5   国内外节能技术发展新趋势与展望

在未来，我国节能技术的发展具有以下几点趋势。

① 优秀节能技术的不断研发，技术创新。目前在国家及地方补贴政策的大力支持下，企业与科研院所在未来将加紧研发新节能技术，不断推进技术创新，推动企业节能技术的应用与发展。

② 节能技术由粗放型向精细化、智能化发展。未来的节能技术将不再停留于宏观层面的节能降耗，将更加专注于技术上的精细化与智能化发展，例如智慧能源管理系统的上线将帮助企业根据生产强度调节用电设备的功率，从而实现节能目的。

③ 集设备、工艺、管理节能于一体的系统节能。未来的节能不再过分强调单一用能设备的节能，更加注重之间的配合节能。

④ 节能技术之间的匹配、协同利用。

⑤ 余热余能深度利用技术的逐步发展。合理高效利用企业生产过程中产生的余热余能，例如利用余热发电、供给污水处理等措施，在实现高效利用、避免浪费的同时，有效帮助企业节约能源。

⑥ 能源的协调利用。未来绿色工厂的推进将使企业工厂能源类型多样化，其中包括氢能、光伏太阳能发电等能源技术的应用将会为能源结构提供多种解决方案，选择合适的能源进行能源替代协调使用将有效帮助企业节能。

6.5 绿色低碳产品、供应链、工厂评价体系与案例

6.5.1 绿色低碳产品、供应链、工厂、企业的内涵与背景

绿色发展涉及人类社会发展的全过程，是社会经济发展的必经选择和人类社会永续发展的必要条件，也是我国工业转型升级、建设生态文明国家的必由之路。当前，工业绿色发展研究已成为国内外热门科目，但综合而言，过去全世界的工业发展模式存在明显弊端，以先污染环境为代价，虽然带来巨大的经济利益，但已不符合如今的国家发展思路，如今我们既要寻求工业发展，同时也要绿色经济。国内外学者对绿色工业发展做了大量研究，工业绿色化是目前工业发展的趋势和挑战，应从源头入手，创新技术，提升工业生产技术，减少工业废物排放。

2016 年，工信部发布《绿色制造标准体系建设指南》，文件指出绿色工厂、绿色产品、绿色园区、绿色供应链为绿色制造标准体系的主要内容。绿色制造标准体系构建思路如图6-17 所示。

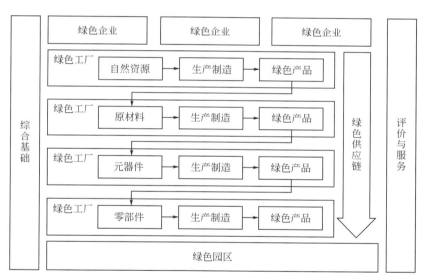

图 6-17   绿色制造标准体系构建思路

其中，绿色产品是绿色工厂的生产结果，绿色工厂是绿色企业的制造单元，绿色工厂和绿色企业是绿色园区的组成部分，绿色供应链是贯穿产品、工厂、企业、园区的重要链条，综合基础以及绿色评价与服务为前五大绿色主题提供支撑与服务。其各自的定义如下。

绿色工厂是制造业的生产单元，是绿色制造的实施主体，属于绿色制造体系的核心支撑单元，侧重于生产过程的绿色化。应加快创建具备用地集约化、生产洁净化、废物资源化、能源低碳化等特点的绿色工厂。

绿色产品侧重于产品全生命周期的绿色化。在产品设计开发阶段系统考虑原材料选用、生产、销售、使用、回收、处理等各个环节对资源环境造成的影响。应开发具有无害化、节能、环保、高可靠性、长寿命和易回收等特性的绿色产品。

绿色供应链是绿色制造理论与供应链管理技术结合的产物，侧重于供应链节点上企业的

协调与协作。应加强供应链上下游企业间的协调与协作，发挥核心龙头企业的引领带动作用，优先纳入绿色工厂为合格供应商和采购绿色产品，强化绿色生产，建设绿色回收体系，搭建供应链绿色信息管理平台，带动上下游企业实现绿色发展。

绿色园区侧重于园区内工厂之间的统筹管理和协同链接。工业基础好、基础设施完善、绿色水平高的园区，应加强土地节约集约化利用水平，推动基础设施的共建共享，在园区层级加强余热余压废热资源的回收利用和水资源循环利用，建设园区智能微电网，促进园区内企业废物资源交换利用，补全完善园区内产业的绿色链条，推进园区信息、技术服务平台建设，推动园区内企业开发绿色产品、主导产业创建绿色工厂，龙头企业建设绿色供应链，实现园区整体的绿色发展。

为推动绿色制造体系发展，各地方政府也相应出台了补贴政策（表6-18）鼓励绿色制造体系在各地区的建立与发展。我国的绿色制造业正迈向蓬勃发展的历史新阶段。

表 6-18   全国部分省市绿色制造体系优惠政策

省/市/自治区	优惠政策							
	注：绿色工厂、绿色园区和绿色供应链管理示范单位优惠资金单位为万元/家，绿色设计产品优惠资金单位为万元/个							
	国家级				省/市/自治区			
	绿色产品	绿色工厂	绿色园区	绿色供应链	绿色产品	绿色工厂	绿色园区	绿色供应链
福建省	5（单家企业当年度最高不超过50万元）	100	200	200	颁发产品证书	≤20	≤20	≤20
云南省	20	90	150	90	10	60	100	60
河南省	对创建成为绿色示范工厂、绿色工业园区的一次性给予200万元奖励							
湖南省	50	50	20	50	30	30	30	30
安徽省	50	100	—	—	—	50	—	—
广西壮族自治区	50	100	200	50	30	60	120	30

6.5.2   国内外绿色产品、供应链、工厂法律法规与政策

国外标准化工作中已有的工作成果，可以作为我国构建绿色制造标准体系的参考和借鉴。各领域的政策情况见表6-19。

表 6-19   国际上绿色制造有关政策与标准汇总

政策与标准	领域	颁布机构
美国能源之星（Energy Star）认证标准	绿色产品	美国能源部和美国环保署
《有害物质限制使用的指令》（RoHS）	绿色产品	欧盟委员会
欧盟产品环境足迹（PEF）指南	绿色产品	欧盟委员会

政策与标准	领域	颁布机构
美国电子产品环境评价工具（EPEAT）	绿色产品	美国
ISO 14001：2015《环境管理体系要求及使用指南》	绿色工厂	国际标准化组织
ISO 50001：2011《能源管理体系要求》	绿色工厂	国际标准化组织
ISO 14064：2004 温室气体排放系列标准	绿色工厂	国际标准化组织
ISO 26000：2010《社会责任指南》	绿色企业	国际标准化组织
SA8000《社会道德责任标准》	绿色企业	美国
生产者责任延伸制度	绿色产业链	—

2015 年《中国制造 2025》规划实施纲要中强调绿色发展。坚持把可持续发展作为建设制造强国的重要着力点，加强节能环保技术、工艺、装备推广应用，全面推行清洁生产。在此之后国家与地方积极行动，出台政策支持绿色发展（表 6-20），逐步建立起包括规划、指导、推广的绿色制造管理体系。

表 6-20　中国绿色制造发展政策体系

政策	颁布时间	颁布单位	内容
《中国制造 2025》	2015 年 5 月	国务院	强调绿色发展。坚持把可持续发展作为建设制造强国的重要着力点，加强节能环保技术、工艺、装备推广应用，全面推行清洁生产。发展循环经济，提高资源回收利用效率，构建绿色制造体系，走生态文明的发展道路
《工业绿色发展规划（2016—2020 年）》	2016 年 7 月	工业和信息化部	以传统工业绿色化改造为重点，以绿色科技创新为支撑，以法规标准制度建设为保障，实施绿色制造工程，加快构建绿色制造体系，大力发展绿色制造产业，推动绿色产品、绿色工厂、绿色园区和绿色供应链全面发展
《绿色制造工程实施指南（2016—2020 年）》	2016 年 9 月	工业和信息化部	以制造业绿色改造升级为重点，以科技创新为支撑，以法规标准绿色监管制度为保障，以示范试点为抓手，加大政策支持力度，加快构建绿色制造体系，推动绿色产品、绿色工厂、绿色园区和绿色供应链全面发展，壮大绿色产业

续表

政策	颁布时间	颁布单位	内容
《工业和信息化部办公厅关于开展绿色制造体系建设的通知》	2016 年 9 月	工业和信息化部	发挥财政奖励政策的推动作用和试点示范的引领作用，发挥绿色制造服务平台的支撑作用，提升绿色制造专业化、市场化公共服务能力，促进形成市场化机制，建立高效、清洁、低碳、循环的绿色制造体系，把绿色制造体系打造成为制造业绿色转型升级的示范标杆、参与国际竞争的领军力量
《工业和信息化部办公厅关于推荐第一批绿色制造体系建设示范名单的通知》	2017 年 3 月	工业和信息化部	打造一批绿色制造先进典型，引领相关领域工业绿色转型，公布经评审筛选选出的企业名单
《工业和信息化部办公厅关于推荐第二批绿色制造体系建设示范名单的通知》	2017 年 1 月	工业和信息化部	
《工业和信息化部办公厅关于推荐第三批绿色制造名单的通知》	2018 年 8 月	工业和信息化部	
《工业和信息化部办公厅关于推荐第四批绿色制造名单的通知》	2019 年 3 月	工业和信息化部	
《关于开展第五批绿色制造名单推荐及前两批名单复核工作的通知》	2020 年 3 月	工业和信息化部	
《2021 年度绿色制造名单公示》	2021 年 12 月	工业和信息化部	
《"十四五"工业绿色发展规划》	2021 年 11 月	工业和信息化部	以实施工业领域碳达峰行动为引领，着力构建完善的绿色低碳技术体系和绿色制造支撑体系，系统推进工业向产业结构高端化、能源消费低碳化、资源利用循环化、生产过程清洁化、产品供给绿色化、生产方式数字化等 6 个方向转型，配套实施工业碳达峰推进工程、重点区域绿色转型升级工程、工业节能与能效提升工程、资源高效利用促进工程、工业节水增效工程、重点行业清洁生产改造工程、绿色产品和节能环保装备供给工程、绿色低碳技术推广应用工程等八大工程

6.5.3　国内外绿色产品、供应链、工厂、企业评价体系

目前，国外绿色评价指标体系研究已经有了一定的积累，在资源效率、环境友好、绿色经济、生态效率等方面的评价指标体系研究成果，可以为我国绿色评价指标体系的构建提供借鉴。联合国亚太经济与社会理事会为了改进生态效率、促进经济可持续增长、减少区域贫困和降低对气候变化的影响，建立了一套能够反映经济活动和资源环境相互作用关系的生态效率指标体系框架，基于资源消耗强度和环境影响强度指标，分别从宏观经济层面和各部门层面来构建一组核心指标，以评估亚太地区环境发展水平对整个经济社会可持续发展的影响。

为了能够评估各国环境治理的成效，耶鲁大学等联合提出了环境绩效指数（EPI），其指标框架主要包括环境健康和生态系统活力两个部分，包括 22 项能够反映当前社会环境焦点问题的具体指标。联合国环境规划署在《绿色经济：迈向绿色经济的测度》中，从环境主题、政策干预、人类福祉和社会公平几个方面构建了绿色经济指标体系，其中包含 14 个二级指标。

目前国际上应用比较广泛、影响力较大的环境绩效评价标准，包括全球报告倡议组织的《可持续发展报告指南》（GRI 指南）、国际标准化组织（ISO）的 ISO 14031 标准和世界可持续发展企业委员会的环境绩效评价标准。且截至 2015 年底，全球已有超过 6000 家机构以 GRI 指南为基础编制可持续发展报告或社会责任报告。

韩国采取以绿色认证为主要方式、以绿色技术为核心的绿色评价体系。采用绿色技术的销售产品占比超过 20% 的企业认定为绿色企业，政府对这些企业在政策、资金、贷款上予以政策倾斜，以此推动国家绿色理念。

泰国的生态工厂认证工作始于 2011 年。评价指标主要涉及环境管理系统、资源能源利用效率、社区合作、产品活动、零排放五个方面。其二级指标含能源管理与绿色供应链等 14 个相关指标。

日本一直以来以建设"循环型社会"为目标来构建国家层面的绿色评价体系。其评价标准主要涉及环境会计制度、经济效益情况、环境保护情况等，以此推动日本社会能源循环利用效率，提升绿色工厂生产效能。

近几年绿色评价标准也成为我国标准研究的热点方向，而工业绿色发展环环相扣，绿色产品、供应链、工厂、企业等同属于绿色制造体系，目前绿色制造标准体系构建构架如图 6-18 所示。

对于绿色工厂，参考图 6-19、图 6-20，我国 2018 年 5 月发布的《绿色工厂评价通则》（以下简称《通则》）建立的系统评价指标体系体现了三个统一：一是定量和定性相统一。既有一级指标，又有二级指标；既有定量的绩效指标，又有定性的基本指标和参考指标。二是过程管理和结果管理相统一。《通则》既对企业的过程管理如能源与资源投入、管理体系等提出了评价标准，又对产品、环境排放、绩效等进行了结果管理。三是普遍性和特殊性相统一。

对于绿色产品，参考图 6-21，国家标准化管理委员会的国家绿色产品评价标准化总体组修订了国家标准《绿色产品评价通则》，该评价指标体系包括基本要求和评价指标要求 2 个部分，绿色产品要同时满足这两部分要求。主要包括资源属性、能源属性、环境属性和品质属性 4 类一级指标，并在一级指标下分别设置可量化、可检测和可验证的二级指标。其

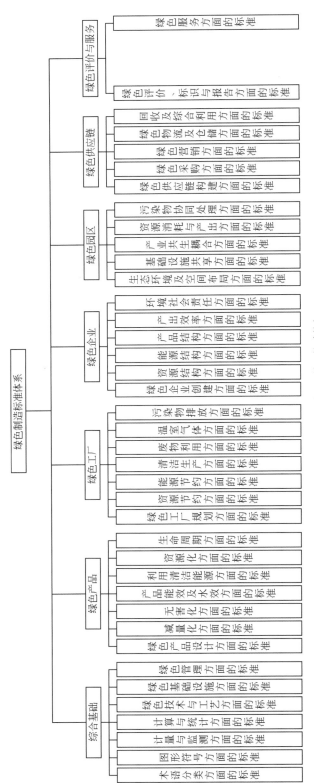

图6-18　绿色制造标准体系构建构架

图6-19　绿色工厂评价体系框架

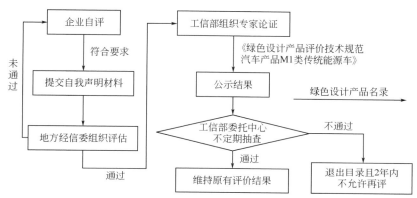

图 6-20 绿色工厂评价体系内容概况

图 6-21 绿色设计产品的评定流程图

中，资源属性重点选取材料及水资源减量化、便于回收利用、包装物材料等方面的指标；能源属性重点选取产品在制造或使用过程中能源节约和能源效率方面的指标；环境属性重点选取生产过程的污染物排放、使用过程的有毒有害物质释放等方面的指标；品质属性重点选取消费者关注度高、影响高端品质的产品耐用性、健康安全等方面的指标。

对于绿色供应链，参考图 6-22，绿色供应链评价通则中规定企业绿色供应链管理评价采用打分法。依据绿色供应链管理评价指标、要求和评价依据，文件评审和现场评审相结合，通过综合打分进行评价。绿色供应链管理评价指标分为三级，其中一级评价指标 6 项，二级评价指标 20 项，三级评价指标由企业、行业或评价方自行确定。根据指标的重要程度，二级评价指标分为必选指标和可选指标两类，其中 7 个为必选指标，28 个为可选指标。根据指标可量化程度，评价指标分为定量指标和定性指标两类。

综上，我国绿色制造体系下的总体评价指标体系如图 6-23 所示。

6.5.4 经典案例——绿色产品评价体系在汽车中的应用分析

汽车绿色产品评价是基于产品全生命周期理念，针对绿色产品的各项属性而得出的综合评价。绿色汽车产品所体现的"绿色"除了产品必须具有的基本属性外，还包括了产品的环境、资源、能源、品质等属性。因而，绿色汽车评价指标体系应包括基本属性指标、资源属性指标、能源属性指标、环境属性指标、品质属性指标等（图 6-24）。

① 绿色汽车产品的基本指标应符合相关法律法规、相对应的产品标准、环境管理体系和质量管理体系等方面的要求，这是绿色汽车产品应具备的基本属性指标，也是进行绿色汽车产品认证评价的前提。

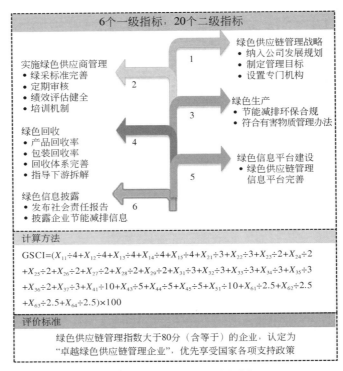

图 6-22　绿色供应链企业评估内容概况

（X_{ij} 指的是在第 i 项一级指标中的第 j 项二级指标的得分值）

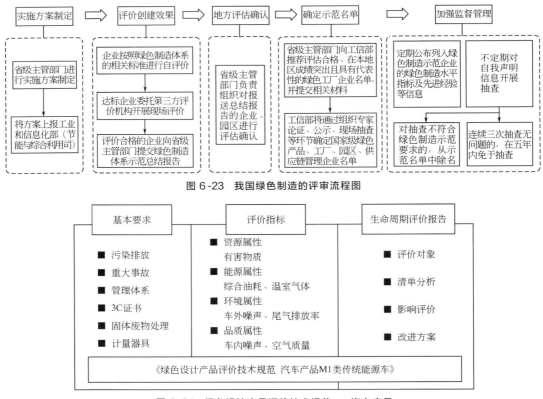

图 6-23　我国绿色制造的评审流程图

图 6-24　绿色设计产品评价技术规范——汽车产品

② 汽车产品环境属性是衡量产品"绿色性"的关键指标，也是绿色产品评价的一项重要指标，应着重考虑。绿色产品的环境指标是区别传统产品的重要属性之一，在进行绿色汽车产品评价时，应重点选取在产品生产、使用过程中对环境和人体健康安全产生较大影响的指标，主要包括大气、水、固体废物等污染物和噪声、电磁辐射排放指标。

③ 自然资源的循环利用是实施可持续发展战略的重要途径，而资源节约和易回收再利用是绿色产品环境友好性的具体体现，因此，资源属性也是绿色产品的重要指标之一。汽车产品全生命周期各过程中需要使用多种资源，主要包括了原材料、水、包装物材料、设备、人力等资源。其中，汽车产品原材料的可回收利用率、可再利用率和水资源消耗等指标是影响产品"绿色性"的重要因素，绿色汽车产品评价时应重点关注。

④ 汽车产品的生产和使用必须依赖于能源的供给，而传统能源是目前汽车产品在生产、使用过程中的主要动力来源，并且传统能源的使用又不可避免地会消耗能源，由此产生环境污染问题。能源问题是制约汽车工业可持续发展的关键因素，汽车产品的能源属性在评价汽车绿色产品时应予以重点考虑，其指标主要包括生产和使用过程中的能源效率、能源节约、清洁能源使用率、可再生能源使用率等指标。

⑤ 随着我国居民生活水平的提高，人们越来越重视高品质生活，对高品质汽车产品的需求在不断地增加。优秀的品质属性是增强消费者获得感的基础，也是绿色产品应具备的必要属性。品质属性是绿色产品评价的又一重要指标，汽车产品的品质属性主要包括产品耐用性、安全可靠性、人机交互性和宜人性等消费者关注度比较高的指标。

⑥ 根据具体汽车产品，可选取适宜地反映绿色产品属性的其他指标，例如经济属性指标等。

综上所述，绿色汽车产品评价指标体系如图 6-25 所示的框架。该评价指标体系并不是固定不变的，可根据技术的发展进行动态的调整、扩充和完善。针对不同的汽车产品选取符合实际的评价指标，以保证汽车产品绿色评价的科学性和准确性。

6.5.5　国内外绿色产品、供应链、工厂发展趋势与展望

在全球疫情形势之下，世界范围内大多数国家更加严格要求绿色指标，对于绿色产品而言，在其生命周期减少碳足迹是当前以及未来一段时间的趋势。

我国现阶段强调发展节能环保产业、限制"两高一剩"行业以及大力推动绿色金融体系建设的背景下，界定绿色企业的范畴，未来还将考虑产业结构、经济结构调整等因素。应考虑企业主营业务所属的行业或产业对于环境改善方面所产生的正面效应，将企业所处行业对于环境改善所产生的程度作为评价绿色企业的重要依据。而目前国际上和国内在这方面的研究和探索明显不足，这也是未来建立绿色企业评价体系需要解决的问题。目前我国在界定绿色产业项目上已经有一些实践。例如，中国人民银行和发改委发布的《绿色债券支持项目目录》和《绿色债券发行指引》都对符合绿色债券支持范围的绿色产业项目进行了框定。因此，考虑企业所处产业或行业对环境产生的改善效果，借鉴上述两份文件所界定的范围是一个值得探索的方向。可以在已有的绿色产业项目或绿色产业范畴内，对不同产业或行业的环境影响进行比较和评分，并将结果通过设定权重等方式纳入绿色企业评价体系，再结合企业环境信用评价的结果，对企业的绿色程度进行最终的评价。

首先，未来我国将细化绿色产业概念、健全体制机制。中国绿色产业的兴起已经成为国内外瞩目的趋势，绿色、低碳、循环发展成为生态文明建设的主要原则和方向。

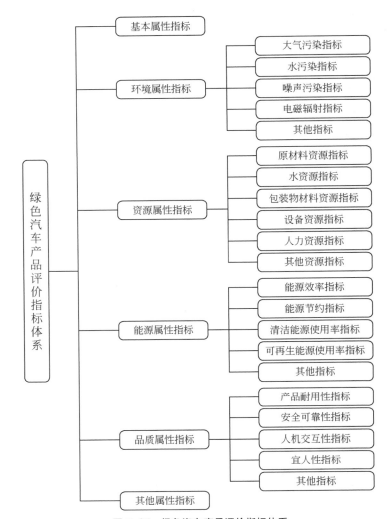

图 6-25　绿色汽车产品评价指标体系

其次，要提高可推广应用的绿色发展技术。中国政府目前正在推动产业园区生态化发展方面的深入探索，希望推广应用更多低消耗、低污染、高水平、高效益的项目。同时，加强绿色技术的研发，并创造条件推广应用先进科学技术。

再次，要提高智能化水平建设，加强人才供给。现代化的绿色产业基地需要先进的数字技术、信息技术、自动化技术提供支撑。

从国际层面看，未来的绿色发展将促进中国与欧洲等地区的绿色合作，将推动实现2030 可持续发展目标，早日实现碳中和。

6.6　工业企业智慧水-气-固废-能效-碳协同管理新模式

数据统计显示（表 6-21），工业生产过程产生的废弃物所造成的间接温室气体排放量自

1994 年以来就在不断增长，这也迫切地需要人们重视对于工业固体废物从产生到排放全过程的管理。

表 6-21   1995—2014 年废弃物处置温室气体排放量

排放源类型	1995 年温室气体排放量 /Mt CO₂e	2005 年温室气体排放量 /Mt CO₂e	2010 年温室气体排放量 /Mt CO₂e	2012 年温室气体排放量 /Mt CO₂e	2014 年温室气体排放量 /Mt CO₂e	2005—2014 年年均变化 /%
固体废物处理	42	50	56	68	104	8.5
废水处理	119	63	76	91	91	4.2
合计	162	113	132	158	195	6.3

随着第三次科技革命的技术成果的广泛兑现与应用，物联网、大数据、云计算、人工智能等技术被推到了人们的眼前，诸多领域开始依托先进技术谋求变革，最典型的便是依托计算机技术以及数据分析智慧化改造。工业各行业面对智慧发展的新形势与新局面也不甘落后，结合新能源转型、生产结构改革、生态改良等"困难"领域开启与新技术的创新性尝试，发展出了针对工业企业自身的智慧水-气-固废-能效-碳协同管理新模式。

6.6.1   工业企业资源管理模式与发展历程

2020 年 9 月 22 日，国家主席习近平在第七十五届联合国大会上发表重要讲话，指出"二氧化碳排放力争在 2030 年前达到峰值，努力争取在 2060 年前实现碳中和"。"推进工业废弃物综合利用对提高资源利用效率、改善环境质量、促进碳达峰碳中和及经济社会发展全面绿色转型"成为当前备受关注和亟待研究解决的重要问题。随着工业环保治理需求逐渐加强，鼓励和规范工业废物处理行业发展的相关政策陆续出台，极大地推进了工业废物处理行业的发展。如表 6-22 所示，目前工业三大类废弃物的管理模式都在向智慧化、信息化迈进。

表 6-22   工业企业水气固"三废"管理模式发展历程

分类	系统名称	特点介绍
废水	水务 1.0 时代	自动化,其技术特征为:自动化控制系统,控制泵站以及加药;无纸化办公、个人电脑、软件、数字化通信互联网
	水务 2.0 时代	信息化,其技术特征为:信息系统、互联网络、数据资源、移动应用、算法应用
	水务 3.0 时代	智能化,其技术特征包括:云计算、物联网、大数据、人工智能及区块链
固体废物	认识阶段	在此阶段处理废弃物主要采用改变工艺流程减少产生,但是受到技术限制收益不大。回收固体废物在当时因为技术复杂,代价昂贵受到限制
	起步阶段	在此阶段国家首次开始开展固体废物的统计工作,并将废弃物分类处置,并开始开展废弃物异地处置的工作
	推进阶段	此阶段国家固体废物的分类统计进一步深化,更加严格规范了固体废物的管理,开展管理培训
	智慧管理阶段	随着科技的进步与发展、废弃物处理技术的不断革新,利用互联网、大数据等先进手段,将固体废物从产生到处理过程串联起来,形成可视化、数字化管理模式

分类	系统名称	特点介绍
废气	无组织排放阶段	在我国为工业发展初期,工业废气多不处理、无组织排放,具体排放量以及排放位置都不清晰
	简单管理阶段	在此阶段开展了排放源统计以及排放量的计算,提出了减少排放的措施,但是受制于当时科技水平,气体只是经过简单处理就排放
	综合管理阶段	在此阶段各企业开始重视废气排放的管理,上线检测设备,定量定性分析排放气体的性质,并进行统计,同时加装处理设备将废气处理后排放
	智慧管理阶段	通过互联网、大数据、物联网等技术的应用,实现对企业全部废气排放的管理,包括排放情况、处理手段、能耗与影响,实现数字化与可视化并可实时监控

智慧环境是通过新一代信息技术和传统环保产业融合发展,实现环境信息全面感知、环保数据迅速传输、应急事件智能决策等功能的新业态。如今,智慧化也已经走进了工业废物处理管理的方方面面,工业企业的废弃物处理都走进了智慧化管理时代。文献及政策分析显示,我国环保行业大面积进入智慧化是在 2013 年以后,其中国家及地方政府关于智慧环境的推广与支持政策是智慧环境发展的最大助推手,表 6-23 列出了我国自 2013 年以来智慧环保相关的政策推进过程。

表 6-23   2013 年以来国家颁布有关智慧环境建设的政策文件

时间	政策	主要内容	颁布机构
2015 年 7 月	《关于积极推进"互联网+"行动的指导意见》	首次提出"大力发展智慧环保",此后环保各细分领域数字化、智慧化发展支持政策相继出台	国务院
2015 年 8 月	《生态环境监测网络建设方案》	提出"全面设点,完善生态环境监测网络""全国联网,实现生态环境监测信息集成共享"	国务院
2017 年 9 月	《关于深化环境监测改革提高环境监测数据质量的意见》	要求"加强大数据、人工智能、卫星遥感等高新技术在环境监测和质量管理中的应用"	中央办公厅、国务院
2019 年 1 月	《"无废城市"建设试点工作方案》	提出"实现固体废物收集、转移、处置环节信息化、可视化"	国务院
2019 年 4 月	《城镇污水处理提质增效三年行动方案(2019—2021 年)》	提出"依法建立市政排水管网地理信息系统(GIS)"	住房和城乡建设部、生态环境部、国家发改委联合
2020 年 6 月	《关于在疫情防控常态化前提下积极服务落实"六保"任务坚决打赢打好污染防治攻坚战的意见》	提出"推动生态环保产业与5G、人工智能、工业互联网、大数据、云计算、区块链等产业融合,加快形成新业态、新动能,拉动绿色新基建"	生态环境部

目前，我国智慧环境平台建设势头良好，已经出现了建设较为先进、数字化水平较高的企业，这些企业的出现也得益于政府政策的支持。2019 年，智慧环保领域政府采购项目主要分布在广东、北京、甘肃、山西等地，项目类型以环保大数据平台、环境监测监管平台为主。其中广东省中标金额最高，具有代表性的项目包括 4.45 亿元深圳市智慧水务一期工程等；北京市金额位居第二，主要受益于延庆区为世园会、冬奥会两大盛会服务所推进的"智慧延庆"建设。

6.6.2 工业企业资源协同能源-碳排放智慧管理模式与构建

国家与地方政府也多次出台法规政策，支持加快推动能效智能管理平台的建设工作（表6-24）。《重点用能单位节能管理办法》第三条规定：重点用能单位应当贯彻执行国家和地方有关节能的法律、法规、规章、政策和标准，按照合理用能的原则，加强节能管理，降低能源消耗，接受所在地县级以上人民政府管理节能工作的部门的管理。能耗在线监测系统建设是企业合理用能及节能降耗与提质增效的基础手段。

表 6-24 国家推进企业能源管理平台建设有关政策

政策名称	颁布单位	颁布时间	主要内容
《国家发展改革委、国家能源局、工业和信息化部关于推进"互联网＋"智慧能源发展的指导意见》	国家发展改革委、国家能源局、工业和信息化部	2016 年 2 月	为促进能源互联网健康有序发展，近中期将分为两个阶段推进，先期开展试点示范，后续进行推广应用，确保取得实效
《重点用能单位能耗在线监测系统推广建设工作方案》	国家发展改革委、国家质检总局	2017 年 9 月	监测系统采用"国家平台＋省级平台＋重点用能单位接入端系统"的架构，重点用能单位端能耗监测数据上传到省级平台，再由省级平台上传至国家平台；没有建设省级平台的，重点用能单位端能耗监测数据直接上传到国家平台；国家、省级平台实现数据同步和数据交互
《重点用能单位节能管理办法》	国家发展和改革委员会、科学技术部、中国人民银行等七部委	2018 年 5 月	政策要求重点用能单位应当结合现有能源管理信息化平台，加强能源计量基础能力建设，按照政府管理节能工作的部门、质量技术监督部门要求建设能耗在线监测系统，提升能源管理信息化水平

续表

政策名称	颁布单位	颁布时间	主要内容
《福建省重点用能单位能耗在线监测系统建设实施方案》	福建省经信委、省质监局	2018年6月	《实施方案》要求，按照"政府引导、共同实施，明确主体、完善体系，整合资源、信息共享"的基本原则，以省级平台、市级平台、重点用能单位端系统三大主体建设为重点，省市经信、质监部门、省市节能监察中心、计量机构和重点用能单位共同发力加快推进用能单位在线监测系统的建设
《关于加快推进重点用能单位能耗在线监测系统建设的通知》	国家发展和改革委员会、国家市场监督管理总局	2019年5月	该通知从落实目标责任、加快推进系统建设、切实提高数据质量、加强督促监管、强化政策保障五个方面加速推进重点用能单位的在线监测系统建设的推进

　　依照国家发展改革委环资司与国家节能中心联合颁布的《重点用能单位能耗在线监测技术规范（试行）》（以下简称《规范》）要求，重点用能单位能耗在线监测系统采用"国家平台＋省级平台＋重点用能单位端系统"的三级架构设计（图6-26），为各部委、各级节能主管部门和质监部门、重点用能单位等用户提供不同层次的服务。

　　依据规范，各级平台的部署方式及所提供的服务如下。

　　① 国家平台部署在国家电子政务外网和互联网，由国家发展改革委负责建设，主要功能是接入、汇总、分析各省级平台或重点用能单位直接上传的数据，为能源消费总量与强度"双控"及重点用能单位节能管理等工作提供支持。

　　② 省级平台是监测系统的区域性公共服务平台，部署在各省（区、市）电子政务外网和互联网，支持接入市级平台数据，至少应达到国家信息安全等级保护二级的要求。省级平台由省级节能主管部门、质监部门负责建设，优先使用政务云等计算资源。主要功能是接收本区域内重点用能单位上传和能源供应单位提供的数据，支持按统一的技术标准通过前置机向国家平台发送数据，为本省节能主管部门、质监部门、重点用能单位等提供支持服务。

　　③ 重点用能单位端系统一般由能耗在线监测端设备、计量器具、工业控制系统、生产监控管理系统、管理信息系统、通信网络及相应的管理软件等组成，部署在重点用能单位内部，由重点用能单位负责建设，主要为用能单位提供能源管理服务。重点用能单位端系统具备一端双发的能力，通过互联网以安全方式将采集到的数据上传至省级平台或国家平台。

　　依照《规范》，在技术支撑方面，重点用能单位能耗在线监测系统技术规范体系分为基础标准、技术功能标准、数据协议标准、安全检测标准、验收维护标准、能源计量器具标准和行业应用规范七大类（图6-27）。各级单位在构建系统过程中应当严格遵守系统建设的技术规范要求。

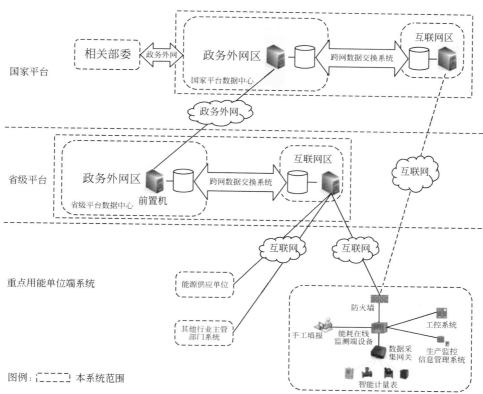

图 6-26　企业能耗在线监测系统三级架构图

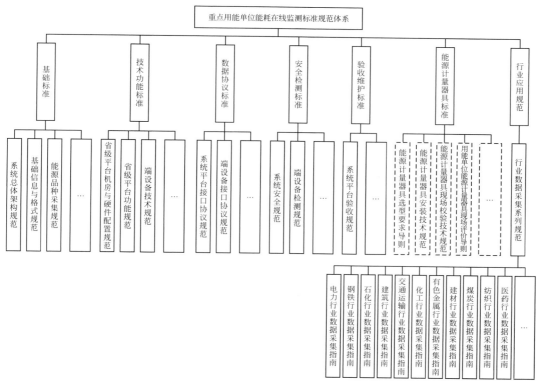

图 6-27　能耗在线监测系统技术规范总体框架图

　　智慧环境系统从出现到现在已经经历了开发期、导入期、成长期三大阶段，之后还会经历成熟期和随科技进步的发展阶段。随着技术的不断进步，智慧化管理平台控制技术方法不断革新，但在不同的发展阶段系统的组成部分并没有发生较大改变，从开发期到成熟期，智慧管理模式下的系统的构架都是由设备层、技术层、网络层来构成，它们在整体中发挥着重要的作用。

　　① 设备层是连接于网络中用于水、电、气等参量采集测量的各类型的传感器，包括企业各系列带通信网络的电力仪表、温湿度控制器、开关量监测模块以及合格供应商的水表、气表、冷热量表等，帮助实现现场数据的收集以及统计分析、展示、评价、控制、预警等多项功能。

　　② 技术层利用智能网关采集设备层数据，进行规约转换（将数据经过一定的规则进行变化）及存储，将数据上传至管理平台、网络。

　　③ 网络层包含网页服务器和数据服务器，可在 PC 端或移动端实现应用工业企业智能能耗管理系统，将有效帮助企业实现对生产能耗的可视化管控，实现能源的合理分配，在保证生产效率的同时提高能源利用率，节省能源，减少浪费。

　　在企业的实际智能控制系统的应用中，三层构架协同反馈与连接发挥着重要的作用，它们之间的关系与功能作用可用图 6-28 表示。

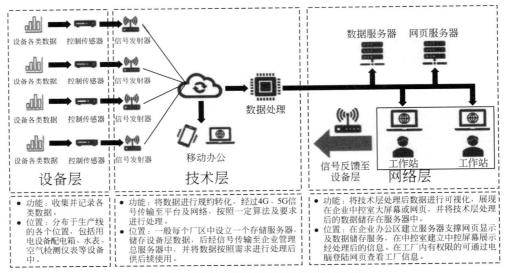

图 6-28　企业智慧能效管理工作架构及相互关系

　　在工业企业的环保领域，上述构架帮助建立了智慧化、智能化的环境保护及碳排放管理体系，在废水、废气、固体废物、能源管理与碳排放协同关系领域该框架各部分发挥的作用以及相互作用见表 6-25。

　　智慧环保平台是一个庞大工程，在建设伊始，应规划设计系统总体方案，遵循全局规划、按步骤实施的理念，按发展阶段逐步落实具体功能需求，防止信息化系统在建设过程中，出现数据共享困难、重复建设以及系统运行维护费用多等问题。

　　综上所述，在工业企业的智慧资源-能源-碳管理综合平台设计工作开展中，设计人员要以功能目标为导向，对各方面问题进行全面考虑与综合分析，确保设计合理性和功能的针对性，保障系统平台具备较强可操作性，保障平台得到更好应用。

表 6-25　智慧管理框架在工厂管理中的作用

领域	实现功能			最终成果
	设备层	技术层	网络层	
生产原料资源消耗	原材料进厂、储存、使用、出厂变化量的监测与记录	• 分析数据，并将数据分类； • 储存数据，将数据上传云端储存	展示实时原材料储存消耗量	• 将各部门信息汇总后展示于总控室大屏幕或网页页面，实现实时监控，同时通过权限控制或自动控制来调整生产、处理过程中各设备运行情况； • 同时将所有过程消耗以及活动按照算法转化为碳排放，实现了碳排放实时监控与管理
废水处理	• 水质指标检测与记录； • 处理过程外加药物监控； • 各处理环节温室气体排放量实时监测	• 分析数据，并将数据分类； • 储存数据，将数据上传云端储存	• 展示实时水质水量指标； • 展示实时产生量； • 展示实时加药量； • 管理与控制处理设备的运行情况	
固体废物处置	• 固体废物种类统计； • 固体废物产生量； • 固体废物处理过程温室气体排放	• 分析数据，并将数据分类； • 储存数据，将数据上传云端储存	• 展示实时固废产生量； • 展示实时处理量； • 管理与控制处理设备的运行情况	
废气处理与排放	• 废气排放量统计； • 废气指标检测与记录； • 废气处理过程外加药物统计	• 分析数据，并将数据分类； • 储存数据，将数据上传云端储存	• 展示实时废气产生量； • 展示实时处理量； • 管理与控制处理设备的运行情况	
能源管理	• 厂区所有用电设施电能消耗统计； • 厂区范围生产用化石燃料用量统计； • 厂区中运载车辆汽油、柴油、天然气用量统计； • 厂区内热能消耗统计	• 分析数据，并将数据分类； • 储存数据，将数据上传云端储存	• 展示一定时间阶段各类能源、热能消耗量； • 通过远程控制实现对耗能设备运行的管理与控制	• 将各部门信息汇总后展示于总控室大屏幕或网页页面，实现实时监控，同时通过权限控制或自动控制来调整生产、处理过程中各设备运行情况； • 同时将所有过程消耗以及活动按照算法转化为碳排放，实现了碳排放实时监控与管理
碳排放管理	• 厂区内所有化石燃料用量汇总； • 厂区内所有电能、热能用量汇总； • 厂区内原材料、药剂等物料消费量汇总	• 分析数据，并将数据分类； • 将化石燃料消费、电力热力消费转换为直接与间接二氧化碳排放量； • 储存数据，将数据上传云端储存	实时展示来自厂区不同部门、不同区域的直接与间接碳排放情况	

6.6.3   工业企业资源协同能源-碳排放智慧管理平台构建建议

传统制造业企业向先进制造、智能制造转型，实现企业能源管理信息化及数字化，需要结合新一代信息技术、物联网技术与通信技术完成企业数据上云，国家正在推动的能耗在线监测系统平台的建设目的就是通过新时代信息化技术实现精细化用能管理，进而发挥节能增效的作用。

参照《规范》要求，企业级能效管理平台建设应充分利用现有先进、成熟技术和考虑长远发展需求，统一规划、统一布局、统一设计、规范标准、突出重点、分步实施，在实施策略上，应根据实际需要及投资金额，统一领导、统筹规划、标准化及核心业务重点推进，注重信息的共享和安全体系建设，保证系统建设的完整性和投资的有效性，建设先进而实用的单位能耗在线监测系统。

① 标准化和规范化原则。严格遵循国家电子政务有关法律法规和技术规范的要求，从业务、技术、运行管理等方面对项目的整体建设和实施进行设计，充分体现标准化和规范化。

② 开放性和可扩展性原则。系统结构应按照开放性和可扩展性原则设计。一方面，系统应采用开放性、标准化的平台设计以尽可能地利用已有的设备、软件及信息资源；另一方面，系统对于未来可能增添的新的功能、新的用户都应预留接口和二次开发 API，并符合电子政务相关技术标准，系统可以随形势的发展而不断扩展。

③ 技术的先进性和成熟性原则。在设计理念、技术体系、产品选用等方面应考虑先进性和成熟性的统一，以满足系统在很长的生命周期内有持续的可维护性和可扩展性。

④ 可靠性原则。系统应从系统结构、技术措施、设备选型和安装校验等方面综合考虑，确保系统整体运行的可靠性和安全性。

环保产业与高新技术的深度融合必将促进工业企业管理更加智慧化，在企业能源环保领域形成新的管理手段与模式，助力实现企业碳达峰、碳中和这一重大目标。

6.7   工业企业智慧化碳管理大数据平台

6.7.1   国内外大数据应用起源与发展历程

对于大数据，麦肯锡全球研究所给出的定义是：一种规模大到在获取、存储、管理、分析方面大大超出了传统数据库软件工具能力范围的数据集合，具有海量的数据规模、快速的数据流转、多样的数据类型和价值密度低四大特征。大数据技术的战略意义不在于掌握庞大的数据信息，而在于对这些含有意义的数据进行专业化处理。换而言之，如果把大数据比作一种产业，那么这种产业实现盈利的关键，在于提高对数据的"加工能力"，通过"加工"实现数据的"增值"。

在国内，2015 年 8 月 31 日，国务院以国发〔2015〕50 号印发《促进大数据发展行动纲要》（以下简称《纲要》）。《纲要》专设十个专栏强调在大数据应用过程中各行业应当注意的问题，这其中就包括工业大数据应用的问题。《纲要》指出工业大数据应当利用大数据推动信息化和工业化深度融合，研究推动大数据在研发设计、生产制造、经营管理、市场营销、售后服务等产业链各环节的应用，研发面向不同行业、不同环节的大数据分析应用平台，选择典型企业、重点行业、重点地区开展工业企业大数据应用项目试点，积极推动制造业网络化和智能化。这为大数据在实现工业环保以及实现"碳达峰、碳中和"目标上的应用指明了方向。

《纲要》发出后受到了社会各界的广泛响应，此后各级政府、主管部门相继发布了多项大数据应用政策，自此，我国大数据发展正式走上了快车道。表 6-26 列出了自《纲要》发表以来我国有关工业大数据应用的重要国家政策及内容。

表 6-26　2015 年以来我国有关工业大数据应用的重要国家政策及内容

颁布时间	政策名称	颁布单位	主要内容
2015 年 8 月	《促进大数据发展行动纲要》	国务院	推动资源整合，提升治理能力，推动产业创新发展，培育新兴业态，助力经济转型，提高管理水平，促进健康发展
2016 年 3 月	《生态环境大数据建设总体方案》	环境保护部	通过生态环境大数据建设和应用，在未来五年实现以下目标：实现生态环境综合决策科学化，实现生态环境监管精准化，实现生态环境公共服务便民化
2017 年 1 月	《大数据产业发展规划（2016—2020 年）》	工信部	探索工业大数据创新模式。支持建设一批工业大数据创新中心，推进企业、高校和科研院所共同探索工业大数据创新的新模式和新机制，推进工业大数据核心技术突破、产业标准建立、应用示范推广和专业人才培养引进，促进研究成果转化。开展标准应用示范。优先支持大数据综合试验区和大数据产业集聚区建立标准示范基地，开展重点标准的应用示范工作
2017 年 5 月	《关于推进水利大数据发展的指导意见》	水利部	促进业态发展，利用大数据支撑水治理体系和治理能力现代化，健全水利数据资源体系，深化水利数据开发应用
2018 年 4 月	《推动企业上云实施指南（2018—2020 年）》	工信部	大型企业可建立私有云，部署数据安全要求高的关键信息系统，将客户、供应商、生产各单元、员工通过共享云构架联系起来

续表

颁布时间	政策名称	颁布单位	主要内容
2020 年 2 月	《工业数据分类分级指南(试行)》	工信部	阐述了工业数据的基本概念,介绍数据分类、数据分级、数据分级管理情况
2020 年 5 月	《关于工业大数据发展的指导意见》	工信部	推动工业数据全面采集,加快工业设备互联互通,推动工业数据高质量汇集,统筹建设国家工业大数据平台,推动工业数据开放共享,激发工业数据市场活力,深化数据应用,完善数据治理

由此可见,目前从国家到地方都在积极推进大数据的发展与应用,对于各家工业单位厂商来说,应当紧跟科技潮流的感召,将大数据手段应用到工厂、产业链管理当中,为实现"双碳"目标提供科技保障。

6.7.2 国内企业碳排放大数据管理解决方案

随着近些年国家工业信息化进程脚步的不断加快,以及国际社会在工业现代化、工业4.0 等方面的不断演进,使得大数据技术在工业行业以及制造业方面也进行了比较深度的技术融合和应用融合。"工业 4.0"本质上是通过信息物理系统实现工厂的设备传感和控制层的数据与企业信息系统融合,使得生产大数据传到云计算数据中心进行存储、分析,形成决策并反过来指导生产。大数据的作用不仅局限于此,它可以渗透到制造业的各个环节发挥作用,如产品设计、原料采购、产品制造、仓储运输、订单处理、批发经营和终端零售。

随着管理的应用以及政策的深化,大数据在碳中和方面应用的案例也越来越丰富。现在领域内已经有几家代表性的企业研究出了相关的平台建设方案来帮助企业实现碳排放的智慧化管理,下面列出了全国范围内较知名、应用较广的企业碳足迹管理解决方案。

案例二:公众环境研究中心(IPE)+蔚蓝地图

公众环境研究中心(Institute of Public and Environmental Affairs,IPE)是一家在北京注册的公益环境研究机构。自 2006 年 6 月成立以来,IPE 致力于收集、整理和分析政府和企业公开的环境信息,搭建环境信息数据库和蔚蓝地图网站、蔚蓝地图 APP 两个应用平台,整合环境数据服务于绿色采购、绿色金融和政府环境决策,通过企业、政府、公益组织、研究机构等多方合力,撬动大批企业实现环保转型,促进环境信息公开和环境治理机制的完善。

在大数据方面,该平台在继续维护与完善已有数据基础之上,努力开拓新数据源,保障数据多样性、完整性及全面性。2019 年,蔚蓝地图数据库中涵盖企业数量实现 287 万家的增量,达到 609 万家,企业监管记录录入量达 37 万条以上,监管记录突破 160 万条大关。与此同时,2019 年增加标杆企业数据、安全监管数据、个人监管记录等数据类型,数据类型总数达到 40 种以上。

目前该平台全面收录 31 省、337 地级市政府发布的环境质量、环境排放和污染源监管记录,以及企业基于相关法规和企业社会责任要求所做的强制或自愿披露。IPE 平台目前可提供以下三种类型服务。

① 蔚蓝地图网站:全面展现各类环境数据和 IPE 项目成果,也是开展绿色采购和绿色金融的重要工具。

② 蔚蓝地图 APP:实时环境信息+新媒体传播。

③ 数据服务:整合政府和企业公开的环境信息,为公益组织、研究机构、商业机构等提供高质量的环境数据。

在碳管理方面,蔚蓝低碳地图数据库是中国首个公开的温室气体排放数据库,涵盖区域层面与企业层级排放数据,蔚蓝低碳地图将有助于识别重点区域以及重点排放源,持续累积的数据也将会成为品牌企业管理供应链温室气体排放的重要依据。蔚蓝低碳地图数据库的开发得到了权威专业机构的鼎力支持。首期推出的蔚蓝低碳地图覆盖 293 个城市的 2015 年度温室气体排放总量、人均排放量、单位 GDP 排放量以及分气体种类的 18 组数据。企业碳数据达到 3864 条,数据源包括 184 条企业自行发布的碳数据、47 个供应商 CDP 问卷数据及 PRTR 温室气体数据。

案例三:CAMP 碳足迹管理软件

CAMP 是由碳阻迹公司开发的一款适用于企业的碳足迹监控与管理软件,碳阻迹公司是中国第一家专注于碳排放管理的软件及咨询服务提供商,专业为企业机构提供碳排放管理的咨询、培训、软件以及碳中和等产品和服务,碳阻迹是国家高新技术企业和中关村高新技术企业。该公司核心产品是自主研发的"企业碳排放计量管理平台",这是中国第一款面向组织的碳排放管理软件,目前已经取得数十项软件著作权,作为中国唯一代表入围世界银行的气候变化软件大赛,并且"企业碳排放计量管理平台"软件项目入围英国大使馆文化教育处"绿色生活行动"的前六强。该软件已经拥有超过 100 家国内外客户。该公司是联合国可持续消费合作伙伴,与碳信息披露组织(CDP)有多年合作经验,同时拥有目前全国最全的碳排放因子库。

CAMP 目前历经四代发展(表 6-27),该产品的研发初衷是在中国作出了 2030 年碳排放达峰以及 2030 年比 2005 年碳强度减少 60%~65%的目标承诺的背景下,帮助企业实现碳排放信息化管理,并实现最低成本履约,甚至从碳市场获益。

表 6-27 CAMP 碳排放管理软件开发历程

名称	开发时间	功能
第一代 CAMP	2011 年	按照国际碳核算标准 ISO 14064 以及英国 Defra 核算方法和数据为企业进行碳排放的核算。产品客户覆盖全球 10 余个国家
第二代 CAMP	2012 年	按照国际标准 ISO 14064 以及《温室气体核算体系》(GHG Protocol)核算,面向中国客户开发的碳管理平台,主要功能:量化、分析、管理以及报告

续表

名称	开发时间	功能
第三代 CAMP	2014 年	为上海 191 家控排企业提供碳排放管理平台——碳管家。按照上海碳核算指南进行碳排放的核算,并实现了配额预测、碳减排技术对接以及低碳资讯等功能
第四代 CAMP	2015—2018 年	为各行业各领域的企业机构定制化开发碳管理系统,包括电力、钢铁、玻璃、陶瓷、水泥、民航等行业的碳核查系统以及碳资产管理系统

该软件可以实现的功能有量化、分析、管理、报告以及补充功能。

① 量化——碳排放核算:根据国际国内碳核算标准进行碳排放的科学计算。碳核算相关功能可以涵盖核算、核查、阈值以及接口管理等。

② 分析——智能分析:通过数据进行智能分析,对标行业排放水平;预测未来排放量;为企业碳减排以及开展碳交易提供碳管理决策建议。

③ 管理——集团管理:包括集团层面的层级管理、机构管理、用户管理、碳资产管理(配额及 CCER 等)以及碳减排项目流程管理等。

④ 报告——编译报告:参照国际国内碳排放报告格式自动生成可编辑、多格式的碳排放报告,满足碳交易、碳披露等不同诉求。

补充功能除了主要的量化、分析、管理以及报告的功能之外,比较通用的其他功能包括:GIS 系统搭建、低碳资讯、碳价预测、交易预警、节能减排技术对接、绿色会议、低碳能力建设平台等（图 6-29）。

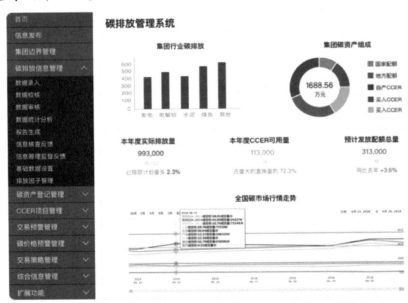

图 6-29　CAMP 企业碳排放管理软件操作界面

6.7.3　利用大数据进行智慧化碳管理的意义

针对当前工业领域节能碳减排面临的实际问题，结合当前流行的"大数据"技术是一条可行之路。目前，节能环保行业已具备应用大数据技术的基础条件。对照实际，结合大数据的技术特征，工业领域利用大数据进行节能碳减排发展有以下三个重要应用方向。

第一，利用大数据技术，对企业进行用能诊断，据此提供综合解决方案。进行用户行为分析和用户市场细分，使管理者能有针对性地优化生产经营组织，改善生产服务模式。另一方面，通过与外界数据的交换，及时捕捉市场需求，挖掘市场与各方面因素所隐藏的关联关系，完善市场需求预测模型，进而为各级决策者提供多维、直观、全面、深入的预测数据，主动把握市场动态。

第二，利用大数据技术，建立能源消耗信息网络，对企业用能和碳减排工作进行智能支持。通过能源消耗信息网络，可以随时查阅各个时间的用能情况及用能设备的节能情况、设备改造情况。可以对企业的耗能行为和能源市场细分，自动分析各企业的用能指标，计算能源消费弹性系数，对能耗趋势提前预警，对节能减排工作进行监督。

第三，利用大数据技术，深度开展数据挖掘工作，为节能环保决策提供数据支撑。通过海量数据（包含多个数据源的实时数据流和历史数据）输入，进行深度智能分析和建模，开发一套碳排放预测推演模型。通过系统的计算，可以大大提高针对节能减排决策的科学性。

大数据在企业碳排放智慧管理的应用除了帮助企业提高了碳管理水平，为实现"双碳"目标添砖加瓦外，对于企业的生产运营也起到了以下积极的作用。

① 加速产品创新。客户与工业企业之间的交互和交易行为将产生大量数据，挖掘和分析这些客户动态数据，能够帮助客户参与到产品的需求分析和产品设计等创新活动中，为产品创新作出贡献。

② 产品故障诊断与预测。这可以被用于产品售后服务与产品改进。无所不在的传感器、互联网技术的引入使得产品故障实时诊断变为现实，大数据应用、建模与仿真技术则使得预测动态性成为可能。

③ 工业物联网生产线的大数据应用。现代化工业制造生产线安装有数以千计的小型传感器来探测温度、压力、热能、振动和噪声。因为每隔几秒就收集一次数据，利用这些数据可以实现很多形式的分析，包括设备诊断、用电量分析、能耗分析、质量事故分析（包括违反生产规定、零部件故障）等。首先，在生产工艺改进方面，在生产过程中使用这些大数据，就能分析整个生产流程，了解每个环节是如何执行的。一旦有某个流程偏离了标准工艺，就会产生一个报警信号，能更快速地发现错误或者瓶颈所在，也就能更容易解决问题。

④ 工业供应链的分析和优化。当前，大数据分析已经是很多电子商务企业提升供应链竞争力的重要手段。例如，电子商务企业京东商城，通过大数据提前分析和预测各地商品需求量，从而提高配送和仓储的效能，保证了次日货到的客户体验。物联网技术以及移动互联网技术能帮助工业企业获得完整的产品供应链的大数据，利用这些数据进行分析，将带来仓储、配送、销售效率的大幅度提升和成本的大幅度下降。

6.7.4　大数据披露对碳中和的支撑作用

大数据是实现碳中和目标的加速器，开发挖掘具有多样性的大数据，有助于推动大数据在实现碳中和目标下所有场景中的应用。碳中和大数据的意义不仅仅在于体量大，更重要的在于数据来源及数据结构的丰富多样。实现碳中和目标的手段和路径不一，其中最基本的方式是改变能源结构，其次是通过自然以及技术手段增加碳汇。只有将所有方式汇集起来，才能更好地服务于碳中和目标的实现。

（1）大数据对实现碳中和目标起到的作用

2021年2月，中国电子节能技术协会牵头组建了碳中和大数据研究院，他们表示，大数据的收集与披露将会对实现碳中和目标起到支持作用，表现在以下两点。

① 碳排放数据的收集及碳捕集、清洁能源等相关领域的技术汇集，能让企业和区域政府对排放现状做到心中有数，让减排计划有的放矢。

② 在此基础上，进一步推动碳税、碳交易平台建设相关政策的制定，主动服务政府决策、社会治理、社会用能等各方面的需求，提升区域及产业碳数据的智能开发与利用水平，切实服务碳中和目标下的区域及产业发展需要。让大数据作为新动能驱动产业及能源结构升级，用数字化驱动生产生活方式绿色转型，为实现碳达峰、碳中和目标提供有力支撑。

（2）大数据在碳中和推进过程中起到的作用

除对宏观层面的支持，大数据在碳中和推进过程中也扮演着以下重要的作用。

① 为碳交易市场提供数据支撑。基于工业物联网产生的大数据能够对企业涉及的生产、经营等各环节的碳排放量进行精确的跟踪和计算。大数据也能作为MRV（碳排放监测/报告/核算体系）的重要数据来源与分析基础，确定排放单位的历史碳排放量和排放强度，对其随时间变化的情况进行测算，解决企业自报排放量与核查数据之间的分歧，支持生态环境部门对企业进行高效、准确的排放配额。

② 帮助提供高效的数字化方案。中国温室气体排放主要来自能源、工业、交通、建筑、农业和土地利用几大部门。通过全面的数字化转型，行业和组织能够对提升自身业务碳排放的监测效率和能源应用进行管理；利用动态时空数据的边缘智能，能更有效提升可再生能源的边际成本管理与应用效率。例如，通过对电网基础设施全面数字化，结合发电侧与电力应用端的时空数据，发挥电网与电力配给的灵活性，合理降低用电成本。

6.8　工业企业全生命周期管理与绿色低碳发展

在国务院发布的《中国制造2025》中，将绿色发展作为制造业今后发展的五大方针之一，全面推行绿色制造和强化产品全生命周期绿色管理，以绿色标准为支撑，开发绿色产品，开展绿色评价，加强试点示范企业的引领作用。

在绿色发展理念的指导下，制造企业大力实施绿色制造工程，加大先进节能环保技术、工艺和装备的研发力度，加快绿色改造升级；积极推行低碳化、循环化和集约化，提高制造业资源利用效率；强化产品全生命周期管理，努力构建高效、清洁、低碳、循环的绿色制造体系。

随着信息化建设的不断深入，产品全生命周期管理（PLM）已经被人们普遍接受且蓬勃发展。所谓 PLM，就是指从人们对产品的需求开始，到产品淘汰报废的全部生命历程。PLM 是一种先进的企业信息化思想，它让人们思考在激烈的市场竞争中，如何用最有效的方式和手段来为企业增加收入和降低成本。

6.8.1　产品全生命周期管理的基本概念及发展历程

随着产品全生命周期概念研究的深入，对于产品全生命周期数据的集成、共享、存储、交互和传递问题的认识也相应地得到发展，从而形成了产品全生命周期管理的概念，并发展了一系列相关技术，形成了完整的理论方法。从 20 世纪 90 年代至今，产品全生命周期管理技术已成为全球制造业关注的焦点。

（1）产品全生命周期管理的基本概念

由于不同行业和企业的需求和特点不同，产品全生命周期管理的具体含义和实施内容也有所不同。从数据的角度来看，产品全生命周期管理包含了完整的产品定义信息；从技术的角度来看，产品全生命周期管理结合了一整套技术和最佳实践方法，包括产品数据管理、协同产品商务、方针、企业应用集成、零部件供应管理等；从业务的角度来看，产品全生命周期管理沟通了产品供应链上所有的原始设备制造商、转包商、外协厂商、合作伙伴以及用户，能够开拓潜在业务并且整合先进的技术和方法，高效地将新产品推向市场；从发展趋势的角度来看，产品全生命周期管理正在迅速地从一种竞争优势转变为竞争必需品，成为企业信息化的必由之路。到目前为止，产品全生命周期管理的定义还没有完全统一，CIM Data、西门子公司等均对产品全生命周期管理给出了定义。

（2）产品全生命周期管理功能

产品全生命周期管理就是从用户提出需求至产品被淘汰的整个过程进行严格的流程控制管理。包括产品需求管理、产品论证管理、产品绩效管理、产品关停并转管理、产品档案库、产品 360 度视图和流程引擎及工作台（图 6-30）。

对产品全生命周期管理最好的诠释是产品需求管理（设计）、产品论证管理（测试）、产品关停并转管理（下线）。

对产品分析管理的是产品绩效管理（过程跟踪）、产品档案库（产品归档）、产品 360 度视图（资费分析）。

而流程引擎（开关）是此系统的基础功能，提供产品生命周期中各种流程的发起、流转、监控等功能。

以下以某通信企业为例，介绍各项功能具体作用如下。

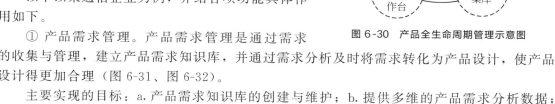

图 6-30　产品全生命周期管理示意图

① 产品需求管理。产品需求管理是通过需求的收集与管理，建立产品需求知识库，并通过需求分析及时将需求转化为产品设计，使产品设计得更加合理（图 6-31、图 6-32）。

主要实现的目标：a. 产品需求知识库的创建与维护；b. 提供多维的产品需求分析数据；c. 能向其他系统或模块发送产品的需求信息。

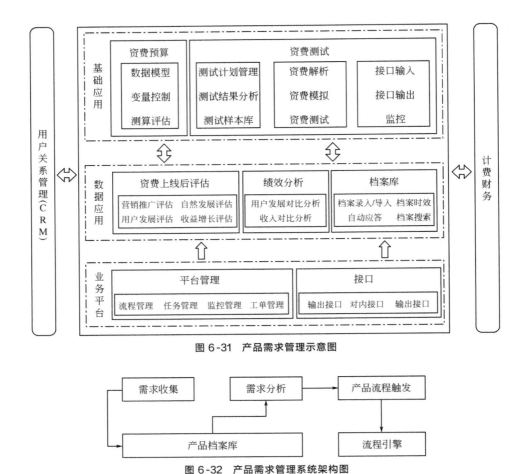

图 6-31 产品需求管理示意图

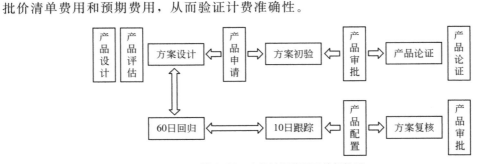

图 6-32 产品需求管理系统架构图

② 产品论证管理。产品论证管理提供一个内部的双向闭合流程，这个流程包含从方案设计、方案初验、产品论证、方案复核、10 日跟踪到 60 日回归的整个过程，并对这个过程实施监控（图 6-33）。其中的产品论证是在资费参数和计费账务系统改造上线前，生成模拟用户资料和模拟话单，设置话单预期费用，调度计费账务系统进行批价，资费测试系统对比批价清单费用和预期费用，从而验证计费准确性。

图 6-33 产品论证管理系统架构图

主要实现的目标：a.降低资费误差，保证新增资费、修改的资费和升级改造的批价程序计费准确性；b.提高工作效率，提高资费配置准确率，提高资费配置效率，减少资费配置工作量；c.业务部门参与测试，进一步了解资费执行情况，便于制定宣传或解释口径；d.资费推荐，让用户了解资费执行的情况，通过资费推介选择适合自己的资费；e.资费监控，自动对资费执行回归测试，监控资费参数是否被修改；f.资费叠加分析，验证资费叠加是否产生过度优惠、资费不准确等情况。

③ 产品绩效管理。运营后，对产品进行跟踪，实时了解产品状态，预测产品趋势，定位产品所处生命阶段。对于无效益产品可及时停止或者合并，提高企业效益。产品绩效管理是分析产品效益的过程，主要包含新增产品绩效预测和在线产品绩效分析两方面（图 6-34）。

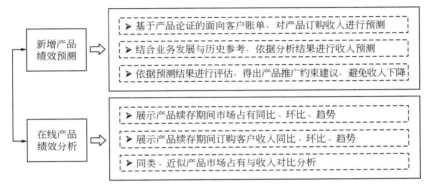

图 6-34　产品绩效管理系统架构图

a.系统架构。新增产品绩效预测是在产品设计时综合各方面的因素对产品资费的绩效作出预测评估。在线产品绩效分析是产品上线后对产品绩效进行分析的过程。

b.实现目标。产品绩效管理包括当月在网用户数、新入网用户数、离网用户数统计、出账金额、缴费金额统计，用户通话时长、短信条数、GPRS 流量统计，以及根据历史数据分析产品的用户数和收入发展趋势。支持根据预设的产品用户数增长阈值，分析产品所处生命周期。

④ 产品关停并转管理。即产品下线，可以说是这个产品的生命结束，但是任何一个实例产品都有参考价值，归档后可为后期的产品设计提供参考。产品的关停并转管理是建立在产品绩效分析的基础上，评估产品的成本、效益和风险，提交领导逐级审批执行，并对整个过程进行监控（图 6-35）。

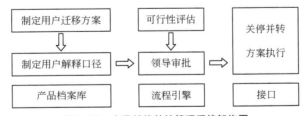

图 6-35　产品关停并转管理系统架构图

实现目标：实施产品关停、合并之前，参考以前的方案，制定对存量用户的产品迁移方案、对用户解释口径，并经过领导审批。为执行关停并转方案，本模块需要与 BOSS 系统建立资费信息修改接口及用户资料变更接口，以及与客服系统的解释口径发布接口。

⑤ 产品档案库。将所有产品进行归档，为后期其他产品设计上线提供参考。

⑥ 产品 360 度视图。简单说就是产品资费分析，给用户提供最好的产品及资费非常重要，如果有了产品资费分析及时了解产品在各种场景下的资费，并能够准确地提供最合理的产品推荐，可以极大地提高用户满意度（图 6-36）。产品 360 度视图支持分别对产品、营销案、资费从多个角度进行分类，提供快速查找功能（图 6-37）。屏蔽参数配置细节，展示产品、营销案、资费业务信息。

图 6-36　产品 360 度视图

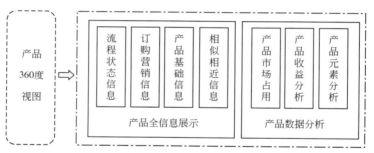

图 6-37　产品 360 度视图系统架构图

⑦ 流程引擎及工作台。以上流程均需流程引擎来控制，这是整个流程的开关系统。

可见，PLM 是一种极具潜力的商业 IT 战略，它专注于解决企业如何在一个可持续发展的基础上，开发和交付创新产品所关联的所有重大问题。从业务上说，PLM 能够开拓潜在业务并且能整合现在的、未来的技术和方法，以便高效地把创新和盈利的产品推向市场。从发展上说，PLM 正在迅速地从一个竞争优势转变为竞争必需品，成为企业信息化的必由之路。

（3）产品全生命周期管理的信息

① 产品全生命周期信息的构成。产品全生命周期管理强调的是以流程为中心，用过程协同驱动的方式使产品在整个全生命周期数据协同。作为协同的载体，产品全生命周期管理的产品数据不仅仅包括与产品本身相关的数据信息，而且涵盖产品全生命周期数据信息，具体包括用户需求信息、产品在各个全生命周期阶段内的数据信息、工艺信息、制造信息、销售服务信息，以及产品设计的过程信息和环境信息等。它们种类繁多、格式复杂，且动态多变。

根据数据信息在企业中所起的不同作用，可将产品数据信息归纳为以下一些内容：a. 技术文档；b. 工程设计与仿真分析数据；c. 工艺数据；d. 生产管理数据；e. 维修服务文档；
f. 其他专用文件。

　　② 产品全生命周期信息数据的交换与共享。制造企业的产品设计与制造活动，是对产品全生命周期不同阶段信息的描述、交换和处理的过程。在整个产品全生命周期中，制造企业的不同部门在不同的应用领域使用了计算机应用系统，产生了大量的技术数据和商务信息。产品全生命周期中应用到的计算机系统包括：产品研发领域的 CAX（CAD、CAE、CAM、CAPP），产品数据管理（PDM）系统；生产制造领域的制造执行系统（MES）、柔性制造单元（FMC）、计算机辅助质量管理（CAQ）、计算机辅助检测（CAT）等；企业管理领域的管理信息系统（MIS）、办公自动化（OA）、企业资源计划（ERP）系统；企业商务领域的供应商关系管理（SRM）、用户关系管理（CRM）、电子商务（EB）等系统。图 6-38～图 6-40 所示为不同信息集成示意。

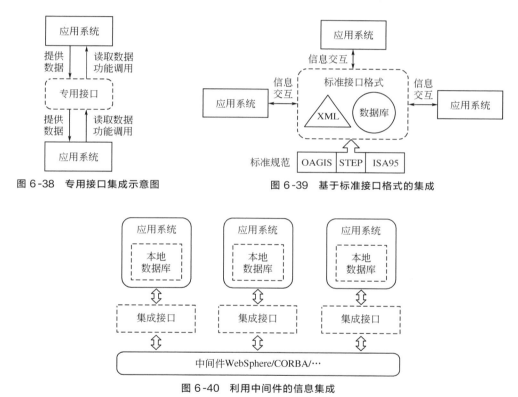

图 6-38　专用接口集成示意图　　图 6-39　基于标准接口格式的集成

图 6-40　利用中间件的信息集成

（4）产品全生命周期管理的发展过程

　　产品全生命周期管理的前身和核心技术是产品数据管理技术（PDM）。产品数据管理技术的雏形源于 20 世纪 80 年代中期，是从 CAD/CAM 和工程设计领域产生出来的。随着制造业的不断发展以及各种先进技术的运用，人们认识到了对此类的产品数据进行管理的重要性，于是出现了产品数据管理技术。PDM 从出现到今天只有 20 年的时间，几经演化、发展成为今天的产品全生命周期管理（PLM）。

　　① 第一阶段：支持计算机辅助工具的信息集成和其文档管理阶段。最初，为了解决由 CAD 产生的大量的产品制图的存储和检索问题，以及此类文件的版本约束问题，在广泛使

用 CAD 的基础上，企业自行开发了一套管理其产品设计 CAD 文件的管理方式并形成系统，来跟踪由 CAD/CAM 产生的文档，并对其版本进行控制。这就是早期的 PDM/PLM。此后，在文档管理的基础上，又增加了将图形文件与产品结构中相关信息连接起来的能力，提供了对产品结构和配置的管理功能，形成了 PDM 最典型的几个功能模块。这时的 PDM 产品仅在一定程度上缓解了"信息孤岛"问题，仍然普遍存在系统功能较弱、集成能力和开放程度较低等问题。

② 第二阶段：支持过程集成和虚拟产品开发阶段。20 世纪 90 年代初期，由于并行工程等一系列先进制造思想的发展，各 PDM 的软件供应商在不断完善其 PDM 产品的信息集成能力的同时，增加了工作流程管理的功能模块，并制定了若干标准的"审核"工作流程和"变更"工作流程模板。此外还开发了标准的产品对象建模方法管理产品信息，以及文档签入、签出、文档发布保护等各种必需的功能。这个时期的 PDM 产品已经较为成熟，而且作为企业的产品开发平台，集成其他计算机辅助工具支持产品的虚拟开发，注重产品在开发过程中的协同工作，因此在此期间，这类 PDM 产品及其扩展功能也有诸多新名称。

③ 第三阶段：支持企业间协同工作和全面的产品全生命周期管理阶段。PLM 整合了包括 CPC（协同产品商务系统）在内的各种概念，用来描述企业及其伙伴从上到下整个对其产品生命周期中的智力资产和信息各种相关活动进行管理的解决方案。事实上，PDM 仍然是 PLM 的核心部分，只是 PLM 已经并非单一的技术，而是为了提高企业产品竞争能力所实施的战略性方案。整个产品全生命周期管理（PLM）技术发展过程如图 6-41 所示。

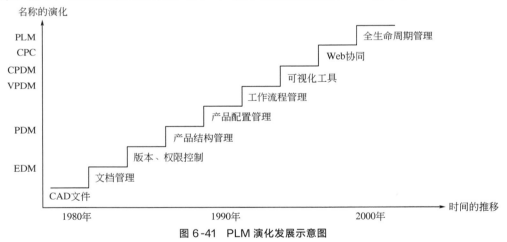

图 6-41　PLM 演化发展示意图

PLM，并不是一种简单的"系统集成"，例如把一个 PDM、两个 CAD，再来一个数字化装配，加之连接上某个 ERP（企业资源计划系统）或是 SCM（供应链管理系统）系统，辅之以 Web 技术，就是"PLM"系统了。首先要理解到，由于 PLM 策略是完全服务于不同的商业使命，因而它需要更复杂的系统体系结构，构建一个面向更广泛的商业使命的生命周期财富管理系统。

6.8.2　工业企业绿色低碳发展的现状

20 世纪 90 年代以来，世界各国，特别是西方发达国家的大公司、大企业对现代化企业的"绿色转变"高度重视，探索绿色工业的实践不断发展。先进企业都在竞相生产绿色产品，开展绿色营销，争取绿色商标，推行绿色管理，加强绿色教育。绿色工业成为 21 世纪现代企业发展的主导潮流和基本实践。"十三五"期间，我国积极探索一条破解资源环境瓶颈约束的工业绿色转型发展道路，对生态环境改善和能源资源节约作出了积极贡献。

为贯彻落实《工业绿色发展规划（2016—2020 年）》《绿色制造工程实施指南（2016—2020 年）》，加快推动绿色制造体系建设，需率先打造一批绿色制造先进典型，发挥示范带动作用。截至目前，我国已经公布了五批绿色制造名单，总计创建了 2126 家绿色工厂、2170 种绿色设计产品、172 家绿色园区、189 家绿色供应链示范企业（图 6-42）。已经发布了开展 2021 年度绿色制造名单推荐工作的通知。

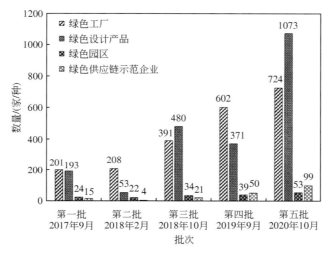

图 6-42　已公布的绿色制造示范统计结果及重要通知

（1）绿色设计产品

"十三五"以来，工业产品绿色设计的政策体系建设深入推进，政府引导与市场推动相结合的推进机制得到进一步完善。经过近十年的努力，我国已经初步建成产品绿色设计政策体系（图 6-43）。产品绿色设计政策已经由一种生命周期绿色发展理念，逐步经过顶层设计、政策设计、具体措施，初步形成了可操作、可复制、可持续的政策管理体系。绿色设计产品区域分布情况如图 6-44 所示。另外，绿色产品总计涉及 58 大类，超过 100 种的类别依次为家用电冰箱、家用洗涤剂、复合肥料、水性建筑涂料、房间空气调节器等。

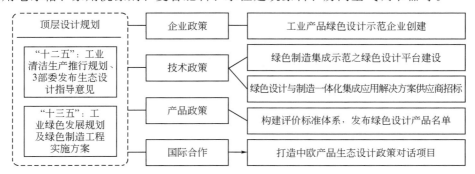

图 6-43　我国产品生态设计政策体系框架

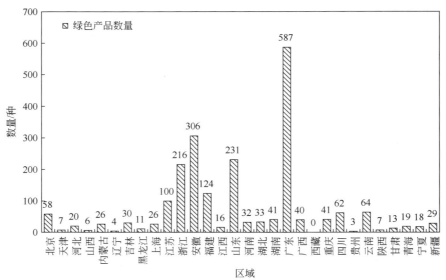

图 6-44　前五批绿色设计产品区域分布情况

（2）绿色工厂

《中国制造 2025》明确提出将建设绿色工厂列为重点工作，目前已创建 2126 家绿色工厂，分布各地区各行业。从行业分布来看，五批绿色工厂排在前五名的分别是电子、机械、轻工、建材、食品，除去只入选了 1 家的矿山及 4 家船舶外，排在后五名的分别是综合利用、石化、造纸、钢铁、纺织（图 6-45）。可见轻污染行业的企业占比较高，相反重污染可能相对就少一些，这也可以理解，因为绿色工厂一个很重要的评价维度就是环保和污染排放，重污染行业的企业入围相对困难。从绿色工厂区域分布来看，全国 30 多个省市自治区都有企业获批了绿色工厂，2126 家绿色工厂基本覆盖全国各地、大江南北，虽说西部工业相对落后，但申报热情不减，特别是新疆绿色工厂数量，甚至超过很多内地省份，绿色工厂区域影响力凸显。

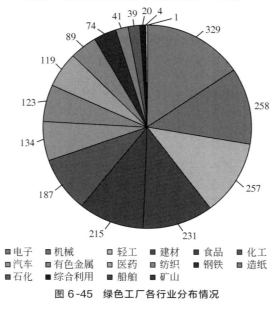

图 6-45　绿色工厂各行业分布情况

图 6-45 彩图

（3）绿色供应链

前五批绿色供应链管理示范企业分布于 9 大行业，如图 6-46 所示。

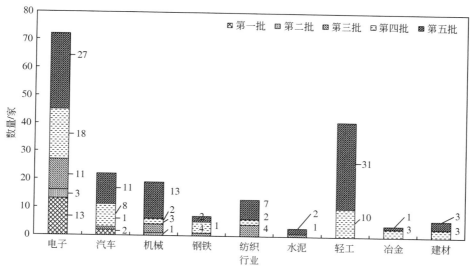

图 6-46　前五批绿色供应链管理示范企业行业分布图

据统计，"十三五"期间，全国提前出清 1.4 亿吨"地条钢"产能，为产业转型升级腾出新空间；累计推广绿色产品近 2 万种，拉动了绿色消费增长。但总体来看，我国低水平产能过剩问题仍然突出，产业创新能力有待进一步提高。如今资源能源利用效率、绿色制造水平已成为衡量国家制造业竞争力的重要因素，在这种背景下加快制造业绿色转型时不我待，必须着力挖掘绿色增长潜能，培育制造业竞争新优势。

6.8.3　工业企业绿色低碳发展的方向、趋势与展望

（1）国外工业绿色低碳发展的经验和启示

我国人口众多、资源相对不足、生态环境脆弱，发展方式比较粗放，资源环境对发展的约束越来越明显，工业绿色发展面临一系列严峻的挑战。与此同时，我国工业绿色发展也面临着一系列难得的战略机遇：一是资源消耗和污染物排放总量接近拐点；二是产业深度变革蕴含赶超机遇；三是制度变革日益深化。总结发达经济体推进工业绿色发展的经验，主要有以下三个方面。

① 政府激励引导。美国等发达国家提出了"重振制造业"计划，重点放在信息、新能源、新材料、生物医药等新兴产业上，加大对新兴技术和产业的投资，支持绿色经济发展。欧盟对绿色产业和低碳化发展采用技术推进和市场拉动并举的政策手法，一方面，加大技术研发投入；另一方面，完善排放权交易体系。美国重点加快新能源产业发展，联邦和州政府采取各种税收激励措施，鼓励企业和个人使用可再生能源，积极发展智能电网；积极布局新兴技术领域，实施《美国制造业创新网络计划》。总体来看，发达国家政府所采取的措施大多围绕两个重点：a.强调信息技术的深度应用，推动生产方式向集约节约转变；b.突出能源转型。

② 产业界积极响应。发达国家的汽车、钢铁、家电、化工等传统产业面对低碳、绿色

发展的大环境，在加快中低端产能向发展中国家转移的同时，也在技术升级、产业融合方面做出更为积极的响应。这些传统产业加快合纵连横，组建各类战略联盟，共同攻克新技术难关，推进行业绿色转型。应该看到，以信息技术为支撑的制造业服务化成为发达国家当前产业发展的一个重要特征。目前，发达国家工业部门正在由单纯的产品制造转变为围绕着产品生产提供全价值链的服务。制造业服务化在一定程度上改变了要素配置的结构和方式，降低了工业对自然资源的依赖和消耗，成为传统产业绿色转型的重要助推力。

③ 企业自主行动。面对日益加剧的资源约束和环境压力，发达国家企业经历了由被动适应到主动转型的过程。20 世纪中后期，德国制造企业曾经反对政府实行环境税等环保和减排措施。但随着形势变化，德国企业逐步认识到减排是大势所趋，开始采取自主管制的方式，即在产业联盟主导下，由产业界的 5 个全国性组织和 14 个行业协会自主确定减排目标，实施减排计划。相对美国政府在较长时间内对节能减排的消极态度，美国大企业走在了政府的前头。2002 年，柯达、通用电气、通用汽车等大企业与美国环保署结成伙伴关系，开始施行"气候领导者计划"，旨在通过自主减排使企业在应对气候变化中发挥更积极的作用。

(2) 我国工业绿色低碳发展面临的机遇和挑战

① 中国发展仍然处于重要战略机遇期，机遇和挑战都有新变化。在新发展阶段，要贯彻新发展理念，从数量追赶转向质量追赶，从规模扩张转向结构升级，从要素驱动转向创新驱动，从分配失衡转向共同富裕，从高碳增长转向绿色发展。生产环节重在畅通创新链、产业链和供应链，流通环节重在构建现代流通体系特别是畅通金融业与实体经济循环，消费环节重在扩大居民消费、推动消费升级，分配环节重在缩小居民收入分配和城乡收入差距，形成以国内大循环为主体、国内国际双循环相互促进的新发展格局。

② 碳达峰、碳中和成为工业绿色低碳发展的重要导向。碳达峰、碳中和，对重点行业领域既是挑战也是机遇。中国是全球制造业第一大国，制造业成为碳排放的一个重要来源。只有落后技术，没有夕阳产业。钢铁、水泥、石化、建材等高耗能、高排放产业发展空间将受到制约，必须由规模化粗放型发展快速转向精细化高质量发展，产业链价值链必将全面升级，传统产业中技术、工艺、装备、产品等创新升级的领先企业将得到更好发展机遇和更强市场竞争力；新能源、节能环保、高端制造、清洁生产等新兴产业凭借自身的低碳属性和高技术禀赋，将迎来新一轮快速发展。

③ 新技术革命可以催生更高质量的绿色产品。新科技革命的核心是数字化、网络化和智能化，网络互联的移动化、泛在化以及信息处理的高速化、智能化，正在促进创新链、产业链的代际跃升。移动互联技术向物联网快速拓展，计算技术向高性能、量子计算发展，大数据技术促使人类生产生活方式全面数字化。经济社会活动的数字化，使劳动力、土地等传统生产要素的地位相对下降，人力资本、技术和数据正在成为重塑各国竞争力消长和全球竞争格局的重要因素，数据规模、数据采集存储加工能力和数据基础设施，正成为大国竞争的制高点。

④ 工业低水平产能过剩问题仍然突出，创新能力有待进一步提高。总体上看，虽然制造业投资增长仍显乏力，重点高技术领域"卡脖子"仍然突出，但这些都是发展中的问题，推进工业经济高质量发展仍具有很多机遇和有利条件。例如，新一轮科技革命和产业变革进入加速突破期，为制造业转型升级提供了重要依托和广阔空间。完整的工业体系和强大配套能力、超大规模的国内市场，为工业经济提质增效提供了坚实保障。要把握战略机遇，善于

在危机中育先机、于变局中开新局，不断增强工业竞争力、创新力和影响力，在现代化建设新征程中创造绿色低碳高质量发展新奇迹。

（3）未来我国工业绿色低碳转型发展方向

"十四五"规划纲要明确了未来五年经济社会发展主要目标和 2035 年远景目标。工业绿色低碳发展要主动对表对标，坚持目标引领、问题导向、过程控制、绩效管理，完善举措，强化创新驱动、改革推动、融合带动，以更大力度推进制造强国建设，为全面建设社会主义现代化国家开好局提供有力支撑。

① 着力推进工业绿色化，构建绿色制造体系。从产业布局、结构调整、全生命周期环境管理、技术创新与推广、激励和约束机制等方面下力气，把绿色发展理念贯穿于工业经济全领域、工业生产全过程、企业管理各环节。要持之以恒地抓好工业节能减排降碳，在重点行业领域建设绿色示范工厂，大力发展绿色园区，不断完善绿色采购标准和制度，打造绿色低碳供应链，践行生态环境保护、节能减排等企业社会责任。

② 持续推进产业结构优化升级。实施重大技术改造升级工程和质量提升行动，推广节能环保低碳技术与产品，提升产业整体水平。推动集成电路、5G、新能源、新材料、高端装备、新能源汽车、绿色环保等战略性新兴产业的发展壮大。健全优质企业梯度培育体系，大力培育专精特新"小巨人"企业、制造业单项冠军企业和具有生态主导力、核心竞争力的产业链龙头企业。

③ 加快提升产业创新能力。应当聚焦集成电路、关键软件、关键新材料、重大装备以及工业互联网，着力增强核心竞争力。大力发展超低排放、资源循环利用、传统能源清洁高效利用等绿色低碳技术，加速绿色制造发展。支持行业龙头企业联合科研院所、高等院校和中小企业组建创新联合体，打造绿色制造研发及推广应用基地和创新平台，加快创新成果应用和产业化，加快现有产业数字化转型。

④ 着力提升产业链、供应链自主可控能力。要分行业做好战略设计和精准施策，突出现有产业集群功能，在产业优势领域精耕细作，挖掘产业链存量潜力，布局新兴产业链。实施制造业强链、补链行动和产业基础再造工程，布局新兴产业链，塑造未来发展新优势。实施制造业强链补链和产业基础再造工程，从进口替代入手推动产业结构升级、提升产品附加值和科技含量，构建自主可控、安全可靠的国内生产供应体系。

⑤ 推动工业化、信息化和绿色化协同发展。严控重化工行业新增产能，完善产能信息预警发布机制。制定重点行业领域碳达峰行动方案和路线图，制定配套法律法规，完善回收利用体系和标准。加快推进新型基础设施节能降碳、合理布局；大力推进工业节水和水污染治理。推动重点行业企业定期开展节水诊断、水平衡测试。继续推进资源综合利用基地建设工作，促进工业固体废物综合利用；推动电子电器、废塑料等再生资源回收利用；推动重点产业循环链接；大力发展再制造产业，实现效率变革。

⑥ 紧扣双循环新发展格局，共建绿色丝绸之路。要聚焦制造业比重基本稳定，落实要素市场化改革举措，强化产业政策引导，增强制造业对资源要素的吸引力，全面放开一般制造业，大幅度放宽市场准入，更好利用国际国内两种资源、两个市场，培育产业参与国际合作和竞争新优势。吸引更多机构和人才来华发展，鼓励有实力的国内企业提高国际化经营水平。要继续共建"一带一路"，推动国内国际双循环相互促进。

（4）推动未来工业绿色低碳发展的对策措施

① 坚持绿色低碳导向，促进减污降碳协同。绿色低碳是方向、是基调。统筹污染治理、

生态保护、应对气候变化，探索生态产品价值实现机制，探索政府主导、企业和社会各界参与、市场化运作、可持续的生态产品价值实现路径，推进生态产业化和产业生态化。在污染防治攻坚战中发展节能环保产业，促进环保产业和循环经济的有机结合。

② 优化产业结构，打造绿色低碳工业体系。优化产业结构，推进污染集中治理。构建标准体系，建设绿色制造公共服务平台。实施区域、行业绿色制造示范工程，推广绿色低碳发展的典型模式，加强绿色制造人才培养和产业联盟建设，强化对绿色制造体系的监管。将碳排放水平作为核心要素纳入绿色制造标准体系中，打造绿色低碳工业体系。

③ 加快推动中国从制造业大国向制造业强国转变。采用先进适用技术改造传统产业，在中高端消费、绿色低碳、现代供应链等领域培育新的增长点，创造新的增长引擎和动能。把着力点放在实体经济上，推进绿色标准、绿色管理、绿色生产的示范。加快推进数字经济、智能制造、生命健康、新材料等战略性新兴产业发展，壮大节能环保产业、清洁生产产业、清洁能源产业，发展绿色金融，提高全要素生产率，增强国际竞争力。

④ 以新理念推动产城融合，遵循人与自然和谐共生。抑制产能过剩盲目扩张，坚持创新驱动、智能转型、强化基础，大力推进能源生产消费和技术革命，控制煤炭消费总量，推进煤炭清洁高效可持续利用，提高新能源可再生能源比重。产城建设要以市场为导向、企业为主体，在创新驱动上有所作为；统筹规划、科学布局城乡发展和生产生活生态空间。

⑤ 建立健全促进工业低碳发展的市场机制。完善工业重点行业碳核算和标准体系。建立温室气体排放数据信息系统，制定重点行业的碳排放标准，加紧制定重点用能企业碳排放评价通则。加快建立碳排放测算体系，建立重点用能企业温室气体排放定期报告制度，构建工业产品碳排放评价数据库，支持重点行业重点企业开展碳排放交易。

⑥ 加强工业碳达峰、碳中和宣传培训和国际合作。以通俗易懂的语言，进行"双碳"科学知识普及和宣传。积极拓展碳达峰、碳中和的国际合作渠道，建立资金、技术转让和人才引进机制，吸收国外先进的绿色低碳技术，增强工业碳达峰、碳中和能力。

参考文献

[1] 王文堂，等.工业企业低碳节能技术［M］.北京：化学工业出版社，2017：115.
[2] 王文堂，等.企业碳减排与碳交易知识回答［M］.北京：化学工业出版社，2017：122.
[3] 余广彬，等.碳达峰和碳中和目标下工业园区减污降碳路径探析［J］.低碳世界，2021，11（6）：68-69.
[4] 费伟良，等.碳达峰和碳中和目标下工业园区减污降碳路径探析［J］.环境保护，2021，49（8）：61-63.
[5] 毛显强，等.从理念到行动：温室气体与局地污染物减排的协同效益与协同控制研究综述［J］.气候变化研究进展，2021，17（3）：255-267.
[6] 马虹.智慧能源及碳排放监测管理云平台系统方案研究与应用［J］.计算机测量与控制，2020，28（4）：28-31，115.
[7] 宋婷婷.清洁生产管理体系现状研究［J］.再生资源与循环经济，2019，12（10）：13-15.
[8] 李春生.美国清洁生产法律制度及其对我国清洁生产的启示［J］.内蒙古财经学院学报（综合版），2005，（3）：64-66.
[9] 刘志鹏，等.德国推行清洁生产经验及对我国的启示［J］.环境科学导刊，2012，31（2）：24-25.
[10] 张倩.清洁生产工作现状与出路［J］.绿色环保建材，2021，（6）：23-24.
[11] 施永杰.钢铁行业清洁生产分析［J］.工程技术研究，2020，5（18）：39-40.
[12] 周扬，等.我国钢铁行业清洁生产评价体系发展历程探讨［J］.能源环境保护，2021，35（1）：

43-48.

[13]　石磊，等.国际推行清洁生产的发展趋势［J］.中国人口·资源与环境，2002，（1）：66-69.

[14]　许文海.大力推进新时期节约用水工作［J］.水利发展研究，2021，21（3）：16-20.

[15]　李海红，等.我国工业节水分析与推进建议［J］.中国水利，2020，（19）：44-46.

[16]　黄东海.基于企业水平衡测试的工业节水分析［J］.绿色环保建材，2021，（2）：27-28.

[17]　崔宏，等.我国工业用水行业及其区域分布状况分析［J］.中国水利，2017，（23）：16-19，23.

[18]　胡德云，等.节水型社会建设综合评价体系构建研究［J］.江苏水利，2019，（7）：24-29.

[19]　张志章，等.《节水型社会评价标准（试行）》评价与完善建议［J］.中国水利，2020，（23）：18-20，23.

[20]　武建国，程继军，李春风.实施节水诊断推进钢铁行业节水优先［J］.冶金经济与管理，2020，（1）：25-27.

[21]　严士凡.关于日本节约型社会建设的调查［J］.前沿报告，2005，（18）：32-35.

[22]　陈建.国外节能措施面面观［J］.中国质量技术监督，2006，（8）：54-55.

[23]　姜贤荣.丹麦节能情况考察报告［J］.节能，1991，（10）：18-21.

[24]　齐正平.中国能源大数据报告（2020）——能源综合篇［R］.能源研究俱乐部，2020.

[25]　张明慧，等.论我国能源与经济增长关系［J］.工业技术经济，2004，（4）：77-80.

[26]　储慧斌.中国能源需求及其风险管理研究［D］.长沙：湖南大学，2006.

[27]　畅康博.制造业企业节能机会和效果评价的框架和案例研究［D］.武汉：华中科技大学，2019.

[28]　张金元，等.钢铁企业节能诊断及案例分析［J］.冶金经济与管理，2020，（2）：44-47.

[29]　周立华，等.中国生态建设回顾与展望［J］.生态学报，2021，41（8）：3306-3314.

[30]　张吉春，等.基于全生命周期的产品绿色设计平台建设［J］.绿色科技，2021，23（2）：256-261.

[31]　刘翌，等.“绿色企业”评价体系：国际经验与中国实践［J］.金融发展评论，2017，（9）：81-91.

[32]　GB/T 36132—2018.绿色工厂评价通则［S］.

[33]　GB/T 33761—2017.绿色产品评价通则［S］.

[34]　毛蕴诗，等.绿色全产业链评价指标体系构建与经验证据［J］.中山大学学报（社会科学版），2020，60（2）：185-195.

[35]　朱灿，等.绿色工厂环保评价体系的优化研究［J］.山东化工，2020，49（11）：290-291.

[36]　刘阳阳，等.绿色汽车产品认证评价体系研究［J］.汽车工业研究，2020，（2）：8-15.

[37]　金亚飚.“工业智慧水网”的研究和探索［J］.工业水处理，2017，37（6）：25-29.

[38]　陈志平，等.基于恶臭及有机废气生物处理工程的智慧运管技术研究［J］.中国给水排水，2018，34（12）：20-23.

[39]　崔海亮.工业固体废物环境管理模式及研究进展［J］.皮革制作与环保科技，2021，2（10）：107-108.

[40]　李宁，等.进一步推动固体废物管理精准化和智能化［N］.学习时报，2021-07-07.

[41]　林宏.哈尔滨市工业重点用能企业能耗管理系统的建立及应用［D］.哈尔滨：哈尔滨工业大学，2016.

[42]　中国电子技术标准化研究院.《工业大数据白皮书》2019 版正式发布［J］.机器人技术与应用，2019，（3）：3.